HEYNE <

ADAM FRANK

# LEBEN IM ALL

## WAS WIR WIRKLICH ÜBER AUSSERIRDISCHES LEBEN WISSEN – VON ALIENS, UFOS UND AREA 51

### NEUESTE ERKENNTNISSE EINES NASA-FORSCHERS

*Aus dem Englischen von*
*Anja Schünemann*

WILHELM HEYNE VERLAG
MÜNCHEN

Die Originalausgabe erschien 2023 unter dem Titel »The Little Book of Aliens« bei Harper, einem Imprint von HarperCollins.



MIX
Papier | Fördert gute Waldnutzung
FSC® C083411

Penguin Random House Verlagsgruppe FSC® N001967

Deutsche Erstausgabe 2024


in der Penguin Random House Verlagsgruppe GmbH,
Neumarkter Straße 28, 81673 München
Redaktion: Lina Robertz
Umschlaggestaltung: Eisele Grafik Design
Satz: Satzwerk Huber, Germering
Druck und Bindung: CPI books GmbH, Leck
Printed in the EU
ISBN: 978-3-453-60652-4

www.heyne.de

**FÜR PROF. BRUCE BALICK**

*Ich erkläre meinen neuen Studierenden immer, dass die Wahl ihres Doktorvaters beziehungsweise ihrer Doktormutter die wichtigste Entscheidung ist, die sie in ihrem Promotionsstudium treffen. Ich sage das, weil es für mich ein solches Glück war, Sie gefunden zu haben. Danke, dass Sie leibhaftig vorleben, was ein Leben in der Wissenschaft ausmachen sollte: Kreativität, Güte, Begeisterung und Präzision.*

# INHALT

**• KAPITEL 3 •**

## WTF UFOS UND UAPS? WIE SIE MIT DER SUCHE NACH AUSSERIRDISCHEN ZUSAMMENHÄNGEN ODER AUCH NICHT



**• KAPITEL 4 •**

## WAS, WENN ES WIRKLICH ALIENS SIND? WIE KOMMEN SIE HIERHER UND WAS WOLLEN SIE?



**• KAPITEL 5 •**

## DER KOSMISCHE IMMOBILIENMARKT: WO SOLLEN WIR NACH ALIENS SUCHEN?

# EINLEITUNG

ALLE LIEBEN ALIENS. ICH WEISS DAS, WEIL DIE LEUTE ES MIR IMMER wieder sagen. Wenn sie hören, dass ich Astrophysiker bin, wollen sie als Erstes wissen, ob im Universum noch anderes Leben existiert. »Gibt es Außerirdische?« ist eine große Frage, ähnlich wie »Was passiert, wenn man stirbt?«. Es gibt dazu viele Meinungen, aber keine richtigen Antworten, und vor allem würde es die Welt verändern, wenn wir die Antwort wirklich kennen würden.

Ich verrate Ihnen etwas: Auch ich liebe Aliens. Ja, ich bin schon seit meiner Kindheit geradezu besessen von ihnen. Meine Faszination begann damit, dass ich als Fünfjähriger die Science-Fiction-Heftchen meines Vaters entdeckte. Auf den Covern waren immer Bilder von Raumschiffen, kahlen, schroffen Mondlandschaften und unheimlichen, glubschäugigen Aliens. Von da an wollte ich unbedingt alles über die Sterne und über außerirdisches Leben erfahren. Diese Besessenheit machte mich wohl zu einem ziemlich anstrengenden Kind (angeblich soll ich bei jeder Gelegenheit die Lichtgeschwindigkeit auf vier Nachkommastellen genau aufgesagt haben), aber sie trieb mich auch dazu, sämtliche Dokus, schlechte Science-Fiction-Filme und Wiederholungen von *Star Trek* zu schauen, die es gab. Mir war alles recht, wo Außerirdische vorkamen, und dabei träumte ich von all den Wundern, die vielleicht irgendwo dort draußen auf ihre Entdeckung warteten.

Damals in den 1970er-Jahren, in der Hochphase meines kindlichen Alien-Fiebers, steckte die wissenschaftliche Forschung nach Leben im Kosmos noch in den Kinderschuhen. Nur wenige sehr mutige und entschlossene Pionierinnen und Pioniere widmeten sich der Suche nach außerirdischer Intelligenz (auf Englisch »Search for Extraterrestrial Intelligence«, kurz SETI), und die meisten von ihnen waren dem Spott ihrer Kolleginnen und Kollegen ausgesetzt. SETI galt als etwas verrückt, bestenfalls eine Randerscheinung in der wissenschaftlichen Gemeinschaft. Diese abschätzige Haltung beruhte hauptsächlich auf Vorurteilen. Es gab zu jener Zeit einfach nicht viele Astronominnen und Astronomen, die sich mit der Frage nach dem Leben im kosmischen Kontext beschäftigten. Und tatsächlich hatten wir damals ja kaum etwas in der Hand, worauf wir eine ernsthafte wissenschaftliche Suche nach Leben auf anderen Sternen – ob nun intelligent oder nicht – aufbauen konnten.

Vor allem wussten wir nicht, ob es noch andere Planeten in der Galaxis gibt als die acht, die um unsere Sonne kreisen. Mit dieser Frage stand und fiel alles, denn die Wissenschaft geht davon aus, dass selbst einfache Lebensformen ausschließlich auf Planeten entstehen können. Da wir aber kein einziges Beispiel für einen Exoplaneten (einen extrasolaren Planeten, also einen, der sich außerhalb unseres Sonnensystems befindet) hatten, wussten wir schlichtweg nicht, wo wir suchen sollten. Außerdem gab es so gut wie keine Erkenntnisse darüber, wie Planeten und das Leben darauf sich gemeinsam entwickeln, sodass eine Welt für Milliarden Jahre bewohnbar bleibt, lange genug, dass »höhere« Tiere und sogar technologische Zivilisationen entstehen können. Kurz gesagt, was die Suche nach außerirdischem Leben betraf, tappten wir ziemlich im Dunkeln.

Doch das ist jetzt Vergangenheit.

Während Sie diese Worte lesen, ist die menschliche Spezies im Begriff, ihre größte und bedeutsamste Reise anzutreten. Im Laufe der letzten drei Jahrzehnte hat sich die wissenschaftliche Suche nach Leben im Universum – man nennt dieses Forschungsgebiet Astrobiologie – explosionsartig entwickelt. Wir haben überall in der Galaxis Planeten entdeckt und herausgefunden, wie und wo wir in der Atmosphäre dieser neuen Welten nach Zeichen außerirdischen Lebens suchen müssen. Außerdem haben wir tief in die Geschichte der Erde als bewohnte Welt geblickt, eine Geschichte, die fast vier Milliarden Jahre zurückreicht. Aus dieser Betrachtung haben wir neue, wegweisende Erkenntnisse darüber gewonnen, wie Planeten und das Leben darauf sich gemeinsam entwickeln. Denn wenn wir wissen, wie das Leben sich im Laufe der Erdzeitalter die Entwicklung des Planeten zunutze gemacht hat, liefert uns das Hinweise darauf, wonach wir auf anderen, fernen Planeten suchen müssen (etwa nach Sauerstoff, der im Allgemeinen nur in der Atmosphäre vorhanden sein kann, wenn er von Lebewesen dorthin abgegeben wird). Ferner haben wir inzwischen Roboter zu jedem einzelnen Planeten in unserem Sonnensystem entsandt. Sobald ihre Räder oder Landefüße die Oberfläche berühren, suchen wir auf diesen benachbarten Welten nach Hinweisen auf Leben, das auf ihnen existiert oder vielleicht in ferner Vergangenheit einmal existiert hat. Und vor allem haben wir eine neue Generation unglaublich leistungsstarker Teleskope erschaffen, die wir immer weiterentwickeln. Dank dieser neuen Möglichkeiten müssen wir einander endlich nicht mehr nur unsere unwissenschaftlichen Meinungen über Leben im Universum an den Kopf werfen. Stattdessen gewinnen wir das, worauf es wirklich ankommt: eine wahrhaft wissenschaftliche Sicht darauf, ob, wo und wann extraterrestrisches Leben existiert oder existiert hat.

All diese neuen Entdeckungen von Exoplaneten bis hin zur frühen Erdgeschichte verändern grundlegend das, was wir uns unter SETI vorstellen. Hier entsteht gerade ein neues Forschungsfeld, das Wissenschaftlerinnen und Wissenschaftler die Suche nach Technosignaturen nennen.* Es schließt die »klassischen« SETI-Bemühungen ein und lenkt zugleich die Suche nach intelligentem Leben in neue Formen und Richtungen. Nun, da wir Klarheit darüber haben, dass es in der Galaxis von Planeten nur so wimmelt, wissen wir genau, wo und wie wir nach außerirdischen Zivilisationen suchen müssen. Anstatt darauf zu hoffen, dass die da draußen mit Signalen auf sich aufmerksam machen (eine Voraussetzung für SETI der ersten Generation), können wir jetzt direkt die Planeten betrachten, wo solche Zivilisationen vielleicht gerade ihrer Wege gehen. Wir suchen nach Spuren alltäglicher Aktivitäten einer außerirdischen Gesellschaft (Technosignaturen) und entwickeln dabei ganz neue Instrumentarien zum Auffinden intelligenten, zivilisationsbildenden Lebens. Diese Instrumentarien werden uns auch ermöglichen, solche Lebensformen zu finden, die keine Zivilisationen bilden. Wenn wir mit unseren Teleskopen die Signatur eines Planeten entdecken, der beispielsweise von außerirdischen Mikroben oder Wäldern bedeckt ist (eine Biosignatur), würde auch das die Sichtweise der Menschheit auf ihre eigene Stellung im Kosmos grundlegend verändern.

Wir sind also endlich auf dem besten Weg dazu, jene Außerirdischen aufzuspüren, von denen ich als Kind so fasziniert war. Oder aber wir werden feststellen, dass wir wirklich allein im Kosmos sind. Das eine wie das andere wäre eine weltbewegende Entdeckung. Es ist ein verdammt aufregender Moment.

Allerdings ist es auch ein verwirrender Moment. Gerade jetzt, wo die wissenschaftliche Suche nach Leben im All so richtig Fahrt aufnimmt, gibt es zugleich einen riesigen Hype um Aliens, die angeblich bereits auf der Erde eingetroffen sind. Im Laufe der letzten paar Jahre sind im Internet mehrere von US-Militärflugzeugen aufgenommene Videos auf-

---

* Manche Wissenschaftlerinnen und Wissenschaftler sprechen weiterhin von SETI, und das ist in Ordnung. Aber für viele, mich eingeschlossen, wird die Bezeichnung »Technosignaturen« all den Veränderungen, die in der Forschung zu »hochentwickeltem« Leben im Universum im Gange sind, besser gerecht.

getaucht. Sie zeigen verschwommene Objekte, die anscheinend Flugmanöver vollführen, wie sie für normale Luftfahrzeuge unmöglich wären. Diese Videos haben sogenannte unidentifizierte Luftraumphänomene (auf Englisch »Unidentified Aerial Phenomena«, kurz UAP) ins Rampenlicht gerückt und damit die Debatte über außerirdisches Leben angeheizt. Zugleich lenkt der Hype um UAPs allerdings von dem gewaltigen Sprung der Wissenschaft ab, die gerade anfängt, dort nach Außerirdischen zu suchen, wo sie am wahrscheinlichsten zu finden sind: auf anderen Planeten.

UAPs ist der neue Name der US-Regierung für das, was früher unidentifizierte Flugobjekte oder kurz UFOs genannt wurde – ein Thema, das schon seit vielen Jahren die moderne Kultur in seinem Bann hält. UFOs mit außerirdischen Besuchern sind ein großartiger Stoff für Science-Fiction (von *Akte X* über *Independence Day* bis hin zu *Nope*). Die Möglichkeit, dass sie wirklich existieren, wurde von den meisten Wissenschaftlerinnen und Wissenschaftlern allerdings verworfen. Die überwältigende Mehrheit geht davon aus, dass es sich bei UFOs um missdeutete natürliche Phänomene handelt, um Objekte im Zusammenhang mit der nationalen Verteidigung oder auch schlicht um bewusste Fälschungen und Täuschungen. Allerdings machte die US-Regierung 2021 mehr als hundert Sichtungen von UAPs öffentlich, für die es keine einleuchtende Erklärung gab. Es entstand ein anhaltender medialer Hype um die UAP-Videos, wenngleich die meisten Wissenschaftlerinnen und Wissenschaftler darauf hinwiesen, dass »unerklärt« auch einfach heißen kann, die Datenlage reicht für eine Erklärung nicht aus. Dennoch stelle ich mir angesichts des neu erwachten Interesses der Regierung an diesem Thema mitunter die Frage: Haben diese Dinger vielleicht wirklich etwas mit Außerirdischen zu tun?

Aliens sind also ein brandaktuelles Thema, einerseits aufgrund des bemerkenswerten Fortschritts auf den Gebieten der Astrobiologie und der Technosignaturen, andererseits angesichts der spektakulären Berichte über UAPs. Mehr denn je wollen wir wissen: Ist da draußen jemand? Ich habe dieses Buch geschrieben, um Menschen die wissenschaftliche Sichtweise auf diese Frage nahezubringen, um zu erklären, wie Wissenschaftlerinnen und Wissenschaftler nach definitiven Antworten suchen, und – am allerspannendsten – wie kurz davor wir sind, ein paar dieser Antworten zu finden.

In einem Abschnitt meiner Laufbahn als Astrophysiker habe ich mich mit weniger verrückten Themen beschäftigt: An der University of Rochester leitete ich eine Forschungsgruppe für computergestützte Astrophysik. Meine Studierenden und ich erforschten mithilfe der leistungsstärksten Computer der Welt, wie Sterne aus riesigen Wolken interstellaren Gases entstehen und wie sie sterben, indem sie sich in gewaltigen stellaren Winden selbst zerreißen. Das waren wirklich coole Projekte, die mir faszinierende Ausblicke eröffnet haben. Aber mein kindliches Interesse an anderen Lebensformen im Kosmos habe ich nie verloren. Und so begann ich vor etwa einem Jahrzehnt mit einem Forschungsprogramm auf dem Gebiet der Astrobiologie, in dem ich mich mit Exoplaneten und ihrer Atmosphäre beschäftigte. Dann fing ich an, aus astrobiologischer Perspektive über Klimawandel nachzudenken, und ich stellte die These auf, dass vielleicht jede Zivilisation auf ihre Weise eine Erderwärmung in Gang setzt.

Ein Wendepunkt in meinem Leben kam 2019, als ich gemeinsam mit einer Forschungsgruppe die Zusage für das erste Förderprogramm der NASA zur Suche nach Technosignaturen von Exoplaneten erhielt. Das heißt, die NASA stellte uns erstmals Mittel zur Verfügung, damit wir uns Gedanken darüber machten, wie man am besten nach außerirdischen Zivilisationen suchen kann. Wir hatten uns um die Förderung beworben, weil wir immer wieder während internationaler Tagungen beim Abendessen (und beim anschließenden Bier) in überschwängliche Begeisterung (das muss am Bier gelegen haben) über die neu entdeckten Exoplaneten gerieten und uns die Köpfe darüber heißredeten, wie diese Entdeckungen die Suche nach intelligentem Leben revolutionieren könnten. Allerdings hatte die NASA noch nie ein solches Projekt finanziert, wie wir es im Sinn hatten. Nachdem der Kongress der Raumfahrtbehörde jahrelang vorgeworfen hatte, Steuergelder für SETI zu verschwenden, finanzierte sie überhaupt kaum noch Forschung zu intelligentem Leben im Kosmos.

Wir machten uns daher keine großen Hoffnungen, als wir unseren Antrag einreichten. Doch zu unserer Überraschung, Verwunderung und Freude wurde er bewilligt (was natürlich wiederum mit Bier gefeiert werden musste). Die Grenze tat sich endlich auf. Wir bekamen eine Chance, die aufregendste Suche, die die Menschheit je unternommen hat, mitzugestalten. Es war ein Meilenstein für das Forschungsfeld und auch ein Zeichen dafür, wie sehr sich die wissenschaftliche Haltung zu extraterrestrischem Leben verändert hat. Seither dringen wir und andere Forschende immer weiter auf neues Terrain vor. Wir bereiten den Weg für eine systematische, wissenschaftliche Suche nach außerirdischem Leben und außerirdischen Zivilisationen. Diese Suche geht jetzt gerade richtig los.

Von dieser Warte aus kann ich sehr gut verstehen, warum alle etwas über Aliens erfahren möchten. Aber wenn man sich für die wissenschaftliche Seite interessiert – von SETI über Astrobiologie bis hin zu Technosignaturen –, wo soll man dann anfangen? Es gibt einen Berg aus Vorgeschichte, Konzepten und Begrifflichkeiten, die man kennen muss, um zu verstehen, was da gerade geschieht und noch geschehen wird. Was ist zum Beispiel die Drake-Gleichung, und warum ist sie so wichtig? Was hat es mit dem Fermi-Paradoxon auf sich, und wie viel SETI-Forschung wurde unternommen, um dieses Paradoxon zu lösen? Wie viele Exoplaneten gibt es, und für welche von ihnen sollten wir uns interessieren? Was ist eine Biosignatur oder eine Technosignatur, und wie kann man sie finden? Und was ist mit den UFOs beziehungsweise UAPs? Sollten wir sie ernst nehmen? Wenn ja, welche Fragen sollten wir stellen, und wie sollten wir sie angehen?

Dieses Buch soll Ihnen einen breiten Überblick darüber verschaffen, was aktuell im Gange ist, was in naher Zukunft bevorsteht, und warum es so bedeutsam ist. Mein oberstes Ziel beim Schreiben war, Ihnen einen schnellen, vergnüglichen Einstieg in all die faszinierenden Fragen und Probleme zu ermöglichen, die um die Mutter aller Fragen kreisen:

Sind wir allein?

Also, anschnallen und festhalten, die Reise geht los. Wir haben einen weiten Weg vor uns. Aber am Ende werden Sie einen guten Überblick über alles haben, was es rund um Aliens derzeit zu wissen gibt. Sie werden dann in der Lage sein, diese große Entdeckungsreise zu verfolgen, und sind dafür gewappnet, wenn jemand verkündet, dass wir »sie« gefunden haben. Denn am Ende wollen wir nicht einfach nur glauben – wir müssen wissen.

**KAPITEL 1**

# DIE VORGESCHICHTE:

***Wie die alten Menschheitsfragen über außerirdisches Leben ihre heutige Form bekamen***

SCHAUEN SIE SICH IHRE HAND AN. JA, DIESE AUFFORDERUNG MAG Ihnen albern vorkommen, aber nehmen Sie sich einen Moment Zeit, sie zu betrachten. In jeder Zelle Ihrer Hand und Ihres gesamten Körpers steckt die genetische Erinnerung an jede Vorfahrin und jeden Vorfahren bis zurück zum Ursprung des Homo sapiens vor fast dreihunderttausend Jahren. Das sind rund fünfzehntausend Ur-Ur-Ur-und-so-weiter-Ahnen. Sie tragen unzählige Generationen in sich. Und mit Sicherheit haben all diese Großmütter und Großväter zu ihrer Zeit in den klaren Nachthimmel hinaufgeblickt, von wo ihnen die Wächtersterne entgegenfunkelten. Was bedeutet das? Es bedeutet, dass Sie mit Ihrem Interesse an Außerirdischen nicht allein sind. Auch Ihre Eltern haben sich dafür interessiert. Und Ihre Großeltern, Urgroßeltern, Ururgroßeltern und so weiter.

Okay, genau genommen weiß ich natürlich nicht, ob Ihre Eltern oder Ihre Vorfahren im 14. Jahrhundert sich so brennend für außerirdisches Leben interessierten. Aber Sie können darauf wetten, dass es in jeder früheren Generation Menschen gab, die viel darüber nachdachten. Denn die Diskussion um Leben im All gibt es schon, seit es überhaupt Diskussionen gibt. »Sind wir allein?« ist eine wirklich uralte Frage.

Debatten um die Existenz anderer bewohnter Planeten reichen weit, weit zurück, und es ist wichtig zu verstehen, in welcher Form sie geführt wurden, denn es konnte dabei ganz schön hitzig zugehen. Aber vor allem bilden diese älteren Debatten gewissermaßen den Hintergrund für den großen Wandel, der um die Mitte des 20. Jahrhunderts vor sich ging, und für die Explosion der Möglichkeiten, die wir heute erleben. Nach dem Zweiten Weltkrieg veränderten die Technologien von Raketen, Radio, Radar und Atombomben grundlegend die Art und Weise, wie wir über den Weltraum und mögliche außerirdische Zivilisationen denken. Damals gab es auch die erste Welle von UFO-Sichtungen, die aufgezeichnet und publik gemacht wurden, sodass die Vorstellung von Aliens tief im öffentlichen Bewusstsein verankert wurde. Hier im ersten Kapitel nehmen wir uns jenen Abschnitt der Geschichte vor, um genau zu verstehen, wie wir an diesen fantastischen, faszinierenden Punkt gelangt sind, an dem wir kurz vor der Beantwortung einer uralten Menschheitsfrage stehen.

## EINE URALTE FRAGE:
### *Alien-Debatten im Wandel der Zeiten*

In Schriftform können wir die Debatte über Aliens bis zu den alten Griechen zurückverfolgen. Aristoteles, einer der berühmtesten griechischen Philosophen, war das, was wir einen Alien-Pessimisten nennen. Falls Sie

Aristoteles nicht kennen: Er lebte um 350 v. Chr.* und stellte tiefgründige Betrachtungen über unterschiedlichste Themen an, vom Wesen der Kunst bis hin zur Biologie. Zum Thema Leben auf anderen Planeten vertrat Aristoteles die Überzeugung, die Erde sei ganz und gar einzigartig. Das liegt daran, dass für ihn die Erde im wörtlichen Sinn den Mittelpunkt des Universums darstellte: Die Sonne dreht sich um die Erde, ebenso wie die anderen fünf Planeten (jene, die man ohne Teleskop sehen konnte – Merkur, Venus, Mars, Jupiter und Saturn). Aristoteles betrachtete die Erde als so besonders, dass er den Kosmos in einen »unteren«, sublunaren (d. h. unterhalb der Mondumlaufbahn gelegenen) und einen »oberen«, supralunaren Bereich einteilte. Das Leben mit all seinen Veränderungen konnte sich nur im sublunaren Bereich abspielen. Der himmlische, also supralunare Bereich war ewig und unwandelbar. Aus dieser Perspektive formulierte Aristoteles sein berühmtes Diktum: »Es kann nicht mehr als eine Welt geben.« Er meinte damit, dass nirgendwo sonst im ganzen Universum ein Ort wie die Erde mit ihren einzigartigen Lebensformen existieren könne.

Aristoteles war seinerzeit ein großer Vordenker und sollte es noch neunzehn Jahrhunderte lang bleiben. Schließlich nahm sogar die katholische Kirche einige seiner Ansichten in ihre Doktrin auf. Das heißt jedoch nicht, dass alle anderen griechischen Philosophen der hellenistischen Periode – so nennt man den Zeitraum von etwa 334 bis 30 vor Christus – mit ihm übereinstimmten. Da gab es beispielsweise eine Gruppe von Denkern, die als Atomisten bezeichnet wurden und die diese Unterteilung in eine sublunare und eine supralunare Sphäre für ziemlich dumm hielten. Für Atomisten wie Epikur, der um 300 v. Chr. herum lebte, bestand alles im Universum aus kleinsten, unzerstörbaren Materieteilchen, sogenannten Atomen (daher natürlich die Bezeichnung Atomisten). Diese Atome

---

* Eine gute Quelle zur älteren Geschichte dieser Debatten ist *Plurality of Worlds: The Extraterrestrial Life Debate from Democritus to Kant* von Steven J. Dick (Cambridge University Press 1984).

bewegen sich mit hoher Geschwindigkeit durch den Kosmos, kollidieren miteinander und bilden die unterschiedlichsten Verbindungen. Hier in unserem Teil des Kosmos entstanden durch ihre Kollisionen die Erde und alles Leben darauf – so die Theorie der Atomisten.

Da aber Atome überall sind und alles aus ihnen zusammengesetzt ist, folgerte Epikur, es müsse im Universum noch zahlreiche andere Planeten geben und viele von ihnen müssten bewohnt sein. Alles andere ergäbe keinen Sinn. Wenn Atome universell sind, wie könnte die Erde dann einzigartig sein? Diese Sichtweise machte Epikur zu einem Alien-Optimisten, und er widersprach Aristoteles' Lehre mit den Worten: »Es gibt zahlenmäßig unbegrenzte Welten, teils ähnlich dieser Welt, teils unähnlich … Ferner muß man annehmen, daß [in anderen Welten] sich Tiere und Pflanzen und alle übrigen bei uns beobachteten Lebensformationen bilden …«[1]

Alien-Optimisten und Alien-Pessimisten – auch wenn sich diese beiden Positionen über die Jahrhunderte verändert haben, ist es doch ziemlich bemerkenswert zu sehen, dass ihre Grundzüge bereits vor mehr als zwei Jahrtausenden schriftlich niedergelegt wurden. Das sind, in Generationen von Ur-Ur-Urgroßeltern gerechnet, rund hundert »Ur-«s. Also, ja, die Menschen diskutieren schon seit langer Zeit über Außerirdische.

Nach dem Untergang des Römischen Reiches um 500 n. Chr. verlagerte sich der Fortschritt in der Astronomie in die islamische Welt, unter anderem ins Perserreich. Aufbauend auf der griechischen Astronomie entwickelten Astronomen der großen muslimischen Gesellschaften genauere Sternkarten sowie neue Ideen über ein erdzentriertes Universum, wie Aristoteles es annahm. Auch unter ihnen gab es Uneinigkeit zwischen Optimisten und Pessimisten, und die Spaltung wurde um Aspekte der islamischen Theologie ergänzt. Manche Gelehrten behaupteten, der Koran stütze die Ansicht, dass es andere Welten mit Menschen darauf geben könne. Dann, als Europa im 16. Jahrhundert das finstere Mittelalter hinter sich ließ und wieder begann, wissenschaftliche Fragen zu stellen, wurde die Debatte noch hitziger.

In den letzten Jahrzehnten jenes Jahrhunderts erschien ein radikaler Dominikanermönch namens Giordano Bruno auf der Bildfläche. Bruno war Kopernikaner, das heißt, er glaubte an die Theorie des preußischen Astronomen Nikolaus Kopernikus, nach der die Sonne, nicht die Erde im Mittelpunkt des Kosmos steht. Da in diesem Modell alle Planeten um die Sonne kreisen, verlor die Erde ihre Sonderstellung, sie war nichts weiter als ein Planet unter mehreren. Dieses heliozentrische (also sonnenzentrierte) Weltbild stand im Widerspruch zu Aristoteles' geozentrischem (also erdzentriertem), das zugleich das offiziell von der Kirche vertretene Weltbild war. Kopernikus wusste, wie ungern die Kirche sich mit ketzerischen astronomischen Lehren auf der Nase herumtanzen ließ, und so hielt er seine Theorie zurück – sie wurde erst veröffentlicht, als er tot und somit vor Verfolgung sicher war.

Giordano Bruno machte es anders. Er war ein kühner Denker und zudem ein äußerst unliebsamer Zeitgenosse, der fast alle seine Unterstützer gegen sich aufbrachte. Obwohl er von einer europäischen Hauptstadt in die nächste gejagt wurde, scheute Bruno sich nicht, die katholische Kirche mit seinem ketzerischen Gedankengut herauszufordern. Bruno fand, wenn man den Gedanken akzeptierte, dass alle Planeten einschließlich der Erde um die Sonne kreisten, könne man ebenso gut auch annehmen, dass die Sterne nichts anderes als weitere Sonnen seien. Im nächsten Schritt folgerte er, dass jeder Stern seine eigene Familie um ihn kreisender Planeten habe und dass es auf manchen dieser Welten Leben geben müsse, so wie auf der Erde. Der Kirche gefiel diese Vorstellung überhaupt nicht. Schließlich bekamen die Kirchenmänner Bruno zu fassen, und er wurde vor die gefürchtete Inquisition gezerrt. Mit einer ganzen Anzahl offizieller Begründungen wurde Bruno zum Ketzer erklärt und auf einem Platz in Rom kopfüber verbrannt. Ich sagte ja bereits: Die Debatte um außerirdisches Leben wurde in der Vergangenheit mitunter äußerst hitzig.

Etwa achtzig Jahre später hatte sich das Diskussionsklima deutlich abgekühlt. 1687 bereitete Isaac Newton mit seinen berühmten Gesetzen der

Bewegung und seiner Beschreibung der Schwerkraft den Weg für die moderne Astronomie. Inzwischen hatte sich das heliozentrische Modell durchgesetzt. Alle Gelehrten waren sich einig, dass die Sonne nicht jeden Morgen über den Horizont steigt. Vielmehr neigt sich der Horizont, sodass die Sonne sichtbar wird. In diesem neuen geistigen Klima verfasste ein Franzose namens Bernard le Bovier de Fontenelle 1686 seine *Dialoge über die Mehrheit der Welten*. In diesem viel beachteten Buch behauptet er, dass es im Universum von Planeten und Leben nur so wimmle und »daß die Fixsterne lauter Sonnen sind, deren jede eine Welt erleuchtet«. Fontenelle war also ein entschiedener Alien-Optimist. Anderthalb Jahrhunderte später stellte Charles Darwin seine Theorie der Evolution auf und schuf damit einen ganz neuen Rahmen für Debatten um Leben und Planeten, einen, der dem Alien-Optimismus neuen Aufwind verschaffte. Die Evolution hatte hier auf der Erde aus Gestein, Wasser und Energie Leben hervorgebracht, also warum sollte sie das nicht auch anderswo tun?

Um die Wende zum 20. Jahrhundert legten allerdings neue Entdeckungen in der Astronomie – nicht der Biologie – nahe, Leben könnte bemerkenswert selten sein. Astronomen waren nämlich zu dem Schluss gekommen, dass Planeten wie die Erde möglicherweise äußerst rar seien. Bis 1910 setzte sich die Theorie durch, für die Entstehung eines Planeten sei eine Beinahe-Kollision zwischen zwei Sternen erforderlich. Durch die gegenseitige Anziehung zwischen den Sternen würde, wenn sie dicht aneinander vorbeifliegen, Material von beiden in den Weltraum gezogen, und dieses Material könne sich dann zu einem Planeten verbinden. Berechnungen zeigten allerdings, dass Sterne fast nie kollidieren. Folglich entstehen fast nie Planeten. Doch ohne Planeten kein Leben, und so nahmen noch bis in die 1940er-Jahre die meisten Wissenschaftler an, außerirdisches Leben sei quasi unmöglich.

Wenn wir einmal den Blick aufs große Ganze richten, haben wir soeben 2500 Jahre abgehandelt, in denen Menschen wieder und wieder dieselbe Frage stellten. In all dieser Zeit, über all diese Generationen hinweg hat die Frage etwas unterschiedliche Formen angenommen. Ist die Erde der Mittelpunkt des Universums? Gibt es noch andere Planeten? Ist noch irgendwo anders Leben entstanden? Eines blieb jedoch in all der Zeit unverändert: Niemand kannte die Antwort. Die Frage um außerirdisches Leben war nichts als ein Streit unter Menschen auf der Erde, ein erbitterter Streit, bei dem die Gegner so weit gingen, sich gegenseitig zu verbrennen – und dabei ging es um nichts als Meinungen!

Doch dann kamen die 1950er-Jahre, ein schicksalhaftes Jahrzehnt, in dem sich die Situation grundlegend zu verändern begann. Wie wir noch sehen werden, wurden nun die ersten zögerlichen Schritte hin zu einer Wissenschaft vom außerirdischen Leben unternommen. So alt also die Fragen um Außerirdische sein mögen, so neu sind unsere Möglichkeiten, sie zu beantworten. Und das ist die Geschichte, die im Rest dieses Buches erzählt werden soll.

## FERMIS PARADOXON:
### *Gibt es ein großes Schweigen?*

Der Nachthimmel ist überwältigend, wenn man weit genug von künstlichen Lichtquellen entfernt ist. An abgelegenen Orten, im Gebirge oder draußen in der Wüste, erscheinen die Sterne in all ihrer Pracht, und die Milchstraße zieht sich wie ein leuchtendes Band von einem Horizont zum anderen. Doch die meisten von uns bekommen diesen Anblick nie zu sehen, weil wir mitten in den lichtverschmutzten Städten leben, die wir uns gebaut haben. Eigentlich ist es absurd, dass so vielen Menschen in der modernen Welt diese uralte Erfahrung ehrfürchtigen Staunens versagt bleibt, weil wir künstliches Licht brauchen. All unsere Vorfahren kannten das schwindelerregende Gefühl, in die Schwärze des Weltraums zu blicken. Ein dunkler Nachthimmel hat eine eigenartige Tiefe. Es ist, als könne man spüren, wie sich die Leere des Raumes bis wer weiß wohin erstreckt. Doch vor allem ist da die Erkenntnis, die uns mit jedem Menschen verbindet, der jemals in einen kristallklaren Nachthimmel geschaut hat: »Wow, so viele Sterne!«

Das überwältigende Gefühl der Möglichkeiten beim Anblick des schier grenzenlosen Sternenhimmels war eine starke treibende Kraft in der langen Diskussion unserer Spezies über Leben außerhalb unserer Erde. Wie können wir allein im Kosmos sein, wenn wir doch so viele andere Orte vor Augen haben, wo sich Leben entwickeln könnte? Doch dieses Argument trägt wenig dazu bei, einer Wissenschaft vom außerirdischen Leben den Weg zu bereiten. Was genau heißt »so viele Sterne«, wenn es um die Frage geht, ob, wann und wo auf einem anderen Planeten Leben entstehen könnte? In der Wissenschaft muss man konkrete Fragen stellen, an denen man dann ein konkretes Forschungsprogramm ausrichtet. Ohne diese Fragen sind die Argumente zu diffus. Es ist schwer, sich überhaupt darüber klar zu werden, ob man Fortschritte macht und sich einer Antwort annähert.

Als das vorige Jahrhundert halb herum war, hatten sich die Astronomie und die Physik endlich weit genug entwickelt, dass wissenschaftlich relevante Fragen über intelligentes außerirdisches Leben (d. h. technologische Zivilisationen*) Gestalt annehmen konnten. Die erste solche

---

* An dieser Stelle möchte ich anmerken, dass wir achtsam mit dem Wort Zivilisationen umgehen sollten. Die Menschen haben eine lange, tragische Geschichte mit der Unterteilung in die Gruppen »wir« und »die«. Oft sind »wir« diejenigen, die Zivilisationen haben, während »die« Barbaren sind oder Wilde oder wie auch immer man sie zur jeweiligen Zeit bezeichnete. Aus meiner Sicht haben die Menschen viele, viele Zivilisationen geschaffen – sei es die faszinierende Seneca Nation im heutigen Upstate New York, das Römische Reich oder die Tang-Dynastie in China. In diesem Buch interessiert uns jedoch, wie eine Spezies, die Technologie beherrscht, sich selbst organisiert, sodass sie über interstellare Entfernungen sichtbar wird. Das setzt die Fähigkeit voraus, sich große Mengen Energie nutzbar zu machen, und dazu wiederum ist wahrscheinlich ein technologischer Entwicklungsstand erforderlich, wie wir ihn selbst erst neuerdings zu erreichen begonnen haben. Darauf beziehe ich mich, wenn ich hier von »Zivilisation« spreche.

Frage wurde eher zufällig gestellt, doch wichtiger als ihre Entstehungsgeschichte ist ihre Wirkung. Das, was wir heute das Fermi-Paradoxon nennen, lieferte der Wissenschaft eines der ersten wohlformulierten Probleme bezüglich interstellarer Zivilisationen. Zusammen mit der Drake-Gleichung, die zehn Jahre später entstand, und zu der wir im nächsten Abschnitt kommen werden, bildet sie den Rahmen für das bemerkenswerte Jahrzehnt der 1950er-Jahre.

Enrico Fermi war die Sorte Genie, von der andere Genies in ehrfürchtigem Ton sprachen. Er besaß die Fähigkeit, auf einen Blick den Kern eines wissenschaftlichen Problems zu erfassen, vor dem andere völlig ratlos standen. Genauso verhielt es sich auch bei der Frage nach außerirdischen Zivilisationen. Eines Mittags im Jahre 1950[2] ging Fermi mit einigen Kollegen im Los Alamos National Laboratory, das seinerzeit die wichtigste Forschungseinrichtung für Kernwaffen in den USA war, zu Tisch. Das Gespräch kam auf UFOs – drei Jahre zuvor hatte gerade die erste moderne Welle von UFO-Sichtungen begonnen. Die Wissenschaftler glaubten zwar nicht recht daran, dass UFOs irgendetwas mit Außerirdischen zu tun hatten, doch sie begannen, über mögliche außerirdische Zivilisationen zu sprechen, unter anderem über die technischen Details eines interstellaren Antriebs – worüber Physikerinnen und Physiker eben in der Mittagspause so reden. Nach einer Weile gingen sie zu anderen Gesprächsthemen über, und die Kollegen genossen einfach ihr Essen, als Fermi auf einmal herausplatzte: »Aber wo sind sie denn alle?«

In diesem Moment beim Mittagessen war Fermi klar geworden: Wenn technologisch fortgeschrittene, raumfahrende Zivilisationen tatsächlich häufig wären, müssten sie bereits überall sein, auch auf der Erde. Eine schlichte Erkenntnis, die unsere Ehrfurcht vor den Sternen auf das nächste Level hob. Wenn auf anderen Planeten problemlos Leben entstehen und sich zu fortgeschrittenen Zivilisationen entwickeln kann, warum, so fragte Fermi, waren dann nicht schon längst Aliens auf dem Times Square gelandet und hatten sich uns zu erkennen gegeben?

Warum liefen sie nicht bereits herum und sprachen uns auf der Straße an oder übernahmen gar die Regierung? Fermi wusste, wenn außerirdisches Leben häufig vorkäme, müssten die Außerirdischen bereits hier sein. Und woher wusste Fermi das? Die Antwort ist einfach – wenn jemand wie Fermi sie einem erst einmal vor Augen geführt hat.

Die Logik hinter Fermis Eingebung geht ungefähr so: Nichts kann sich schneller als mit Lichtgeschwindigkeit bewegen. Das ist ein physikalisches Grundgesetz. Und das heißt, selbst das schnellste außerirdische Raumschiff käme bestenfalls mit etwas unter Lichtgeschwindigkeit voran. Unsere Galaxie, die Milchstraße, besteht aus Milliarden Sternen und erstreckt sich über eine Länge von rund hunderttausend Lichtjahren. Wenn man nun die Entfernung (die Größe der Milchstraße) durch die Geschwindigkeit teilt (sagen wir etwa ein Zehntel der Lichtgeschwindigkeit – das sollte für Außerirdische machbar sein, wenn sie bereits durch die Galaxis fliegen), so erhält man die Antwort auf Fermis Frage. Eine technologisch fortgeschrittene Zivilisation würde Hunderttausende Jahre brauchen, um von einem Sternsystem zum nächsten zu fliegen (wobei die Außerirdischen vielleicht auf manchen Planeten Kolonien gründen würden) und die Galaxis zu durchqueren. Hunderttausende Jahre, das mag uns Menschen mit unserer Lebensspanne von kaum einem Jahrhundert wie eine lange Zeit erscheinen, aber unsere Galaxie ist immerhin rund 13,6 Milliarden Jahre alt. Das ist eine ganz andere Größenordnung. Im Verhältnis zum Alter der Galaxis gesehen, müsste eine raumfahrende Spezies jeden Ort darin in einem kosmischen Wimpernschlag erreichen können, und doch haben wir hier auf der Erde noch kein eindeutiges Anzeichen für eine solche Spezies gesehen. Wenn technologisch fortgeschrittene Exo-Zivilisationen häufig sind, müssten wir eigentlich bereits einen direkten Beweis für ihre Existenz haben.

Hier kommt das Paradoxon ins Spiel: Wir haben keinen solchen Beweis. Und was heißt das nun? Über diese Frage haben sich etliche Leute den Kopf zerbrochen. Der Astronom Michael M. Hart veröffentlichte 1975 einen Aufsatz zu Fermis Erkenntnis, der große Beachtung fand. Er argumentierte darin, wenn die Außerirdischen noch nicht auf dem Times Square seien, dann gebe es eben keine Außerirdischen. Für ihn war die Schlussfolgerung aus Fermis Paradoxon, dass wir das einzige intelligente Leben in der gesamten Galaxis sind, Ende der Geschichte. So viele Sterne und keine eindeutigen Hinweise auf außerirdische Besucher, das konnte für Hart nur heißen, dass außerirdische Intelligenz und vielleicht sogar außerirdisches Leben überhaupt unglaublich selten sein müssen.

Andere waren nicht so schnell bereit, das Handtuch zu werfen. Tatsächlich gibt es eine regelrechte Industrie für wissenschaftliche Publikationen, die versuchen, das Fermi-Paradoxon wegzuerklären. Da ist beispielsweise die Zoo-Hypothese, die besagt, die Galaxis sei möglicherweise voller Außerirdischer, die jedoch die Erde bewusst in Ruhe lassen und uns nur aus der Ferne beobachten, so wie wir Tiere in einem Zoo beobachten. Eine andere Idee, vertreten von Carl Sagan, ist die, dass raumfahrende außerirdische Spezies aufgrund knapper Ressourcen beim Expandieren schnell an ihre Grenzen stoßen. Deshalb können sie niemals die ganze Galaxis kolonisieren, und das erklärt, warum es hier auf der Erde keine außerirdischen Siedler gibt.

Vor ein paar Jahren gehörte ich selbst einem Forschungsteam an, das ebenfalls bei diesen Überlegungen mitmischte. Um eine bessere Vorstellung davon zu gewinnen, wie raumfahrende Außerirdische eine Expansionswelle quer durch die Galaxis vorantreiben könnten, suchten wir nach einer Möglichkeit, interstellare Siedlungsbewegungen zu simulieren. Wir gingen von der Annahme aus, auf einem beliebigen Planeten, der um einen beliebigen Stern unserer Galaxie kreist, habe sich eine einzelne Zivilisation entwickelt. Dann modellierten wir, wie diese Zivilisation Raumschiffe mit einem Bruchteil der Lichtgeschwindigkeit über interstellare Distanzen aussandte. Wir nahmen an, wenn ein Raumschiff sich einem neuen Stern näherte, würde die Besatzung auf einem der Planeten eine Niederlassung einrichten und neue Schiffe bauen. Diese würden dann zu anderen Sternen in der Umgebung geschickt. Auf diese Weise konnten wir »zuschauen«, wie eine einzige Zivilisation eine Lawine von Siedlungen in Gang setzte, die sich in der Galaxis ausbreitete. Wie Fermi an jenem Tag im Jahr 1950 bereits erkannt hatte, so zeigten auch unsere Simulationen, dass die Besiedelung der gesamten Galaxis nur ein paar Hunderttausend bis höchstens ein paar Hundert Millionen Jahre dauern würde (noch immer eine kurze Zeitspanne, verglichen mit dem Alter der Galaxis). Nichts könnte die Expansion aufhalten, nicht einmal Supernovae (explodierende Sterne), durch die Teile der Galaxis sterilisiert würden. Selbst wenn eine Supernova eine »tote Zone« mit unbewohnten Planeten erzeugte, würden Siedlungsraumschiffe von außerhalb dieser Zone sie rasch wieder mit Leben füllen. Die Welle kam nicht zum Erliegen. Sagan hatte sich geirrt.

Allerdings zeigten unsere Modelle einen Ausweg aus dem Fermi-Paradoxon. Wie wir aus der Geschichte unserer Erde wissen, bestehen Zivilisationen nicht ewig. Dasselbe gilt wahrscheinlich auch für außerirdische Zivilisationen – sie könnten aus Gründen untergehen, die wir verstehen, etwa aufgrund von politischen Entwicklungen, Kriegen, Seuchen und Naturkatastrophen wie Supernovae. Sie könnten auch durch Einflüsse vernichtet werden, mit denen wir es noch nie zu tun hatten, beispielsweise durch subatomare Superparasiten, die digitale Technologien in Killerzombies verwandeln – okay, das habe ich mir grade ausgedacht. Moment, ich muss kurz in Hollywood anrufen und den Film pitchen.

Worauf ich hinauswill: Wenn wir in unsere Simulationen die Möglichkeit einbauten, dass Siedlungen in stetigem Tempo wieder aussterben, trat ein neuer Effekt auf. Auch wenn vielleicht ständig zahlreiche Aliens zwischen den Sternen umhersausen, tun sich auf der Karte der bewohnten Galaxie immer wieder Löcher auf, sobald man annimmt, dass auf besiedelten Planeten irgendwann das Licht wieder ausgeht. Unter den richtigen Voraussetzungen – nämlich wenn die Sterne weit genug voneinander entfernt sind – kann es lange dauern, bis diese Löcher erneut gefüllt werden. So kamen wir zu dem Schluss, dass relativ große Bereiche im All für Jahrmillionen äußerst spärlich besiedelt bleiben können. Wenn unser Sonnensystem sich in einem dieser leeren Bereiche befindet – es hier also während des relativ kurzen Zeitraums, in dem sich unsere Spezies entwickelt hat, kein anderes Leben gab und gibt –, so würde das erklären, weshalb noch keine Außerirdischen hier sind. Es bedeutet allerdings auch, dass sie jederzeit auf dem Weg hierher sein könnten.

Für jene, die UFOs für außerirdische Besucher halten, gibt es natürlich gar kein Paradoxon, weil »sie« bereits hier sind. Das wirft jedoch die Frage auf, weshalb sie sich (fast) nicht blicken lassen. Das Problem, wenn man UFOs den Aliens zuordnet, ist, wie wir in den folgenden Kapiteln noch sehen werden: Man muss einerseits erklären, warum die Außerirdischen versuchen, vor uns verborgen zu bleiben, andererseits aber auch, warum sie sich dabei so stümperhaft anstellen.

Im Augenblick seines Ausbruchs beim Mittagessen konnte Enrico Fermi nicht ahnen, welche Bedeutung seine Erkenntnis einmal erlangen würde. Das Fermi-Paradoxon hat in den folgenden Jahrzehnten und bis heute nicht nur Wissenschaftlerinnen und Wissenschaftler beschäftigt, sondern auch alle anderen, die sich Gedanken über außerirdische Zivilisationen machen. So frustrierend und mitunter sogar deprimierend es sein mag, das Paradoxon hat das Denken rund um SETI wesentlich geprägt, indem es der Wissenschaft eine wohlformulierte Frage lieferte, an der sie arbeiten konnte. Deshalb ist es für jeden, der sich für Astrobiologie, Technosignaturen oder UFOs interessiert, wichtig zu verstehen, worin Fermis Paradoxon besteht und was daraus folgt.

Aber es ist ebenso wichtig zu wissen, was nicht daraus folgt.

Das Fermi-Paradoxon besagt nicht, dass es im Universum kein außerirdisches Leben gibt. Es bezieht sich lediglich auf die Frage, weshalb jetzt gerade keine Außerirdischen hier auf der Erde sind. Es sagt nichts über unsere Suche nach Signalen außerirdischer Zivilisationen auf fernen Planeten.

Lassen Sie mich das näher erklären.

Im Zusammenhang mit SETI sprechen Leute mitunter vom »großen Schweigen«. Damit meinen sie, dass wir seit mehr als achtzig Jahren den gesamten Himmel mit Radioteleskopen absuchen und noch nie eine einzige Botschaft, ein Signal oder auch nur eine zufällige Fernsehübertragung von Außerirdischen aufgefangen haben. Doch das stimmt so nicht. Fakt ist, wir haben gerade erst angefangen zu suchen. Es ist ein Irrglaube, dass Nacht für Nacht Astronominnen und Astronomen in aller Welt mit ihren Radioteleskopen die Sterne belauschen und versuchen, Signale von Außerirdischen zu identifizieren. Die schlichte Realität sieht ziemlich traurig aus: Für SETI fehlt es von jeher an Geld. Da und dort stellen immer mal wieder ein paar einsame Enthusiasten eine Suche auf die Beine, aber abgesehen davon hat sich bei der Jagd nach Signalen von Außerirdischen bislang nicht viel getan. Den weitaus größten Teil der Sucharbeit haben wir noch vor uns.

Um eine richtige Suche durchzuführen, müssen SETI-Forschende eine ganze Anzahl von Parametern in Betracht ziehen. Zunächst einmal gibt es so viele Sterne. Dann muss man entscheiden, welchen Frequenzbereich man belauscht. Als Nächstes stellt sich die Frage, wie oft die Forschenden jeden Stern in den Blick nehmen sollten: Einmal täglich? Stündlich? Jede Sekunde? Die Liste geht noch weiter, und so fällt es schwer, den Überblick zu behalten, wer was bereits untersucht hat. 2018 versuchten Jason Wright und seine Kolleginnen und Kollegen an der Penn State University, sich einen solchen Überblick zu verschaffen. Ausgehend von einer Idee von Jill Tarter nahmen sie sich jede einzelne bis dahin gemachte Untersuchung vor. Sie wollten wissen, inwiefern bereits eine vollständige, systematische Suche durchgeführt worden war. Und sie kamen zu einem ziemlich verblüffenden Ergebnis: Wenn wir die

Weite des Universums, die SETI-Forschende zu erkunden haben, mit den Ozeanen unserer Erde gleichsetzen, dann war laut den Erkenntnissen von Wrights Team erst ein Badezuber voll Wasser abgesucht worden. Würden wir behaupten, im Ozean gebe es keine Fische, wenn wir erst einen Badezuber-großen Teil davon untersucht hätten?

Die Moral von der Geschicht ist, dass es zwar definitiv ein direktes Fermi-Paradoxon gibt, aber kein indirektes. Warum haben die Außerirdischen hier auf der Erde noch keine Niederlassung eingerichtet? Diese Frage ist das direkte Fermi-Paradoxon, und Sie können sich die Antwort aussuchen, die Ihnen am meisten zusagt. Die Auswahl reicht von »Es gibt eben keine Aliens« bis hin zu »Aber sie sind doch in den UFOs, Mann«. Wenn es hingegen um das indirekte Fermi-Paradoxon geht – also um Anzeichen für außerirdisches Leben auf fernen Planeten –, so liegt die Antwort auf der Hand. Ein solches Paradoxon gibt es nicht. Wir haben einfach noch nicht richtig hingeschaut. Bis jetzt. Aus diversen Gründen, die wir in den folgenden Kapiteln behandeln werden, kommt die Suche jetzt gerade so richtig in Gang. Wir sind bereit. Wir haben die Mittel. Los geht's.

## DIE DRAKE-GLEICHUNG:
### *Die richtigen Fragen stellen*

Alien-Optimisten schauen in einen Nachthimmel voller Sterne und sind überzeugt, so wie sich auf der Erde Leben entwickelt hat, muss es auch anderswo geschehen sein. Wie könnten wir angesichts so vieler Sterne glauben, wir seien die Einzigen? Alien-Pessimisten hingegen lassen sich vom Anblick des Nachthimmels nicht beeindrucken, denn sie sind sicher, trotz der großen Zahl der Sterne spricht die Wahrscheinlichkeit dagegen, dass sich noch irgendwo Leben entwickelt hat. Wenn man tausend Lotterielose kauft, die Gewinnchance aber bei eins zu zehn Milliarden liegt, wird man (wahrscheinlich) immer noch verlieren.

Wie wir bereits gesehen haben, dauert der Streit zwischen Alien-Optimisten und -Pessimisten schon fast die ganze Menschheitsgeschichte hindurch an, wobei die Behauptungen beider Seiten auf nichts als persönlichen Meinungen beruhten. Doch Wissenschaft stützt sich nicht auf Meinungen. Sie stützt sich auf Forschung. Wenn es in der Frage nach außerirdischem Leben jemals echten wissenschaftlichen Fortschritt geben sollte, musste endlich einmal jemand den beiden Seiten etwas an die Hand geben, womit man wirklich arbeiten konnte. Das Fermi-Paradoxon lieferte eine Frage, aber noch keine Marschroute. Jemand musste einen Plan entwickeln, an dem Wissenschaftlerinnen und Wissenschaftler ein Forschungsprogramm zur Suche nach außerirdischem Leben ausrichten konnten.

Der Mann, der das tat, war Frank Drake, ein zurückhaltender Radioastronom aus dem Mittleren Westen, der nicht nur außerordentlich mutig, sondern auch außerordentlich kreativ war. Er formulierte seinen Plan zu einer Wissenschaft vom außerirdischen Leben in Gestalt einer simplen Gleichung, die er vor mehr als sechs Jahrzehnten aufstellte. Damit veränderte Drake radikal die Art und Weise, wie wir über Leben im All denken und wie wir danach suchen. Die Drake-Gleichung, wie sie heute genannt wird, ist nach wie vor die wichtigste Formel in der Astrobiologie.

Es war 1961, gut ein Jahr nachdem Drake mit einem Radioteleskop am Green Bank Observatory in West Virginia die erste wissenschaftliche Suche nach außerirdischem Leben begonnen hatte. Drake war damals Anfang dreißig, und es machte ihm zu schaffen, dass sein Interesse an extraterrestrischem Leben ihm bislang in der wissenschaftlichen Gemeinschaft nichts als Spott beschert hatte. Nun trug jene erste Suche ihm zwar nicht den Beifall von seinesgleichen ein, den jede und jeder Forschende sich erhofft, aber immerhin einen denkwürdigen Anruf von der National Academy of Sciences (NAS). Am anderen Ende der Leitung war J. Peter Pearman, und er wollte, dass Drake eine Konferenz zum Thema, man höre und staune, »interstellare Kommunikation« leitete.

Pearman und die NAS wollten ausloten, ob und wie wir in absehbarer Zeit Signale mit extraterrestrischen Zivilisationen austauschen könnten. Dankbar, dass noch jemand außer ihm sich für Leben im Kosmos interessierte, sagte Drake zu und machte sich daran, die Konferenz zu organisieren. Er und Pearman luden acht Forscher ein, unter anderem den berühmten Astronomen Otto Struve, den Biochemiker Melvin Calvin, der wenig später mit dem Nobelpreis ausgezeichnet werden sollte, John Lilly, der Experte für die Sprache der Delfine war, und einen ehrgeizigen jungen Astrophysiker namens Carl Sagan. Als der Termin näher rückte, setzte Drake sich hin und wollte eine Tagesordnung aufstellen, um die Diskussion zu strukturieren, doch selbst diese scheinbar kleine Aufgabe stellte ein einzigartiges Problem dar. Wie organisiert man eine wissenschaftliche Diskussion um ein Thema, das noch nie wissenschaftlich diskutiert wurde? Als Frank Drake mit diesem Problem rang, entstand seine berühmte Gleichung.

Im ersten Schritt wollte er die Frage, um die es ging, klar definieren. Was genau wollten die Wissenschaftler im Rahmen der Konferenz beantworten? Man könnte ganz naiv annehmen, die Frage lautete: Gibt es außerirdische Zivilisationen? Doch diese Frage bot keinen klaren Ansatzpunkt, aus ihr ließ sich nicht ableiten, welche Schritte unternommen werden mussten, um eine Antwort zu finden. Entscheidend war ein Plan für die Forschung, und Forschende lieben Pläne. Also entschied Drake sich stattdessen für eine andere Version. Anstatt zu fragen, ob es Außerirdische gibt oder nicht, fragte er einfach: Wie viele von ihnen gibt es dort draußen? Diese kleine Abwandlung veränderte alles.

Drakes exakte wissenschaftliche Frage lautete: Wie viele technologisch fortgeschrittene Zivilisationen gibt es in der Milchstraße? »Technologisch fortgeschritten« bedeutete für Drake, dass die betreffenden

Zivilisationen im Besitz von Radioteleskopen sein mussten, die für interstellare Kommunikation genutzt werden konnten. Ja, ich weiß, das ist eine ziemlich enge Definition von Zivilisationen, aber sie diente einem bestimmten Zweck: Dank ihr konnte die Alien-Frage auf eine Reihe einzelner Faktoren heruntergebrochen werden. Jeder dieser Faktoren stellte ein Unterproblem dar und führte zu einem präziseren Plan für die Wissenschaft. Indem sie nacheinander die Antworten auf die einzelnen Unterprobleme ermittelten, konnten die Forschenden sich Schritt für Schritt der Lösung der großen Frage annähern, wie viele technologisch fortgeschrittene Zivilisationen es gibt. Diese Anzahl nennen wir N.

Der Ansatz, jedes Unterproblem separat zu behandeln, lieferte Drake auch die Tagesordnung für seine Konferenz. Er brachte das Problem in die Form einer mathematischen Gleichung – für Wissenschaftlerinnen und Wissenschaftler die ökonomischste Denkweise – und führte alle seine Unterprobleme in einer einzigen Formel zusammen:

$$N = R_* \cdot f_p \cdot n_e \cdot f_l \cdot f_i \cdot f_c \cdot L$$

In Worten ausgedrückt, besagt diese Gleichung (wenn Sie sie laut aufsagen wollen, holen Sie jetzt tief Luft, denn es wird ein langer Satz): Die Anzahl detektierbarer außerirdischer Zivilisationen in der Galaxis ist gleich der Anzahl Sterne, die pro Jahr entstehen ($R_*$), multipliziert mit dem Anteil an Sternen mit Planeten ($f_p$), multipliziert mit der Anzahl von Planeten pro Sonnensystem, auf denen geeignete Bedingungen für die Entstehung von Leben herrschen ($n_e$), multipliziert mit dem Anteil an Planeten, auf denen tatsächlich Leben entsteht ($f_l$), multipliziert mit dem Anteil an Planeten, auf denen sich intelligente Lebensformen entwickeln($f_i$), multipliziert mit dem Anteil intelligenter Lebensformen, die technologische Zivilisationen hervorbringen ($f_c$), multipliziert mit der durchschnittlichen Lebensdauer solcher Zivilisationen (L).

Jetzt dürfen Sie wieder Luft holen.

Drakes kleine Gleichung, vor mehr als sechzig Jahren an eine Tafel gekritzelt, wurde zur Grundlage für das Nachdenken nicht nur über intelligentes außerirdisches Leben, sondern über außerirdisches Leben überhaupt. Sie wurde zuhauf in Fachaufsätzen zitiert, auf T-Shirts gedruckt, in Filmen und Fernsehshows erörtert, sie ist Thema zahlloser Podcasts und YouTube-Videos.

Aber was ist eigentlich so spektakulär daran? Was verrät uns Drakes Gleichung wirklich über außerirdisches Leben, und warum ist sie bis heute relevant? Die Antwort lautet: Evolution. Drakes Gleichung stellt sehr schön dar, dass das Auftreten technologischer Zivilisationen ein kosmischer Prozess ist, der beim Einfachen anfängt und sich zum Komplexen hin entwickelt. Um das zu verstehen, lassen Sie uns nun die sieben Faktoren der Gleichung nacheinander betrachten, von links nach rechts.

Der erste Faktor, $R_*$, bezieht sich auf die Sterne. Diese zählen zu den ersten »Strukturen«, die sich im Kosmos entwickelt haben. Am Anfang, nach dem Urknall vor 13,8 Milliarden Jahren, war das Universum ziemlich einfach. Es gab nur wenige Arten von Teilchen, die gut durchmischt eine kosmische Ursuppe aus primordialem Gas bildeten. Sterne gehörten zu den ersten großen »Dingen«, die aus diesem Urzustand entstanden. Drake stellte die Anzahl neu entstehender Sterne pro Jahr an den Anfang seiner Gleichung, weil Sterne der erste Schritt des Universums auf der Leiter von Einfachheit zur Komplexität technologischer Zivilisationen sind.

Der zweite Faktor in der Gleichung bezieht sich auf die Planeten. Planeten sind ein weiterer Schritt in Richtung Komplexität. Wahrscheinlich kann nur auf ihrer Oberfläche oder in ihren Ozeanen die Chemie so ihre Wunder wirken, dass Leben entsteht. Doch als Drake seine Gleichung aufschrieb, wusste niemand, ob es dort draußen überhaupt noch andere Planeten gibt außer denen, die um die Sonne kreisen. Man hielt es durchaus für möglich, dass die Natur kaum jemals Planeten hervorbringt. Darum ist Drakes zweiter Faktor die Wahrscheinlichkeit, dass ein beliebiger Stern Planeten hat (er nennt diese Wahrscheinlichkeit $f_p$). Läge $f_p$ nahe null, dann wären Planeten selten, und das wäre ein Flaschenhals für die Entstehung von Leben.

Allerdings bieten nicht alle Planeten gleich günstige Bedingungen für die Entstehung von Leben. Merkur ist der Sonne so nah, dass seine Oberfläche ständig extrem starker Strahlung ausgesetzt ist. Die Tagestemperatur erreicht dort über 400 °C. Es ist wirklich schwer vorstellbar, wie sich in einem solchen Glutofen Leben entwickeln könnte. Auf Eisplaneten am äußersten Rand eines Sonnensystems herrschen entgegengesetzte Bedingungen. Dort liegen die Temperaturen so weit unter dem Gefrierpunkt, dass für potenzielle biochemische Vorgänge die Energie fehlt, die nötig wäre, um so etwas Komplexes wie eine Zelle hervorzubringen. Deshalb ist der dritte Faktor in Drakes Gleichung $n_e$, die durchschnittliche Anzahl Planeten pro Sonnensystem, deren Umlaufbahnen in einem Bereich liegen, wo die Planetenoberfläche weder zu heiß noch zu kalt ist. Dieser Bereich heißt habitable Zone.

Bei den nächsten drei Faktoren wird es richtig interessant. Das Leben unterscheidet sich von jedem anderen physikalischen System im Universum. Durch die Prozesse der Darwin'schen Evolution ist das Leben kreativ. Es bringt neue Formen hervor in einer Weise, wie Sterne, Kometen und Schwarze Löcher es niemals können. Wie kam es beispielsweise dazu, dass ausgerechnet Kängurus entstanden, diese merkwürdigen Riesenkaninchen, die einen ins Gesicht boxen? Weder ein Komet noch ein Schwarzes Loch haben jemals ein Känguru hervorgebracht, aber das Leben auf der Erde, das vor Milliarden Jahren mit wimmelnden Einzellern begann, hat durch den Prozess der Evolution Kängurus erfunden.

Zuerst muss das Leben sich allerdings selbst erfinden. Die Entstehung von Leben ist daher gewissermaßen ein Urknall in der Kapazität des Universums zur Komplexität. Der vierte Faktor in Drakes Gleichung bezieht sich auf den Prozess der sogenannten Abiogenese. Das ist ein hochtrabender Ausdruck dafür, dass Leben irgendwie aus unbelebter Materie (also Chemikalien) entstehen muss. Auch hier fragt Drake danach, wie die Chancen stehen: $f_l$ bezeichnet die Wahrscheinlichkeit, dass auf einem beliebigen Planeten in einer habitablen Zone Abiogenese abläuft.

Nach der Abiogenese konzentriert Drake sich auf die Entstehung von Intelligenz, die hier auf der Erde ziemlich spät auftrat. Bereits vor mindestens 3,5 Milliarden Jahren entwickelte sich Leben auf der Erde. Die ersten Tiere gab es erst fast drei Milliarden Jahre später (vor rund 500 Millionen Jahren), und Intelligenz bei Tieren wurde erst möglich, als das Gehirn eine gewisse Größe erreicht hatte, wie etwa bei den Dinosauriern vor rund hundert Millionen Jahren. Konservativ gedacht könnte man annehmen, dass die Entwicklung der Intelligenz erst mit dem Auftreten größerer Säugetiere richtig in Gang kam. Drake drückt die Frage nach der Intelligenz als die Wahrscheinlichkeit $f_i$ aus, dass, wenn Leben entsteht, die Evolution irgendwann auch so etwas wie Menschenaffen, Delfine oder schlaue Dinosaurier hervorbringt. Warum ist das eine wichtige Überlegung? Nun, man braucht irgendeine intelligente Spezies auf dem Planeten, damit es im nächsten Schritt technologische Errungenschaften wie Radioteleskope geben kann.

Um Radioteleskope zu bauen, müssen intelligente Spezies umfangreiche Formen der Kooperation entwickeln. Sie müssen sich Wissen über die Welt aneignen und es speichern können. Dann müssen sie dieses Wissen dazu nutzen, Ressourcen im großen Stil zu gewinnen und zu verarbeiten. Kurz gesagt, diese intelligenten Lebensformen müssen das entwickeln, was wir unter dem Begriff Zivilisation verstehen. Natürlich waren auch das Römische Reich, die Tang-Dynastie in China und die Azteken hochkomplexe Zivilisationen, aber sie sind nicht das, was Drake meinte. Drake konzentrierte sich auf Radioteleskope, weil nur Zivilisationen, die wenigstens unseren Entwicklungsstand erreicht haben, für seine Frage von Belang waren. (Denken Sie daran, ihm ging es um interstellare Kommunikation.) Drake drückt diesen Schritt in der Evolution durch $f_c$ aus, die Wahrscheinlichkeit, dass eine einmal vorhandene intelligente Spezies eine komplexe technologische Zivilisation ausbildet, die in der Lage ist, Geräte zu bauen, um Nachrichten über die unfassbar riesigen Distanzen zu senden, die Sterne voneinander trennen.

Der letzte Faktor in Drakes Gleichung bezieht sich auf etwas, das unser bisheriges Wissen übersteigt. Zwar wissen wir auch nicht, wie oft Planeten Leben hervorbringen, das sich zu einer technologisierten Spezies weiterentwickelt, wir wissen aber immerhin, dass es bereits wenigstens ein Mal geschehen ist. Doch wie lange hat eine technologisch fortgeschrittene Zivilisation wie unsere durchschnittlich Bestand? Wir selbst sind vor wenigen Jahrhunderten in das Stadium einer industrialisierten Zivilisation eingetreten, und über Radiotechnologie verfügen wir erst seit rund hundert Jahren. Liegen nun noch Tausende oder gar Millionen Jahre vor uns? Oder werden wir etwa in weiteren hundert Jahren schon wieder untergehen? Vielleicht würden andere Spezies niemals so abscheuliche Dinge wie Atomwaffen erfinden. Vielleicht würden andere Spezies nicht die Augen vor der Tatsache verschließen, dass sie einen Klimawandel in Gang gesetzt haben und im Begriff sind, den größten Teil der Flora und Fauna ihres Planeten zu vernichten. Andererseits könnte es auch sein, dass die meisten Spezies noch größere Arschlöcher sind als wir. Vielleicht sind sie so böse, aggressiv und selbstsüchtig, dass sie sich in weniger als einem Jahrhundert selbst wieder vom galaktischen Schachbrett fegen. Das sind die Fragen hinter dem letzten Faktor der Drake-Gleichung: der durchschnittlichen Lebensdauer (L) einer Zivilisation in der Galaxis.

Indem Drake die Frage in diese Form brachte, zeigte er einen gangbaren Weg auf, um N zu ermitteln, die Anzahl der Zivilisationen, mit denen die Menschen in Kontakt treten könnten. An dieser Stelle sei angemerkt, dass damals vor mehr als sechzig Jahren, als Drake seine Gleichung niederschrieb, nur ein einziger Faktor bekannt war: die Anzahl der Sterne, die pro Jahr neu entstehen. Heute wissen wir mit Sicherheit, dass $f_p = 1$ ist, das heißt, praktisch jeder Stern am Himmel hat Planeten. Wir wissen auch, dass $n_e$ etwa 0,2 beträgt – ungefähr einer von fünf Sternen hat einen Planeten in der habitablen Zone, wo Leben entstehen kann. Dass wir die Werte für $f_p$ und $n_e$ herausgefunden haben, ist für sich genommen schon ziemlich bemerkenswert. Es zeigt, dass wir in wenigen Jahrzehnten spektakuläre Fortschritte bei der Beantwortung einer Frage gemacht haben, die uns Menschen schon seit mehr als 2500 Jahren beschäftigt.

Wie funktioniert nun die Drake-Gleichung? Im Prinzip bestimmen wir zuerst Werte für die einzelnen Faktoren, sei es durch Messungen, indem wir eine Theorie konstruieren oder einfach durch wilde Spekulation. Dann werden alle Faktoren miteinander multipliziert, und das Ergebnis ist N, die Gesamtzahl fortgeschrittener Zivilisationen in der Milchstraße. Spielen wir nun das Ganze mit ein paar konkreten Zahlen durch.

Wir kennen bereits $R_*$, $f_p$ und $n_e$, also lassen Sie uns bezüglich der anderen Wahrscheinlichkeiten einmal optimistisch sein und annehmen, dass sie alle 1,0 betragen. (Das heißt, dass jeder Planet in einer habitablen Zone Leben hervorbringt, das Intelligenz entwickelt und eine Zivilisation erschafft.) Als durchschnittliche Lebensdauer L wollen wir – ebenfalls optimistisch – eine Milliarde Jahre veranschlagen. Wenn wir nun alles miteinander multiplizieren, erhalten wir N = zweihundert Millionen Zivilisationen. Das ist eine Galaxie voller Zivilisationen! In der Milchstraße gibt es etwa vierhundert Milliarden Sterne, also müssten wir statistisch gesehen etwa zweitausend zufällig ausgewählte Sterne untersuchen, um einen mit einer Zivilisation zu finden.

Würde man hingegen pessimistisch schätzen, könnte man alle Wahrscheinlichkeiten bezüglich des Lebens beispielsweise auf ein Tausendstel setzen. Und als durchschnittliche Lebensdauer einer technologischen Zivilisation könnte man lediglich fünfhundert Jahre annehmen. Da wir seit hundert Jahren über Radiotechnologie verfügen, würden uns somit nur noch rund vierhundert Jahre bis zum Armageddon bleiben, also sollten wir reinhauen und unsere Zeit nutzen. Wenn man all diese Zahlen in die Drake-Gleichung einsetzt, ergibt sich für N ein Wert von 0 – damit gäbe es in der gesamten Milchstraße nicht eine einzige Zivilisation. Das würde bedeuten, die Galaxis wäre steril. Allerdings existieren wir ja, deshalb wissen wir, dass diese pessimistische Schätzung zumindest nicht ganz der Wirklichkeit entspricht.

Aber welche Annahme liegt näher an der Wahrheit? Wir können es noch nicht sagen. Wenigstens führt die Drake-Gleichung sowohl den Optimisten als auch den Pessimisten vor Augen, wozu sie optimistisch beziehungsweise pessimistisch eingestellt sind. Sie verdeutlicht ihnen die klar formulierten wissenschaftlichen Fragen (bezüglich Planeten in der habitablen Zone, Abiogenese, Lebensdauer von Zivilisationen), auf denen die Spaltung zwischen Optimismus und Pessimismus beruht. Und mehr noch, Frank Drake hat uns eine Möglichkeit beschert, unser eigenes Unwissen zu verstehen und einen Weg hinaus zu organisieren. Das hat drei Generationen von Astrobiologinnen und Astrobiologen angetrieben und an den Punkt geführt, an dem wir heute stehen. Und nun verfügen wir endlich über die nötige Technologie und sind im Begriff, seine Frage um außerirdisches Leben ein für alle Mal zu beantworten.

## DIE UFOS KOMMEN:
### *Kenneth Arnold sieht Untertassen*

Wir haben uns nun mit Fermis plötzlicher Erkenntnis zu interstellaren Reisedauern beschäftigt und auch mit Drakes Gleichung, die die Leitfragen für ein gezieltes Forschungsprogramm lieferte. Wir haben gesehen, wie sich in der Frühphase des Kalten Krieges eine Wissenschaft vom außerirdischen Leben und von außerirdischen Zivilisationen herausbildete. Im selben Zeitraum rückte die Alien-Frage noch in anderer Form in den Mittelpunkt des Interesses, und auch dadurch wurde die Art und Weise, wie Menschen über Leben im All denken, nachhaltig geprägt. Wenige Jahre bevor Enrico Fermi sich mit seinen Freunden auf den Weg zu jenem berühmten Mittagessen machte, begannen UFOs, die Fantasie der Menschen zu beflügeln.

Der 24. Juni 1947[3] war im Pazifischen Nordwesten der USA ein guter Tag zum Fliegen. Der Himmel über Mineral, Washington, war klar und wolkenlos. Um die Mittagszeit steuerte der Hobbypilot Kenneth Arnold gerade seine kleine einmotorige Maschine am hoch aufragenden Gipfel des Mount Rainier vorbei. Er befand sich auf dem Weg zu einer Flugschau in Oregon. Allerdings war in der Gegend kürzlich ein Transportflugzeug des Marine Corps abgestürzt, und für das Auffinden des Wracks war eine Belohnung ausgesetzt. Arnold beschloss, ein paar Runden zu drehen und sich umzuschauen. Er konnte nicht ahnen, dass er dadurch in die UFO-Geschichte eingehen sollte.

Während Arnold die Landschaft unter sich betrachtete, bemerkte er einen bläulichen Lichtblitz. War das Sonnenlicht, das von einem anderen Flugzeug reflektiert wurde? Er sah in der Ferne eine DC-4 davonfliegen, doch von ihr gingen keine Lichtreflexionen aus. Dann nahm er noch mehr helle Blitze wahr. Diesmal sah er genau, woher sie kamen: Neun Objekte flogen in Staffelformation, ein bisschen wie »der Schwanz eines Drachens«. Arnold beobachtete, wie die Objekte plötzlich die Richtung wechselten und Manöver flogen, die ihn an irgendwelche neuartigen militärischen Luftfahrzeuge denken ließen. Arnold benutzte den Mount Rainier und den Mount Adams als Orientierungspunkte, um die Geschwindigkeit der seltsamen Flugobjekte zu schätzen. Er kam auf gut 2400 Stundenkilometer, das entspricht beinahe doppelter Schallgeschwindigkeit. Wir sprechen hier über das Jahr 1947, ein paar Monate, bevor Chuck Yeager in einem experimentellen, mit Raketenantrieb ausgestatteten Flugzeug die Schallmauer durchbrach, und so kam

Arnold die errechnete Geschwindigkeit völlig absurd vor. Er beobachtete die Formation eine Weile, bis die Objekte schließlich außer Sicht verschwanden. Der ganze Vorfall dauerte nicht lange, doch er hinterließ bei Arnold »ein unheimliches Gefühl«. Als er zum Auftanken landete, erzählte er Freunden auf dem Flugplatz von seinem Erlebnis. Was dann folgte, sollte noch lange nachwirken und unsere Ansichten über UFOs und ihre Verbindung zu Außerirdischen unwiderruflich prägen.

Arnolds Geschichte sprach sich rasch herum, und Reporter vom *East Oregonian* baten ihn um ein Interview, um mehr darüber zu erfahren. In den Augen der Zeitungsleute war Arnold ein glaubwürdiger Zeuge und aufmerksamer Beobachter. Arnold schilderte den zeitlichen Ablauf seiner Sichtung, er beschrieb die Flugobjekte und die Art und Weise, wie sie sich bewegt hatten. Was genau dann geschah, ist bis heute ungeklärt, aber als Arnold davon sprach, die Objekte hätten sich bewegt »wie eine Untertasse, wenn man sie übers Wasser springen lässt«, setzte er eine Ereigniskette in Gang, die zum vielleicht größten Fehlzitat in der Geschichte des Journalismus führte.

In dem Artikel im *East Oregonian*, einer unbedeutenden kleinen Zeitung, war von »untertassenartigen Flugobjekten« die Rede. Dann reichte einer der Reporter einen weiteren Artikel ein, der von Associated Press aufgenommen wurde, und irgendwie wurde die Beschreibung dabei missdeutet. Arnold selbst hatte von sichelförmigen Flugobjekten mit nach hinten gebogenen Flügeln gesprochen. Doch andere Zeitungen übernahmen die Agenturmeldung von AP, in der Arnolds Beschreibung offenbar verfälscht wiedergegeben worden war. Dann brachte die *Chicago Sun*, durchaus keine kleine Zeitung, die Story unter einer reißerischen Schlagzeile auf der Titelseite: »Fliegende Untertassen mit Überschallgeschwindigkeit von Pilot aus Idaho gesichtet«.[4]

Der Artikel in der *Sun* löste eine wahre Lawine aus. Binnen sechs Monaten druckten mehr als hundertvierzig Zeitungen überall in den Vereinigten Staaten die Geschichte von den fliegenden Untertassen. Und was noch bemerkenswerter ist, Sichtungen von fliegenden Untertassen griffen im Land um sich wie eine Epidemie. In den Monaten nach der Meldung wurden in den USA und Kanada über achthundertdreißig UFOs gesehen, und interessanterweise hatten den Beschreibungen zufolge die meisten die Form einer Untertasse. Ehe der Sommer 1947 zu Ende ging, war der Begriff »fliegende Untertasse« zur stehenden Wendung geworden.

Was sah Kenneth Arnold an jenem Tag wirklich? Fragen Sie mich was Leichteres. Ich war nicht dabei. Aber wissen Sie was? Sie auch nicht und auch sonst niemand außer Kenneth Arnold selbst. Das ist die erste wichtige Lektion, die wir aus seiner Geschichte ziehen sollten. Arnolds Bericht über seine UFO-Sichtung war der erste, der Schlagzeilen machte. In der Folge entwickelte sich ein Wechselspiel zwischen Gläubigen und Skeptikern, das künftig die UFO-Kontroverse bestimmen sollte. Die Gläubigen betonen, dass Arnold ein angesehener Geschäftsmann war, der auf die meisten Menschen – auch auf die Staatsbeamten, die ihn später befragten – einen bodenständigen und seriösen Eindruck machte. Das scheint zu stimmen. Niemand nahm damals an, Arnold habe sich die Geschichte ausgedacht, und sein Versuch, anhand der bekannten Entfernung zwischen den Bergen die Geschwindigkeit der Flugobjekte zu schätzen, zeigte, dass er ein fähiger Pilot und guter Beobachter war.

Die Skeptiker hingegen weisen darauf hin, dass wenigstens ein Beamter bemerkte, der Mann wirke »nervös« (andererseits, wer wäre das nicht, wenn er das, wovon er berichtete, wirklich gesehen hätte?), und überlegen rational, was Arnold tatsächlich gesehen haben könnte. Etwa eine Lichtspiegelung aufgrund einer thermischen Inversionslage in der Atmosphäre, hoch fliegende Gänse oder gar einen berstenden Meteor. Daraufhin bringen die Gläubigen Gegenargumente vor, die ihrer Ansicht nach diese rationalen Erklärungsversuche widerlegen. Beispielsweise dass Meteore nicht die drachenähnlichen Flugbewegungen zeigen, die Arnold beschrieb. Und dass Gänse nicht dafür bekannt sind, mit Überschallgeschwindigkeit zu fliegen. Und so geht es immer hin und her, bis … nun, bis keiner mehr zuhört und alle sich wieder um ihre eigenen Angelegenheiten kümmern.

Aus wissenschaftlicher Sicht kann man mit einem reinen Augenzeugenbericht einfach nicht viel anfangen, so glaubwürdig der Zeuge auch erscheinen mag. Jeder Polizist und jede Psychologin werden Ihnen bestätigen, dass Augenzeugenberichte die unzuverlässigsten Beweise überhaupt sind. Es wurde wieder und wieder belegt, wie extrem fehleranfällig sie sind. In der Erinnerung scheinen manche Details besonders wichtig, obwohl sich am Ende herausstellt, dass sie gar nicht stimmen, oder den Zeugen entgehen vor Aufregung Dinge, die für eine Aufklärung entscheidend gewesen wären. Das Beste, was man zu jemandem wie Arnold sagen kann, ist: »Okay, ich glaube, dass du es ernst meinst und dass du genau das schilderst, was du meinst, gesehen zu haben.« Das mag schwach erscheinen, aber es ist doch immerhin besser als »Du glaubst wohl, du kannst mich auf den Arm nehmen, du verlogener Hund.«

Aber was hat Arnold nun wirklich gesehen? Waren es Raumschiffe, die sich mit nie dagewesener Schnelligkeit bewegten? Waren es neuartige militärische Fluggeräte, die nach mehr als fünfundsiebzig Jahren noch immer der Geheimhaltung unterliegen? War es eine Naturerscheinung? Es gibt keine Möglichkeit, Gewissheit zu erlangen oder uns auch nur auf eine Antwort zu einigen.

Die zweite wichtige Lektion, die wir aus der Angelegenheit mit Arnold ziehen können, ist, was für eine starke Wirkung eine Geschichte entfalten kann. Arnold sah eine fliegende Untertasse. Er sah die erste fliegende Untertasse. Und dann, fast unmittelbar nachdem die Sache Schlagzeilen gemacht hatte, fingen alle anderen an, ebenfalls fliegende Untertassen zu sehen. Nur dass Kenneth Arnold gar keine fliegende Untertasse gesehen hatte. Er hatte ein schmales, sichelförmiges Flugobjekt gesehen, dessen hinterer Rand an diese fledermausförmigen

Batman-Wurfmesser erinnerte ... oder so ähnlich. In den Zeitungen wurde Arnolds Beschreibung falsch wiedergegeben, und darum sahen die Leute fortan fliegende Untertassen, wenn sie etwas am Himmel sahen. Es ist nun einmal eine Tatsache, dass es eine wahre Flutwelle von Sichtungen gab, nachdem Arnolds Geschichte bekannt geworden war. Natürlich könnte ein Gläubiger argumentieren, dass frühere Sichtungen einfach nicht ernst genommen wurden und die Öffentlichkeit deshalb nichts davon erfuhr. Skeptikern hingegen fällt es umso schwerer, der Fülle von Untertassen-Sichtungen nach Arnold – der ja selbst gar keine Untertassen gesehen hatte – Bedeutung beizumessen, erst recht, da sie plötzlich massenhaft auftraten. Das heißt nicht, dass jede einzelne dieser Geschichten falsch sein muss. Aber man muss wohl davon ausgehen, dass auf jedes Weizenkorn eine Menge Spreu kommt.

ARNOLDS SICHTUNG WAR DER ANFANG EINES WICHTIGEN FADENS IN der Tapisserie menschlichen Denkens über Außerirdische. Es war der erste richtige Bericht über ein UFO (eine fliegende Untertasse), und damit fand die Vorstellung Eingang ins öffentliche Bewusstsein, technologisch fortgeschrittene Lebensformen von anderen Planeten könnten jetzt und hier unter uns sein. Unabhängig davon, ob man daran glaubt oder nicht, hatte der weltweite Hype um den angeblich außerirdischen Ursprung von UFOs einen tiefgreifenden und überwiegend negativen Effekt auf die wissenschaftliche Suche nach extraterrestrischem Leben. Die Art und Weise, wie UFOs Teil unserer Kultur wurden und wie – auch von staatlicher Seite – mit dem Thema umgegangen wurde, trug nicht gerade dazu bei zu verstehen, was UFOs denn nun wirklich sind. Im Grunde hat Arnold unabsichtlich eine Shitshow losgetreten, und wohin das führen konnte, zeigte sich nirgendwo deutlicher als in Roswell, New Mexico. Wenn es jemals einen Grund gab, weshalb seriöse Wissenschaftlerinnen und Wissenschaftler einen Bogen um UFOs und die ganze Kultur darum herum machen, so ist es die schwindelerregende

Mischung aus Gläubigen, Spaßvögeln und Scharlatanen, die mit dem Namen Roswell in Verbindung stehen.

Hier kommen die wesentlichen Fakten zum Fall.* Am 14. Juli 1947 fuhren W. W. »Mac« Brazel und sein Sohn über die Ranch, auf der sie arbeiteten, als sie auf dem Gelände seltsame Trümmer fanden, bestehend aus Gummistreifen, Alufolie und Stäben.[5] Brazel besaß weder Telefon noch Radio, und so hatte er die Nachrichten der vergangenen Woche über Kenneth Arnold und seine fliegenden Untertassen noch nicht gehört. Aber nachdem er mit Leuten im Ort gesprochen hatte, stellte Brazel einen Zusammenhang zwischen dem Rummel um die Untertassen und seinen Trümmerteilen her. Er wandte sich an den Sheriff vor Ort, der vorschlug, er solle sich mit dem Roswell Army Air Field (der heutigen Walker Air Force Base) in Verbindung setzen. Die Army beauftragte Major Jesse Marcel, den Fall zu untersuchen. Brazel, der Sheriff und Major Marcel fuhren gemeinsam auf die Ranch und sammelten die Trümmer ein. Später gab Marcel eine Erklärung vor der örtlichen Presse ab, die daraufhin die reichlich abenteuerliche Schlagzeile brachte: »RAAF macht auf Ranch in Roswell fliegende Untertasse dingfest«. Ein paar Tage später versuchte das Kriegsministerium, die Aufregung zu dämpfen, indem es erklärte, das auf Brazels Ranch gefundene Material stamme von einem Wetterballon. Daraufhin druckte die Lokalzeitung eine neue Schlagzeile: »Army klärt Rätsel um Flugobjekt von Roswell auf, während die Welt vor Aufregung bebt«. Es wurden ein paar Fotos von Marcel und den Trümmern aufgenommen, und sie sehen darauf definitiv aus wie ein Haufen Stäbe und Gummi, nicht wie ein technologisch fortgeschrittenes Raumschiff von einem anderen Planeten.[6]

---

* Ich bemühe mich redlich, hier die wesentlichen Fakten zu liefern, aber nachdem ich zahlreiche Bücher mit unterschiedlichen Versionen des Geschehens und unterschiedlichen beteiligten Personen gelesen habe, erscheint mir äußerst fraglich, inwiefern in diesem Zusammenhang überhaupt von »wesentlich« oder von »Fakten« die Rede sein kann – und das, meine Freunde, ist das grundlegende Problem an der ganzen Sache mit Roswell.

Und das war das Ende der Geschichte. An dieser Stelle kam der ganze Hype vollständig zum Erliegen, und der Vorfall geriet mehr oder weniger in Vergessenheit. Außer natürlich bei den Roswellianern.

Dreißig Jahre später ging der Zirkus erst richtig los.

Gegen Ende der 1970er-Jahre geriet Roswell erneut ins Rampenlicht, da ein UFO-Forscher namens Stanton Friedman Interviews mit Jesse Marcel führte. Aus diesen stammte die Behauptung, Brazel habe auf der Ranch in Wirklichkeit doch Teile einer fliegenden Untertasse gefunden. Als Nächstes beschäftigte sich eine Episode der Fernsehserie *In Search of…* mit Roswell, den Aliens und einer angeblichen Vertuschung durch die Regierung. Nun begann die Geschichte von Roswell wie ein Krebsgeschwür zu wuchern und ein Eigenleben zu entwickeln. Dabei wurde sie immer wieder verändert, immer mehr Zeugen und weitere Details wurden hinzugefügt.

1980 veröffentlichten Charles Berlitz und William L. Moore ein Buch mit dem Titel *Der Roswell-Zwischenfall* und gossen damit Öl ins Feuer. Diese beiden Autoren hatten schon zuvor mit Büchern über das Bermudadreieck und das Philadelphia-Experiment kleinere Erfolge gefeiert. Bei Letzterem ging es, wie Sie vielleicht wissen, um einen Vorfall im Zweiten Weltkrieg, bei dem ein Geleitzerstörer der US-Navy in eine Zeitverzerrung geraten sein soll.

Roswell war für diese Jungs der ideale Stoff. Laut ihrem Buch geschah 1947 in Wahrheit Folgendes: Eine fliegende Untertasse kam in die Nähe eines US-Atomwaffentests und wurde vom Blitz getroffen. Dieses Fluggerät, das zuvor unbeschadet den interstellaren Raum durchquert hatte, wurde durch den Blitzschlag irgendwie so schwer beschädigt, dass es auf Brazels Ranch abstürzte, und bei dem Crash kamen alle Außerirdischen an Bord ums Leben. In *Der Roswell-Zwischenfall* wurde erstmals erwähnt, an der Absturzstelle seien Leichen von Außerirdischen geborgen worden, ein Detail, das später immer weiter hochgespielt werden sollte. Doch vor allem behaupteten die Autoren, sie hätten mit Dutzenden Zeugen gesprochen.

*Der Roswell-Zwischenfall* war das erste von zahlreichen Büchern, mit denen die Originalstory ausgeschlachtet wurde. In jeder neuen Veröffentlichung wurden weitere angebliche Zeugen und Details hinzugefügt, unter anderem die Geschichte um den Bestatter Glenn Dennis, der angeblich Gelegenheit hatte, die toten Aliens zu sehen. Nun, vielleicht, vielleicht aber auch nicht … In manchen Büchern wurde behauptet, es habe noch andere Untertassen und mehr Aliens gegeben, von denen manche tot, andere noch am Leben waren. Zwei dieser Außerirdischen sollen von der Regierung in Gewahrsam genommen worden sein. Manche behaupteten sogar, Präsident Eisenhower persönlich habe die toten Aliens in Augenschein genommen.

Das Ganze wird reichlich verworren und entfernt sich vor allem ziemlich weit von der Wahrheit, wie zahlreiche Autorinnen und Autoren immer wieder gezeigt haben. Das eigentliche Problem ist: Ganz gleich, wie viele Widersprüche, Absurditäten oder Täuschungen in diesen Berichten aufgedeckt werden, die Überzeugung der Gläubigen ist nicht zu erschüttern. Für Menschen, die sich wissenschaftlich mit solchen Phänomenen beschäftigen, ist Roswell ein Beispiel für die Entstehung eines Mythos. Es handelt sich um eine Geschichte, die nicht zu widerlegen ist. Für jene, die an den Mythos glauben, ist sowieso jeder Gegenbeweis von vornherein kategorisch ausgeschlossen.

Die Geschichte von Roswell muss hier erwähnt werden, weil sie die Haltung der Wissenschaft zu UFOs geprägt hat. Wir Wissenschaftlerinnen und Wissenschaftler legen für Beweise ziemlich hohe Maßstäbe an. Das ganze Theater um den Roswell-Zwischenfall hat bei allen, die nicht der Gemeinde der UFO-Gläubigen angehören, einfach nur Kopfschütteln ausgelöst. Und es wirft bis heute einen Schatten auf die Debatte um UAPs. Seriöse Wissenschaftlerinnen und Wissenschaftler, die sich vielleicht gern mit dem Thema beschäftigen würden (ohne eine vorgefasste Meinung dazu zu haben, was UAPs in Wirklichkeit sind), überlegen es sich zweimal, ehe sie sich in die Welt der UFOs begeben. Warum seinen

Ruf aufs Spiel setzen, indem man sich in ein solches Spiegelkabinett des Absurden locken lässt?

Ein Teil der Geschichte war allerdings tatsächlich eine Verschwörung. Die Regierung hat in Roswell wirklich etwas vertuscht. Die Geschichte vom Wetterballon war eine Lüge. Was da über Brazels Ranch abstürzte, gehörte zum Projekt MOGUL, einem geheimen experimentellen Programm, bei dem mit Ballons in großer Höhe sowjetische Atomtests ausspioniert werden sollten. Wir wissen das, weil 1997 ein vollständiger, detaillierter Bericht von der US-Regierung herausgegeben wurde. Er trug den Titel *The Roswell-Report: Case Closed,* und darin wurden das Projekt und die Vertuschung von Roswell beschrieben.

Mitunter hat das Leben eben doch Humor.

Die Flut von Sichtungen fliegender Untertassen nach Arnolds Bericht 1947 entging der Regierung nicht. Im Laufe der nächsten zwei Jahrzehnte traten Privatleute und Regierungen von Staaten in einen sich ewig wiederholenden Kreislauf aus fieberhaftem Interesse, hochkarätigen Berichten und schließlich schwindenden Erwartungen rund ums Thema UFOs ein. Dieser Kreislauf hat offensichtlich erneut eingesetzt, als die inzwischen berühmt gewordenen Begegnungen von Piloten der US Navy mit UAPs an die Öffentlichkeit drangen. 2021 wurde dann ein Regierungsbericht zu Sichtungen zahlreicher unidentifizierter Himmelserscheinungen veröffentlicht, doch dieser wirkte keineswegs beruhigend, sondern heizte die Debatte noch mehr an. 2022 stellte die NASA sogar ein eigenes UFO/UAP-Team zusammen. Um diese neuen Bemühungen ins rechte Licht zu rücken, müssen wir noch einmal zurückblicken und die lange Geschichte der US-Regierungsberichte zu UFOs betrachten. Machen Sie sich auf etwas gefasst; wir werden uns auf verschlungenen Pfaden bewegen.

Bereits ein Jahr nach dem ersten großen Hype um fliegende Untertassen 1947 startete die US-Regierung ein Projekt mit dem fantasievollen Namen Project Saucer (Projekt Untertasse), um das Thema genauer zu untersuchen. Man erkannte bald, dass dieser Projektname wenig geeignet war, die Ängste der Bevölkerung zu beschwichtigen, und so wurde der Titel in Project Sign (Projekt Zeichen) geändert. Der offizielle Auftrag bestand darin herauszufinden, was es mit UFOs auf sich hatte, also ob sie real waren und ob sie eine Bedrohung für die nationale Sicherheit darstellten. Dieser Punkt, die nationale Sicherheit, ist hier besonders bedeutsam. Sie sollten ihn im Kopf behalten, wenn Sie dem Folgenden einen Sinn abgewinnen wollen (sofern das überhaupt möglich ist).

Es wird Sie vielleicht nicht überraschen, dass sowohl die UFO-Sichtungen als auch das Interesse der Regierung an diesen Phänomenen gerade in der Zeit auftraten, als der Kalte Krieg sich zuspitzte. Die Vereinigten Staaten sahen sich in einem tödlichen Konflikt mit Russland, in dem es um alles oder nichts ging, einem Kräftemessen, in dem hochtechnisierte Geheimwaffen und psychologische Kriegsführung an der von Paranoia bestimmten Tagesordnung waren. Immer wenn die Zahl der UFO-Sichtungen stieg und damit auch das Medieninteresse zunahm, sorgte sich die Regierung um zwei Fragen. Erstens: Stellten UFOs eine Bedrohung dar? Handelte es sich um Technologie, die irgendjemand, ob irdisch oder außerirdisch, gegen die Nation einsetzen könnte? Die zweite Frage zielte in eine andere Richtung: Stellte das Interesse an UFOs für sich genommen eine Bedrohung dar? Waren die Ängste und Befürchtungen der Bevölkerung im Zusammenhang mit UFOs etwas, das gegen die Nation eingesetzt werden könnte? Die Reaktion der Regierung auf diese beiden Sorgen erklärt zu einem großen Teil den sich stetig wandelnden, von Verschwörungstheorien durchtränkten, hartnäckigen Dunst um die moderne UFO-Kultur.

Innerhalb von Project Sign kam es zu einer Spaltung zwischen denen, die UFOs nicht für real hielten, und denen, die glaubten, diese Phänomene gingen auf eine intelligente außerirdische Zivilisation zurück – letztere Annahme nennt man auch die extraterrestrische Hypothese. Die Autorin Sarah Scoles spricht von der »Es ist Spinnerei vs. Es sind

Aliens«-Dichotomie.* Diese Uneinigkeit hatte weitreichende Konsequenzen. Im Rahmen von Project Sign soll ein Dokument mit dem gewichtigen Titel *The Estimate of the Situation* (Die Einschätzung der Lage) entstanden sein, und nach Aussage von General Edward Ruppelt (der spätere Untersuchungen zu UFOs leitete) kommt dieser umfangreiche, streng geheime Bericht zu dem Schluss, dass UFOs von anderen Planeten stammen.[7]

Wow! Es gab also in den frühen Fünfzigerjahren einen Regierungsbericht, in dem bestätigt wurde, dass Außerirdische von einem anderen Planeten bei uns zu Besuch gewesen waren? Vielleicht. Vielleicht auch nicht. Ruppelt enthüllte in einem Jahre später verfassten Buch, dass dieser Bericht existierte, aber bis heute ist kein Exemplar von *The Estimate of the Situation* an die Öffentlichkeit gedrungen. Übrigens war Ruppelt der erste in einer ganzen Reihe ehemaliger Mitarbeiter der Regierung und des Militärs, die erfolgreiche Enthüllungsbücher veröffentlichten.

Auf Project Sign folgte schließlich Project Grudge (Projekt Groll – ja, ich weiß, ein seltsamer Name). Der dazugehörige Bericht kam zu dem Ergebnis, dass die meisten Sichtungen erklärbar seien, für etwa dreiundzwanzig Prozent fände sich jedoch keine einfache Erklärung. Laut dem Bericht gibt es allerdings »hinreichende psychologische [Begründungen] … um plausible Erklärungen für die anders nicht erklärbaren [Sichtungen] zu liefern.«[8] Auf diese Weise schloss der erste offizielle Regierungsbericht zu UFOs, sie seien erstens nicht real und zweitens keine Bedrohung für die nationale Sicherheit. Was jedoch die nationale Sicherheit gefährden könnte, sei die potenzielle Hysterie, die mit UFO-Sichtungen einhergehe. Damit stand die Frage im Raum: War es möglich, dass die Sowjetunion die Angst und Faszination der Bevölkerung bezüglich UFOs als Waffe benutzte, um Einfluss auf das Bewusst-

---

* Für einen guten Überblick über die UFO-Geschichte sowie über die aktuellen Entwicklungen empfehle ich Sarah Scoles' Buch *They Are Already Here: UFO Culture and Why We See Saucers* (Pegasus Books 2020).

sein der Menschen zu nehmen (Bewusstseinskontrolle war damals ein großes Thema)?

Diese Besorgnis der Regierung, was die UFO-Kultur, nicht die UFOs selbst betraf, gab wohl Anlass zum berühmt-berüchtigten Robertson Panel, das 1953 von der CIA einberufen wurde.[9] Zu diesem geheimen viertägigen Treffen kam eine Gruppe führender Wissenschaftler zusammen, um unterschiedliche Möglichkeiten zu erörtern, wie Russland UFOs – ob real oder fiktiv – dazu benutzen könnte, Chaos zu stiften oder gar einen Angriff auf die USA zu tarnen. Im Geheimbericht dieses Geheimtreffens (der erst 1975 freigegeben wurde) war in unheilvollem Ton davon die Rede, private Bürgergruppen, die sich auf eigene Faust mit UFO-Phänomenen beschäftigten, sollten unter Beobachtung gestellt werden, damit sie nicht etwa für subversive Zwecke benutzt würden. Außerdem, so der Bericht, sollte die Regierung alle Meldungen über angebliche UFOs öffentlich für widerlegt erklären und der Bevölkerung versichern, die ganze Aufregung sei nur viel Lärm um nichts. Der Bericht scheint sogar nahezulegen, über UFO-Sichtungen sollte gar nicht offiziell berichtet werden, denn »in diesen gefahrvollen Zeiten [könnten sie] zu einer Bedrohung für die reibungslose Funktion der Schutzorgane des Staatswesens führen.«[10] Wir können also festhalten, dass die US-Regierung damals bezüglich UFOs keinen gesteigerten Wert auf Transparenz legte.

Als die Fünfziger- in die Sechzigerjahre übergingen, brandeten neue Wellen von UFO-Sichtungen durch Kultur und Politik. Washington setzte die nächste große staatliche Initiative zum Thema in Gang, das sogenannte Project Blue Book. Es lief ab den 1950ern bis 1969, und in dieser Zeit wurden mehr als 12 000 Fälle untersucht. Davon waren angeblich 11 300 mit den üblichen Begründungen erklärbar.[11] Unser Schwesterplanet Venus kann um Sonnenuntergang und Sonnenaufgang herum erstaunlich hell erscheinen. Flugzeuge können scheinbar stillstehen, wenn sie genau auf den Betrachter zufliegen, und dann »plötzlich« zur Seite schwenken. Auch Ballons, Vögel, Meteore und bekannte atmosphärische Phänomene finden sich in der Liste der Erklärungen. Am Ende wurde nur von siebenhundert Sichtungen (rund sechs Prozent) angegeben, für sie könne keine schlüssige Erklärung gefunden werden. Und das lag mitunter schlicht daran, dass nicht genügend Informationen vorlagen, um auf den Ursprung des betreffenden Phänomens zu schließen.

1966, während Project Blue Book sich so dahinschleppte, führte eine weitere Zunahme der UFO-Sichtungen zur Einrichtung eines nicht militärischen (allerdings staatlich finanzierten) wissenschaftlichen Forschungskomitees. Als Leiter wurde der Kernphysiker Edward Condon von der University of Colorado Boulder auserkoren. Der Grundgedanke war, die Fälle von Project Blue Book noch einmal aus einem anderen, rein wissenschaftlichen Blickwinkel zu betrachten und eine einfache Frage zu klären: Gab es im Zusammenhang mit UFOs irgendetwas, das für die Wissenschaft wirklich von Interesse war (wie zum Beispiel, Sie wissen schon, Besuche von unfassbar hochentwickelten außerirdischen Zivilisationen)? Zwei Jahre lang wühlten sich die Wissenschaftler durch die Akten von Blue Book und versuchten, mögliche Erklärungen herauszufiltern. Dann gab das Condon Committee einen Bericht heraus, in dem es zu dem Schluss kam, UFOs seien für die Wissenschaft tatsächlich nicht von Interesse. Das Forschungsteam fand nicht genug Anzeichen dafür, dass hier irgendein neues Phänomen abseits der bekannten Physik am Werk war. Nur wenige Monate nach der Veröffentlichung stellte sich die American Association for the Advancement of Science hinter die Ergebnisse des Komitees, und so wurde der Condon Report für die nächsten paar Jahrzehnte die de facto offizielle wissenschaftliche Stellungnahme zu UFOs. Wann immer jemand UFOs erneut thematisieren wollte, wurde auf den Condon Report verwiesen, und damit war die Sache erledigt.

Allerdings waren nicht alle mit dieser Einschätzung einverstanden, und bald wurden Fragen bezüglich der wissenschaftlichen Unbefangenheit des Condon Committee laut. Insbesondere der hoch angesehene Atmosphärenphysiker James E. McDonald sah den Condon Report äußerst kritisch. McDonald erklärte sehr entschieden, die Arbeit des Forschungsteams sei wissenschaftlich äußerst schwach (genau wie die vorangegangenen Bemühungen der Air Force). Bei den interessantesten Fällen seien entscheidende Hinweise nicht gründlich genug verfolgt worden, so McDonald, und den Aussagen wichtiger Augenzeugen sei man nicht richtig nachgegangen. McDonalds Kritik fand ein Echo, das bis heute nachhallt, und mit der Zeit wurden die Rufe nach einer besseren, gründlicheren wissenschaftlichen Untersuchung der UFO-Phänomene lauter.

Aus dieser Geschichte von Regierungskommissionen, Gremien und Programmen sollten wir ein paar Punkte festhalten. Erstens lässt sich von allen gemeldeten unidentifizierten Phänomenen, die am Himmel gesichtet worden waren, nur ein Bruchteil im Nachhinein nicht aufklären. Und zweitens war die US-Regierung in den prägenden ersten zwei Jahrzehnten der UFO-Sichtungen in ihrer Kommunikation wirklich nicht gerade offen und ehrlich gewesen. Man kann durchaus – so wie ich – der Vorstellung, dass UFOs irgendetwas mit Außerirdischen zu tun haben, skeptisch gegenüberstehen und zugleich einräumen, dass diesbezüglich auf Seiten der Regierung erheblich gemauschelt worden war. Ob das Ziel nun gewesen war, unsere Technologie vor den Russen geheim zu halten, oder vor ihnen geheim zu halten, was wir damals über ihre Technologie wussten – jedenfalls hatte man in Washington keinerlei Skrupel gehabt, gezielt falsche Information über UFOs zu verbreiten.

In den 1990er-Jahren jedoch, als der Kalte Krieg vorbei war, kamen neue Regierungsberichte heraus, in denen man zugab, damals in den Fünfzigern und Sechzigern nicht alles offengelegt zu haben. Insbesondere wurde in einem Bericht von 1997 eingeräumt, dass die Regierung beim Roswell-Zwischenfall tatsächlich die wahren Hintergründe vertuscht hatte. Im Prinzip stand da: Ja, bei dem »Wetterballon« damals haben wir gelogen, in Wirklichkeit war das ein geheimes Programm zum Ausspionieren von Atomwaffen namens Project MOGUL. Im Lager derer, die UFOs für außerirdische Raumschiffe hielten, ließ man sich davon allerdings nicht beeindrucken. Nun hat die US-Regierung zwar offensichtlich gezielt falsche Informationen über UFOs gestreut, aber nur in einem bestimmten Zeitraum. Das Vorgehen war direkt auf die geopolitische Paranoia des Kalten Krieges zurückzuführen. Und nach dem Ende dieser Ära gab es in der Regierung zumindest einige, die sich bemühten, das wieder geradezurücken.

Aus all diesen Berichten lässt sich jedoch noch eine allgemeinere Lehre ziehen, eine, die über die Zeit ihre Gültigkeit behalten hat. Für die meisten bekannten UFO-Phänomene gibt es ganz profane Erklärungen. Doch in der langen Geschichte der UFO-Sichtungen hat es immer wenigstens eine Handvoll Fälle gegeben, die bei näherer Betrachtung merkwürdig genug erscheinen, um für Stirnrunzeln zu sorgen. Das heißt noch nicht, dass sie etwas mit Aliens zu tun haben, es heißt aber, dass sich eine ernsthafte wissenschaftliche Untersuchung dieser Fälle lohnen könnte. Das Problem ist, dass die Mischung aus staatlicher Vertuschung und Verschwörungstheorien der UFO-Gläubigen mit der Zeit auf SETI abgefärbt hat. Wie wir noch sehen werden, hätte die generelle Skepsis gegenüber dem Thema UFOs durch eine Art Kontaktschuld mehrmals beinahe das Ende ernsthafter wissenschaftlicher SETI-Bemühungen bedeutet. Erst jetzt kann dank einer Reihe spektakulärer Entdeckungen wie Exoplaneten endlich der gesamte Wissenschaftsbereich der Astrobiologie aus diesem Schatten heraustreten.

## INVASION DER ALIENS IN DER POPKULTUR:

### *Sie sind da!*

Wenn wir verstehen wollen, welche Kräfte die Astrobiologie und die Suche nach Leben heute prägen, dürfen wir nicht nur auf wissenschaftliche Entdeckungen schauen. Die UFO-Sichtungen und die Regierungsberichte waren nicht bloß Stoff für die Nachrichten – sie entfalteten eine Wirkung, die unsere Gesellschaft verändert hat. Wissenschaftlerinnen und Wissenschaftler sind geprägt durch die Kulturen, in denen sie aufgewachsen sind. Dasselbe gilt für die Politikerinnen und Politiker, die über die Finanzierung wissenschaftlicher Forschung entscheiden, und auch für die militärischen Befehlshaber, die sich Gedanken um potenzielle Bedrohungen machen. Es gibt daher zwei Sorten von Aliens: solche, die möglicherweise auf fernen Planeten leben oder auch nicht, und solche, die in unseren Köpfen leben.

Als in den 1950er-Jahren sowohl das Zeitalter der Kernspaltung als auch das der Raumfahrt angebrochen waren, begannen Außerirdische ihre schleichende Invasion in unser kollektives, kulturelles Denken. Wir haben keinen großen Widerstand geleistet. In den siebzig Jahren seit Roswell hat extraterrestrisches Leben den Mainstream erobert, in Marvel-Kinohits ebenso wie in Ezra-Klein-Podcasts. Wenn wir darüber nachdenken wollen, wohin die wissenschaftliche Suche nach Leben im All derzeit zielt, müssen wir uns auch damit auseinandersetzen, wie diese zweite Sorte Aliens sich in unser Gehirn gefressen hat. Man sagt, das Leben ahmt die Kunst nach und umgekehrt. Das ist doppelt wahr, wenn es um das Leben im Universum geht. Unsere Vorstellungen von Außerirdischen sind immer auf die eine oder andere Weise durch die Aliens gefärbt, die sich in unserer kollektiven Vorstellungswelt eingenistet haben.

Vor dem Zweiten Weltkrieg waren Außerirdische schwer zu finden. Abgesehen von billigen Science-Fiction-Magazinen wie *Amazing Stories* und kitschigen Flash-Gordon-Serials gab es in Filmen oder im Radio (den wichtigsten Massenmedien jener Zeit) nicht viel Raum für das Weltall oder Außerirdische. Doch der Krieg führte zwei bedeutende Entwicklungen zusammen, durch die die Raumfahrt und das außerirdische Leben Eingang in die Popkultur fanden. Erstens zündete die Sowjetunion 1949 und 1953 ihre eigenen Atom- und Wasserstoffbomben, wodurch die Vorstellung sehr real wurde, dass die gesamte menschliche Zivilisation mit einem Schlag ausgelöscht werden könnte. Kernwaffen führten den Menschen vor Augen, welche gottähnliche Macht Technologie entfesseln konnte.

Die zweite Entwicklung trug womöglich noch stärker dazu bei, dass die Aliens sich in unserem Geist einnisten konnten: Ich spreche von der Entwicklung leistungsstarker Raketen. Die Deutschen erfanden die Marschflugkörper V1 und V2, die Schrecken und Tod über London brachten. Als sich der Kalte Krieg in den Fünfzigern aufheizte, trieben sowohl die USA als auch die UdSSR die Raketentechnik noch weiter voran und entwickelten Interkontinentalraketen (Intercontinental Ballistic Missiles, kurz ICBMs), die Sprengköpfe bis an den Rand des Weltraums tragen und sie auf Ziele auf der anderen Seite des Erdballs fallen lassen konnten. Bald übernahmen ICBMs noch eine weitere Funktion: Sie dienten als Arbeitstiere für die Raumfahrtprogramme beider Nationen. Die Trägerrakete des ersten künstlichen Erdsatelliten, des sowjetischen Sputnik 1, die im Jahr 1957 gezündet wurde, war eine modifizierte Interkontinentalrakete. 1961 benutzten die Sowjets eine gleichartige Rakete, um den ersten Menschen, Juri Gagarin, in den Orbit zu schießen. 1962 verzeichneten die Vereinigten Staaten dann endlich ihren ersten bedeutenden Sieg im »Space Race«, dem Wettlauf ins All, indem sie mit einer modifizierten ICBM als Trägerrakete das Raumschiff Mariner 2 auf den Weg zur Venus brachten – die erste Mission zu einem anderen Planeten.

Die Menschen lebten also einerseits in Angst und Schrecken vor der Vernichtung durch Atomwaffen, während sie andererseits zugleich Zeugen waren, wie das Tor zu den unendlichen Weiten des Weltraums aufgestoßen wurde. Das war ziemlich viel auf einmal. Und als Krönung des Ganzen tauchten auf einmal ständig spektakuläre Berichte über UFOs in den Zeitungen auf. Hollywood wäre nicht Hollywood gewesen, wenn es nicht die Zeichen der Zeit erkannt und entschieden hätte, dass mit Aliens eine Menge Geld zu machen war.

Seit den frühen Fünfzigern wurden Außerirdische und Reisen durchs Weltall immer mehr zum Kernelement vieler Filmproduktionen. Die meisten waren Billigfilme, die zu Recht bald wieder in Vergessenheit gerieten, mit Titeln wie *Der Mann von Planet X, Devil Girl from Mars* (diesen Film gibt es nicht in deutscher Synchronisation) oder *Ausgeburt der Hölle*. Sie haben diese Filme wahrscheinlich nie gesehen, ich hingegen schon. Aber es gab auch wirklich tiefgründige Filme über Außerirdische, die eine starke Wirkung entfalteten. *Der Tag, an dem die Erde stillstand* erzählt die Geschichte von Klaatu, einem Botschafter von einem anderen Planeten. Klaatu landet mit seinem Bodyguard, einem Roboter, der mit einem Todesstrahl bewaffnet ist, in einem – natürlich – untertassenförmigen Raumschiff in Washington, D. C., um der Menschheit eine ernüchternde Botschaft zu bringen: Legt euer gewalttätiges Verhalten ab oder haltet euch aus dem Weltraum fern. *Die Dämonischen* war der erste Film über eine Invasion Außerirdischer. Die Handlung war zugleich eine Allegorie auf politischen Konformismus (es war die Zeit der Hexenjagd auf vermeintliche kommunistische Sympathisanten), aber *Die Dämonischen* war auch die erste filmische Version der immer wiederkehrenden Geschichte von Aliens, die sich als Gestaltwandler unter die Menschen mischen. *Alarm im Weltall*, der beste unter all diesen Filmen, bescherte uns die Vorstellung einer fortgeschrittenen Zivilisation, die durch unerklärliche Kräfte vernichtet wird, jedoch ihre Technologie hinterlässt, sodass spätere Zivilisationen sie finden und nutzen können. Dieses Thema wurde in so vielen anderen Science-Fiction-Filmen, Fernsehproduktionen und Videospielen aufgegriffen, dass man sie gar nicht alle zählen kann. Nerd, der ich bin, kann ich mir aber nicht verkneifen, ein paar zu nennen: *Star Trek, Stargate, The Expanse* und die wunderbare Videospiel-Reihe *Mass Effect*.

Trotz der Flut an Papp-Raumschiffen und billigen Alien-Kostümen fanden die tiefgründigeren, großen Produktionen ihren Platz im Mainstream der Popkultur. Sie entfalteten eine nachhaltige Kraft, die unsere kollektiven Vorstellungen von Aliens und außerirdischen Zivilisationen bis heute prägt.

Durch Science-Fiction wurde ein ganzes System aus Konzepten und Vorstellungen vom Leben im Universum etabliert, die auf unsere heutige Situation sowohl positive als auch negative Auswirkungen hatten. Zunächst einmal wurde den Menschen dadurch bewusst, dass es tiefgreifende Fragen über außerirdisches Leben gibt, auf die die Wissenschaft vielleicht eines Tages Antworten liefern wird. Die besten dieser Werke regen zum Nachdenken über besagte Fragen an. Auf der anderen Seite sind da all diese grässlichen Darstellungen von Aliens in B-Movies, die das ganze Thema ins Lächerliche ziehen. Daraus entstand der sogenannte Kicher-Faktor, durch den jede Erwähnung von SETI, Technosignaturen oder sogar Astrobiologie hochgezogene Augenbrauen und spöttisches Lächeln hervorruft. Wie wir noch sehen werden, hat der Kicher-Faktor der »kleinen grünen Männchen« SETI in einen politischen Sprengstoff verwandelt, was den Fortschritt auf diesem Gebiet dreißig Jahre lang beinahe zum Erliegen brachte.

Wenn Sie also über Aliens nachdenken, dann sind die Aliens, an die Sie denken, nicht aus dem Nichts gekommen. Sie sind die Früchte vieler Jahrzehnte kollektiver Träume in den Massenmedien. Diese Träume müssen Sie sich bewusst machen, wenn wir versuchen, aufzuwachen und die neue Wirklichkeit einer Suche nach außerirdischem Leben zu erfassen, die im Begriff ist, sehr, sehr real zu werden.

## KAPITEL 2

# WIE FANGEN WIR ES AN?

*Bahnbrechende Ideen, die unsere Suche nach Außerirdischen bis heute prägen*

NACHDEM DIE MENSCHEN ALL DIE JAHRHUNDERTE HINDURCH IM Grunde nur aufeinander eingeschrien hatten, begannen sie – oder wenigstens die Wissenschaftsbegeisterten unter ihnen – in den späten 1950er- und 1960er-Jahren endlich, das Thema ernsthaft anzugehen. Damals wurden einige Grundideen etabliert, wie eine Suche nach Leben außerhalb der Erde durchgeführt werden könnte. Und was nicht minder wichtig ist, es wurden auch radikal neue Denkweisen zum Thema Außerirdische entwickelt. Ein entscheidender Schritt nach vorn bestand darin, überhaupt erst einmal zu lernen, systematisch darüber nachzudenken, wie außerirdische Zivilisationen sich entwickeln, wie sie sich verhalten und wie wir sie aufspüren könnten. Es kann wirklich schwer sein, etwas zu finden, wenn man keine Vorstellung davon hat, wonach man sucht.

Im zweiten Kapitel werden wir einige dieser inzwischen seit Langem bewährten Ideen unter die Lupe nehmen. Wir tun das aus zwei Gründen. Erstens: Wenn Sie sich wirklich für die wissenschaftliche Suche nach Leben außerhalb unseres Planeten interessieren, müssen Sie über diese Dinge einfach Bescheid wissen. Habitable Zonen, die Kardaschow-Skala, Dyson-Sphären ... All das wird Ihnen immer wieder begegnen. Ob es um Exoplaneten geht, um den Ursprung des Lebens oder sogar um Diskussionen über UFOs – diese Konzepte sind das Fundament, auf dem alles andere aufbaut, und Ihre Grundlage für geistreiche Bemerkungen bei geselligen Abendessen.

Natürlich gibt es Wichtigeres, als Leute an der Bar, im Stadion oder bei der Cocktailparty zu beeindrucken – es geht vielmehr darum zu verstehen, warum diese Ideen und diese Geschichte eine so große Rolle spielen. Die Antwort lautet: Wissenschaft ist konservativ. Und damit meine ich nicht das Wahlverhalten von Wissenschaftlerinnen und Wissenschaftlern. Ich meine, die Wissenschaft hält an ihren besten Ideen fest. Es ist nun einmal sehr schwer, irgendetwas über die Welt herauszufinden. Wenn also jemand eine Idee entwickelt, die nützlich ist oder komplizierte Prozesse wie beispielsweise die Evolution fortgeschrittener Zivilisationen systematisch beschreibbar macht, dann wird sich diese Idee durchsetzen. Auf sie wird wieder und wieder zurückgegriffen. Sie wird an die nächste Generation weitergegeben, die sich ihrer ebenfalls immer wieder bedient, sie in ihr Denken und ihre Forschungspraxis integriert. Wenn eine Idee wirklich gut ist, kann sie sogar zum Grundstein für eine milliardenteure Forschungsmission mit Weltraumteleskopen werden.

Doch es genügt nicht, dass eine Idee gut ist. Es muss auch Beweise für diese Idee geben, die einer Untersuchung standhalten, das heißt, sie müssen den sogenannten »Standards of Evidence«, den Beweisstandards, genügen. Beweisstandards sind der Schlüssel. Von ihnen hängt alles ab. Sie gehören zum Erfolgsrezept der Wissenschaft. Leider sind Beweisstandards nicht sonderlich spannend. Ich werde nicht in Late-Night-Shows eingeladen, damit ich das Publikum mit packenden Erzählungen über die richtigen Vorgehensweisen zur Gewinnung korrekter Daten unterhalte. Dennoch sind Beweisstandards nun einmal die wichtigste Grundidee in der Wissenschaft, noch wichtiger als Schwarze Löcher, Quantensprünge oder sogar außerirdisches Leben, denn sie sind der Grund, weshalb Wissenschaft überhaupt funktioniert.

Die Sache ist die: Es hat lange gedauert, die moderne Wissenschaft auf die Beine zu stellen. Wir hören oft die Geschichte vom wissenschaftlichen Fortschritt durch einzelne Genies wie Galileo oder Newton, aber das ist eben nur ein Teil der Wahrheit. Auf jeden Einstein kamen Hunderte Leute, die von der Geschichte kaum beachtet wurden. Gemeinsam erschufen sie Netzwerke von Denkern, Mathematikerinnen und Experimentatoren. Sie schickten Briefe kreuz und quer durch Europa und um die Welt. Sie besuchten sich gegenseitig in ihren Werkstätten und Laboren. Sie riefen neue Institutionen ins Leben, um die Wissenschaft voranzubringen, wie etwa die Royal Society in England (gegründet 1660). Und vor allem diskutierten sie sich die Köpfe heiß über die besten Methoden für Experimente zu siedenden Flüssigkeiten, über neue Wege, Formeln für die Flugbahn von Kometen abzuleiten, und so weiter und so fort.

Durch diese Institutionen und Netzwerke wurden langsam und mühevoll die Best Practices für die Forschung herausgearbeitet. Teil dieser Best Practices – vielleicht der wichtigste Teil – waren die Regeln dafür, wie man aus Beobachtungen Schlussfolgerungen zieht. Diese Regeln sagen uns, was als belastbare Beobachtung zählt und was Schrott ist. Durch sie kann man erkennen, wann eine Schlussfolgerung durch Beobachtungen gestützt ist und wann es sich nur um ein Hirngespinst handelt, von dem man zwar inständig gehofft hat, es möge wahr sein, das aber letztendlich doch nichts mit der Wirklichkeit zu tun hat.

Warum erzähle ich Ihnen das? Weil Beweisstandards den Unterschied zwischen Wissenschaft und Spinnerei ausmachen. Wenn wir die Frage nach Leben im All wirklich beantworten wollen, dann müssen wir diese Standards strikt einhalten, um nicht auf Abwege zu geraten.

In der Astrobiologie hat die wissenschaftliche Gemeinschaft erst kürzlich strenge Richtlinien dafür festgelegt, was als Entdeckung von Leben gilt.[1] Die SETI-Community hat solche Richtlinien bereits Jahre zuvor eingeführt. Forschende haben Blut und Schweiß über diese Richtlinien vergossen, weil wir ganz klar definiert haben wollten, welche Bedingungen erfüllt sein müssen, ehe ein Forschungsteam der Welt verkünden kann: »Wir haben es gefunden!«

Nehmen wir einmal an, meine Kolleginnen, Kollegen und ich würden behaupten, wir hätten auf einer fünfzig Lichtjahre entfernten Welt Beweise für die Lichter einer Stadt entdeckt. Gemäß den Richtlinien würden die Beweisstandards dann erfordern, dass unser Signal viel stärker ist als das übliche Rauschen, das in jeder astronomischen Beobachtung vorkommt. Sie würden ferner erfordern, dass wir alle Möglichkeiten untersuchen, wie unser Signal von unseren eigenen Instrumenten ausgehen könnte anstatt von dem fernen Planeten. Dann würden die Richtlinien noch verlangen, dass wir alle anderen Möglichkeiten in Betracht ziehen, wie ein solches Signal auf natürliche Weise entstehen könnte (vielleicht durch eine extreme Häufung von Blitzen auf dem fernen Planeten). Erst wenn all diese Punkte abgehakt wären, dürften wir behaupten, Hinweise auf eine außerirdische Zivilisation entdeckt zu haben. Und selbst dann müssten wir uns noch darauf gefasst machen, dass die Fachöffentlichkeit mit äußerster Skepsis jeden Aspekt unserer Vorgehensweise und unserer Behauptung hinterfragt. So geht es in der Wissenschaft nun einmal zu, und wenn es um etwas so Großes wie die Entdeckung außerirdischen Lebens geht, muss man die Latte besonders hoch legen.

Eins meiner größten Probleme mit all den angeblichen UFO-Sichtungen ist, dass die Beweisstandards fehlen. In vielen Fällen wird irgendein verschwommenes Bild oder eine Behauptung irgendeines Zeugen einfach als Beweis dafür gewertet, dass die Außerirdischen unter uns sind. Natürlich gibt es in der UFO-Community durchaus Leute, die sich

Gedanken um so etwas machen und Wert auf Beweisstandards legen, aber ihre Stimmen werden allzu oft übertönt. Das Rauschen ist einfach viel lauter als das Signal.

Ich beginne dieses Kapitel mit einem Ausflug in die Geschichte und Philosophie der Wissenschaft, weil in den späten 1950er- und frühen 1960er-Jahren durchaus ein paar Wissenschaftler versuchten, die Forschung zu außerirdischem Leben exakter zu machen. Gerade erst waren Technologien entwickelt worden, die eine Suche danach zumindest ansatzweise ermöglichten, und als Wissenschaftler wussten diese Leute, dass Beweisstandards der Schlüssel zum Erfolg sind. Das zeigt sich nirgendwo so deutlich wie in der heroischen ersten SETI-Anstrengung, die der junge, furchtlose Frank Drake in Gang setzte.

## DAS OZMA-PROJEKT:
### *Die erste Suche*

Es hat seinen Grund, weshalb der Suche nach Leben im All in der Astronomie vor dem modernen Zeitalter nie besondere Aufmerksamkeit gewidmet wurde. Sie war, schlicht gesagt, unmöglich. Selbst die nächsten Sterne sind mit den besten Teleskopen nur als Lichtpünktchen auszumachen, und Detektoren, die empfindlich genug sind, um Planeten in den Umlaufbahnen dieser Sterne zu finden, gibt es erst seit den Neunzigern. Deshalb konnten sich die wenigen Astronominnen und Astronomen, die sich früher schon für außerirdisches Leben interessierten, nicht einmal vorstellen, wie eine wissenschaftliche Suche nach außerirdischen Zivilisationen überhaupt funktionieren könnte. Schon früh wurde vorgeschlagen, riesige Feuer in geometrischen Anordnungen zu entzünden, die von intelligenten Lebewesen auf anderen Planeten in unserem Sonnensystem gesehen werden könnten, einfach um sie wissen zu lassen, dass wir hier sind. Wenig überraschend fand die Idee von

Leuchtfeuern in der Größe des Bundesstaats Texas als Signal an Marsmenschen nie großen Anklang. Doch in den späten Fünfzigern wurde eine richtige wissenschaftliche Suche nach außerirdischem Leben endlich möglich, dank neuer Technologie und eines von Frank Drake entwickelten Plans. Seitdem hat es noch mehr als sechzig Jahre gedauert, bis wir an den Punkt gelangt sind, an dem wir heute stehen – im Begriff, Drakes Arbeit auf das nächste Level zu heben.

In der Astronomie mit Radiowellen zu arbeiten, war in den Fünfzigern noch eine ziemlich neue Idee. Bis dahin beschränkte sich die Beobachtung des Nachthimmels auf das optische Licht, das unsere Augen wahrnehmen können. Doch dieses Licht ist nur ein kleiner Ausschnitt des elektromagnetischen Spektrums. Alle Arten von Licht sind elektromagnetische Wellen, die sich durchs All bewegen. Das optische Licht, das wir mit bloßem Auge sehen können, hat eine relativ kurze Wellenlänge (so nennt man den Abstand von einem Wellenberg zum nächsten). Zum Beispiel wird die Wellenlänge von blauem Licht in Hunderttausendstel-Zentimetern gemessen. Radiowellen sind ebenfalls Licht, aber sie haben eine viel größere Wellenlänge – die längste im elektromagnetischen Spektrum, sie reicht von der Größe einer Faust bis zu der eines Hochhauses oder noch darüber hinaus. Seit den späten 1940er-Jahren arbeiteten Astronominnen und Astronomen daran, Teleskope zu bauen, um den Himmel mithilfe von Radiowellen zu beobachten. In der zweiten Hälfte der Fünfzigerjahre stieg die Regierung mit ein und stellte die nötigen Mittel bereit, um die riesigen Schüsseln zu bauen, die heute alle Welt als Radioteleskope kennt.

1958, drei Jahre bevor er die berühmte nach ihm benannte Gleichung aufstellte, war Frank Drake in der Radioastronomie erst relativ frisch promoviert und trat gerade eine Stelle am neu eingerichteten Green Bank Observatory in West Virginia an. Das Radioteleskop von Green Bank befand sich noch im Bau, als er eintraf, und seine Kollegen planten, mithilfe dieses riesigen neuen Geräts alles Mögliche zu erforschen, von der Struktur unserer Galaxie bis hin zu explodierenden Sternen. Auch Drake wollte sich an diesen Bemühungen beteiligen, doch insgeheim hoffte er noch auf einen anderen Forschungsgegenstand. Im Graduiertenstudium hatte er nämlich den berühmten Astronomen Otto Struve kennengelernt. Struve war damals einer der wenigen Wissenschaftler, die sich für die Frage nach anderem Leben im Universum interessierten. Anders als viele seiner Mitforschenden glaubte Struve, dass Planeten häufig vorkämen, und er dachte sich, manche dieser fremden Welten könnten durchaus Lebensformen beherbergen. Durch sein Beispiel überzeugte Struve Drake davon, dass die Suche nach Leben ein valides Problem war, an dem gearbeitet werden konnte und sollte. Drake ging also mit dem Wunsch nach Green Bank, sich dieses Problems selbst anzunehmen.

Das große Radioteleskop, das Drake von seinem Fenster aus sehen konnte, war das ideale Werkzeug für seine Bestrebungen. Weil Radiowellen eine so große Wellenlänge haben, können sie den Weltraum durchdringen, ohne von interstellaren Staubpartikeln absorbiert (also geschluckt) zu werden, wie es bei optischem Licht geschieht. Und weil sie nicht durch Materie auf ihrem Weg ausgelöscht werden, können selbst sehr schwache Radiosignale ungehindert riesige Distanzen überwinden. Außerdem ist ein Radioteleskop – selbst die frühe Version davon, mit der Drake arbeitete – hochempfindlich, und so kann es diese sehr schwachen Signale auffangen. Damit war für Drake klar, wie die nächsten Schritte aussehen mussten.

Er entwickelte einen Plan, indem er sich zunächst eine einfache Frage stellte: Aus welcher Entfernung wäre die Erde zu sehen, wenn Außerirdische ein Teleskop wie das benutzten, zu dem er Zugang hatte? Die Verhältnisse auf der Erde als Grundlage zu nehmen, war gute wissenschaftliche Praxis. Anstatt sich Außerirdische mit irgendwelchen Superkräften vorzustellen, ging Drake von dem aus, wovon er wusste, dass es existierte: Radiotechnologie auf dem Stand der Menschheit. Bei seinen

Berechnungen kam er zu dem Ergebnis, dass die leistungsstärksten Radiotransmitter der Erde mit einem Radioteleskop wie dem von Green Bank in bis zu zehn Lichtjahren Entfernung detektiert werden könnten. Damit hatte er seinen Suchradius bestimmt. Als Nächstes betrachtete er die Frage umgekehrt, um Ziele für seine Suche festzulegen. Gab es im Umkreis von zehn Lichtjahren sonnenähnliche Sterne? Bei der Formulierung dieser Frage ging er von der wissenschaftlich konservativen Annahme aus, dass ähnliche Bedingungen wie auf der Erde die Voraussetzung für Leben wären. Damals gab es noch keine Möglichkeit herauszufinden, ob ein Stern von erdähnlichen Planeten umkreist wurde (Exoplaneten wurden erst 1995 entdeckt), also behalf Drake sich bestmöglich und konzentrierte sich auf sonnenähnliche Sterne. Er suchte die Sternkarten im Radius von zehn Lichtjahren um die Erde ab und entschied sich für zwei Kandidaten. Der erste war der Stern Tau Ceti im Sternbild Cetus (Walfisch). Der zweite war Epsilon Eridani im Sternbild Eridanus (benannt nach einem mythischen Fluss). Beide ähneln hinsichtlich ihrer Größe, Masse und Temperatur unserer Sonne.

Das nächste Problem war kein wissenschaftliches, sondern ein politisches. Konnte er seine Kollegen am Observatorium für ein scheinbar verrücktes Vorhaben wie die Suche nach außerirdischen Zivilisationen gewinnen? Den Wissenschaftsbereich der Astrobiologie gab es damals noch nicht. Die Astronomie beschäftigte sich mit unbelebten Himmelsobjekten. Allein darüber nachzudenken, ob auf anderen Welten Leben existierte, war für die meisten Astronomen schon unwissenschaftliche Fantasterei. Weshalb sollte man Zeit darauf vergeuden, sich mit einer Frage zu beschäftigen, die man nicht beantworten konnte? Der UFO-Hype und die glubschäugigen Monster-Aliens in den bekannten B-Movies jener Zeit trugen ihren Teil zu der ablehnenden Haltung bei. Die meisten seriösen Wissenschaftlerinnen und Wissenschaftler wollten mit Fragen über Zivilisationen auf anderen Planeten nichts zu tun haben. Wieder einmal war der Kicher-Faktor schuld.

Glücklicherweise waren die Astronomen in Green Bank eine aufgeschlossene kleine Truppe. Eines Nachmittags, als sie gemeinsam in einem Lokal bei Burgern und Pommes saßen, trug Drake ihnen sein Anliegen vor, nach außerirdischer Intelligenz zu suchen (oder konkret, nach Signalen nicht natürlichen Ursprungs). Seinen Kollegen gefiel die Idee. Plötzlich hatte Drake ein richtiges Forschungsprojekt. Er nannte die Suche das Ozma-Projekt, nach Prinzessin Ozma aus Frank Baums Geschichten um den *Zauberer von Oz* (Drake war ein großer Oz-Fan).

Das Ozma-Projekt fand in der heldischen Vorzeit wissenschaftlichen Experimentierens statt, als man oft noch alles, was man benötigte, selbst konstruieren und bauen musste. Außerdem wollte Drake auf diese Weise dem Vorwurf entgehen, viel Geld für das Projekt auszugeben. Aber in der Radioastronomie tummelten sich damals ohnehin lauter Technikfreaks. Wie in der Tontechnik der frühen Aufnahmestudios für Blues und Rock 'n' Roll drehte sich alles um die Elektronik von Empfängern und Verstärkern. Nur wollten Drake und seine Kollegen nicht das Grollen von Muddy Waters' E-Gitarre einfangen, sondern schwache Strahlungen von einem zehn Lichtjahre entfernten Stern.

Das Ozma-Projekt lief von April bis Juli 1960. Dabei wurden keine Signale außerirdischen Ursprungs gefunden. Aber dass es nicht gelang, extraterrestrische Intelligenz aufzuspüren, bedeutete nicht etwa, dass das Projekt gescheitert war. Als die Kunde davon nach außen durchsickerte, wurde die ganze Welt aufmerksam. Der schlaksige junge Frank Drake empfing einen stetigen Besucherstrom, während er seinem Tagesgeschäft als Alien-Jäger nachging. Berühmte Geschäftsleute, führende Theologen und renommierte Journalistinnen, alle kamen raus nach Green Bank, um zu schauen, was da im Gange war. Drake und sein Projekt schafften es in Schlagzeilen und Fernsehshows in aller Welt, weil die Öffentlichkeit sich schon damals für Außerirdische interessierte. Plötzlich gab es Hoffnung, eine Antwort auf die Frage zu finden, die seit Menschengedenken überall auf der Welt in Gasthäusern, an Schulen und am Lagerfeuer diskutiert wurde. Das Ozma-Projekt fand weltweite Beachtung, weil es dafür stand, dass wir im Begriff waren, eine Schwelle zu überschreiten.

Im Rückblick kann man gar nicht genug betonen, wie bedeutend das Ozma-Projekt für das Überschreiten dieser Schwelle war oder welchen unglaublichen Mut der junge Drake aufbringen musste, um diesen Schritt zu initiieren. Nie zuvor war in irgendeiner Form nach irgendwelchem Leben außerhalb unseres Sonnensystems gesucht worden. Drake musste das Forschungsfeld erst neu erdenken und eine Methodologie dafür entwickeln, natürlich unter Einhaltung der besagten alles entscheidenden Beweisstandards. Nachdem diese Schwelle einmal überschritten war, gab es kein Zurück mehr. Drake schubste die ganze Menschheit aus der planetarischen Kindheit in die kosmische Adoleszenz hinüber. Plötzlich verfügten wir über Mittel und Wege – wenn auch noch nicht besonders ausgereifte –, im riesigen Ozean der Sterne nach unseresgleichen zu suchen. Auf einmal konnten wir mehr tun, als nur von einer Unterhaltung mit anderen intelligenten Wesen zu träumen, die wie wir in die Sterne schauten und nach dem Wie und Warum fragten.

In den Jahrzehnten seit Ozma hat sich die Astrobiologie von einem Randgebiet zu einem angesehenen Forschungsfeld entwickelt. Im Laufe der 1960er- und 1970er-Jahre startete die NASA diverse Missionen zu den Planeten unseres Sonnensystems. Man hoffte, irgendwo wenigstens mikrobisches Leben zu entdecken; das wichtigste Ziel war der Mars. Doch bis 1980 hatten sich diese Hoffnungen weitgehend zerschlagen. Selbst die Gemeinschaft derer, die nur über einfache Lebensformen im Universum nachdachten, war und blieb klein, das Geld für ihre Forschung knapp. Noch kleiner war die Gruppe derjenigen, die sich Gedanken über intelligentes außerirdisches Leben und dessen mögliche Formen machten. Ozma hatte SETI zwar in Gang gesetzt, aber die Bemühungen schafften es nie in den Mainstream der astronomischen Community. Ein Teil des

Problems war, wie wir noch sehen werden, dass SETI in den 1980er-Jahren zum politischen Spielball wurde. Als die Neunziger anbrachen, gehörte die Astrobiologie nicht zu den Fahnenträgern der Wissenschaft, und SETI war eine wenig beachtete Randerscheinung.

Doch inzwischen ist dank der Revolutionen, mit denen wir uns in den weiteren Kapiteln dieses Buches beschäftigen werden, die Suche nach Leben im All auf der Prioritätenliste der NASA weit nach oben gerückt. Um sie zu ermöglichen, werden Milliarden Dollar in den Bau von Weltraumteleskopen der nächsten Generation investiert. 2020 brachte die astronomische Community unter Federführung der National Academies of Science ihren jüngsten »Decadal Survey on Astronomy and Astrophysics« heraus, in dem die großen Prioritäten für neue Missionen festgelegt wurden. Zuoberst auf der Liste stand das, was mitunter als Habitable Worlds Observatory bezeichnet wird – ein Teleskop-Projekt, um Exoplaneten zu erforschen und Leben zu finden.* Es wird in ein paar Jahrzehnten die Nachfolge des James-Webb-Weltraumteleskops antreten. Das ist der Kontext, in dem man Drakes Errungenschaft verstehen muss. Sie war nicht nur die Geburtsstunde von SETI. Drake erdachte und verwirklichte die erste richtige wissenschaftliche beobachtende Forschung auf dem Gebiet der Astrobiologie. Seine technischen Mittel waren beschränkt, und der astronomische Wissensstand seiner Zeit setzte enge Grenzen für eine Suche nach Leben im All. Aber nun sind diese Grenzen überwunden, weggesprengt durch die spektakulären wissenschaftlichen Fortschritte der letzten Jahrzehnte. Darum sind wir endlich bereit, die Suche ernsthaft in Angriff zu nehmen.

Drakes bahnbrechende Bemühungen im Rahmen von Ozma stellen einen epochalen Meilenstein dar. In vielen Jahren, wenn wir viel-

---

* Wie genau dieses Teleskop aussehen und wie es heißen wird, ist noch unklar. Das Decadal Committee hat mehrere konkurrierende Vorschläge geprüft. Wichtig ist jedoch, dass der Bericht sich klar dafür ausspricht, etwas mit dem Fokus auf Exoplaneten und Astrobiologie zu bauen.

leicht gemeinsam mit allen anderen interstellaren Spezies einen Sitz in der Föderation Galaktischer Kulturen haben, wird man Drake und das Ozma-Projekt noch immer als den Moment in Erinnerung haben, da alles begann.

## HABITABLE ZONEN:
### *Goldlöckchen im Orbit*

Frank Drake setzte mit dem Ozma-Projekt die Suche nach außerirdischer Intelligenz in Gang. Doch Wissenschaft entwickelt sich immer durch ein Wechselspiel zwischen Theorie und Experiment (oder Beobachtung). Es genügt nicht, ein Teleskop auf den Himmel zu richten und Daten zu sammeln. Um mit der Zeit die Suche zu verfeinern und die Erfolgsaussichten zu steigern, muss man wissen, wonach man eigentlich sucht. Hier kommt die Theorie ins Spiel. Die Aufgabe von Theoretikerinnen und Theoretikern ist es, mithilfe von Physik durchzuspielen, was dort draußen im Universum möglich ist. Das wird dann in wunderschönen mathematischen Gesetzen ausgedrückt. Ernsthaft, sie sind so überwältigend wie die ersten Takte von John Coltranes *A Love Supreme* oder Led Zeppelins »Heartbreaker«.

Um auf dem Ozma-Projekt aufzubauen, brauchte SETI neue Theorien. Es brauchte Wissenschaftlerinnen und Wissenschaftler, die theoretische Konzepte – Ideen – lieferten, um die Suche in die richtigen Bahnen zu lenken. In diesem Abschnitt und den beiden folgenden werden wir die wichtigsten Konzepte betrachten, die in den ersten Jahren nach Ozma aufgestellt wurden. Dyson-Sphären, die Kardaschow-Skala und habitable Zonen (um die es in diesem Kapitel geht) bildeten die Grundlage, auf der künftige SETI-Projekte aufbauen und durch die künftige SETI-Diskussionen vorangebracht werden sollten. Wir könnten auch das Fermi-Paradoxon und die Drake-Gleichung mit in diese Kategorie fundamentaler Konzepte für die Suche nach außerirdischem Leben aufnehmen. Der immense Einfluss dieser Ideen hält bis heute an, auch wenn die klassischen Radio-SETI-Projekte wie Ozma nur noch ein Teilbereich des explosionsartig wachsenden Forschungsgebiets zu Biosignaturen und Technosignaturen sind. Diese Schlüsselideen kommen auch ins Spiel, wenn Leute über UFOs als Alien-Fluggeräte reden. In dem Zusammenhang stellt sich ja zwangsläufig die Frage, woher die betreffenden Aliens kommen. Und die genannten Konzepte sind mit das Beste, was das menschliche Denken hervorgebracht hat, um eine Antwort auf diese Frage zu finden.

Wir beginnen mit einer einfachen Beobachtung zu den Grenzen der Wissenschaft. Manchmal ist das Klügste, was eine Wissenschaftlerin oder ein Wissenschaftler tun kann, etwas zu erfinden. Als das Ozma-Projekt 1960 zu Ende ging, gab es nicht viele Leute, die sich Gedanken darüber machten, wie eine wissenschaftliche Suche nach außerirdischem Leben aussehen sollte. Ein Wissenschaftler, der fand, wir sollten etwas unternehmen, um der Frage nach außerirdischem Leben endlich auf den Grund zu gehen, stand damals ziemlich allein da. Die wenigen Forschenden, denen etwas an dem Thema lag, taten deshalb, was Wissenschaftlerinnen und Wissenschaftler immer tun, wenn sie sich an den Grenzen des Bekannten bewegen. Sie dachten sich etwas aus. Sie erdachten eine Leiter und kletterten dann hinauf.

Die Essenz guter Wissenschaft ist in Bahnen gelenkte Fantasie. Astronomen brauchen Leitplanken, damit ihr Denken nicht in die Sphären des Unmöglichen oder Fantastischen abgleitet. Um andere für ihre Ideen zu gewinnen, müssen Forschende auf die Naturgesetze zurückgreifen – etwa die Schwerkraft oder die Gesetzmäßigkeiten der Chemie – und mit ihrer Hilfe Stufen bauen, die ihr Gewicht tragen, wenn sie ins Unbekannte hinaufsteigen. Eine Idee zu haben, ist das eine, loszuziehen und Daten zu erheben (durch Beobachtung oder Experimentieren), das andere, und beides muss sich ergänzen. Der chinesisch-amerikanische Astrophysiker Su-Shu Huang beschritt diesen Weg 1959,[2] als er die These aufstellte, um jeden Stern gebe es eine habitable Zone, und diese sei für die Suche nach Leben essenziell. Eine habitable Zone ist der Bereich in einem Sonnensystem, in dem die Umlaufbahn eines Planeten liegen muss, damit dort Leben entstehen kann; quasi das potenzielle Siedlungsgebiet eines Sonnensystems. Dieser Grundgedanke erlaubt es uns, den Bereich einzugrenzen, auf den wir uns bei der Suche nach Leben in einem fremden Sonnensystem konzentrieren sollten.

Was war der wichtigste Parameter bei Huangs großer Idee? Die Antwort ist einfach: Wasser. Wenn man die lange Geschichte der Erde betrachtet, scheinen Leben und Wasser untrennbar miteinander verbunden. Wenn man die Chemie betrachtet, erfüllt nichts die Voraussetzungen für Leben so gut wie Wasser. Es ist das ideale Lösungsmittel. In ihm lösen sich so viele Chemikalien, dass kein anderer Stoff als Medium für die endlosen chemischen Kunststücke des Lebens gleich gut geeignet ist wie Wasser.

Dennoch ist es durchaus möglich, dass dort draußen eine Lebensform existiert, deren chemische Grundlage etwas anderes als Wasser ist, und auch dieser Möglichkeit muss die Wissenschaft natürlich nachgehen. Aber für den Moment ist das Entscheidende: Wenn man bei null anfinge, wenn man Leben von Grund auf neu erschaffen wollte, hätte man mit Wasser die beste Chance, die Sache in Gang zu bringen. Und damit sind wir wieder bei Huangs brillanter Idee.

Die Oberflächentemperatur eines Planeten hängt von zwei Faktoren ab: wie weit der Planet von seinem Stern entfernt ist und wie viel Energie dieser Stern abstrahlt – wir sprechen hier von seiner Leuchtkraft. Beginnen wir mit der Entfernung: Ist ein Planet seinem Mutterstern sehr nahe, so herrscht an seiner Oberfläche eine Gluthitze. Sie ist tagein, tagaus immens starker stellarer Strahlung ausgesetzt, sodass der Planet eine lebensfeindliche Hölle ist. Wenn der Planet hingegen sehr weit von seinem Stern entfernt ist, sodass Letzterer nur als schwacher Lichtpunkt am Himmel des Planeten erscheint, dann herrschen an seiner Oberfläche eisige Temperaturen, die ebenfalls ungünstig für Leben sind.

Nun wenden wir uns dem anderen Teil des Problems zu, der Leuchtkraft des Sterns. Diese wird dadurch bestimmt, wie schnell durch Kernfusion im Inneren des Sterns Energie freigesetzt wird. Sehr helle Sterne strahlen gewaltige Mengen Energie ab im Vergleich zu ähnlich großen Sternen mit geringerer Leuchtkraft. Das heißt, wenn ein Planet in einer ziemlich weit entfernten Umlaufbahn um einen Stern mit sehr hoher Leuchtkraft kreist, kann es an der Oberfläche immer noch kuschelig warm sein. Hingegen werden auf einem Planeten, der um einen Stern mit geringer Leuchtkraft kreist, eisige Temperaturen herrschen, es sei denn, er hätte eine extrem enge Umlaufbahn. Die Erde braucht für einen Sonnenumlauf dreihundertfünfundsechzig Tage. Planeten um Sterne mit geringer Leuchtkraft werden nur dann eine bewohnbare Oberfläche haben, wenn sie für einen Umlauf etwas in der Größenordnung von Wochen brauchen. Ein ganzes Jahr in wenigen Wochen ... Das meine ich mit einer extrem engen Umlaufbahn. Zum Vergleich: Merkur, dessen Oberflächentemperatur tagsüber auf über 400 °C steigt, ist der Planet, der unserer Sonne am nächsten ist. Er vollendet seine Umlaufbahn in sechsundachtzig Tagen. Damit auf einem Planeten eines kühlen Sterns angenehme Temperaturen herrschen können, müsste diese Welt ihrem Stern etwa zehnmal näher sein als Merkur unserer Sonne.

Zusammengenommen heißt das, wenn ich einen Stern und seinen Planeten habe, und ich kenne sowohl die Entfernung, in der dieser Planet um seinen Stern kreist, als auch die Leuchtkraft (den Energie-Output) des Sterns, dann kann ich die Temperatur an der Oberfläche des Planeten bestimmen. Ich kann Ihnen sagen, ob der Planet eine klirrend kalte Eiswelt ist, eine glühend heiße Wüstenwelt oder irgendwas dazwischen, so wie unser wundervoller Planet Erde. Für einen Astrophysiker zählt so etwas zu den leichtesten Übungen.

Mithilfe dieses kleinen astrophysikalischen Zauberkunststücks fand Su-Shu Huang heraus, wie man den Bereich der Umlaufbahnen um einen Stern bestimmt, wo es auf der Oberfläche des betreffenden Planeten Wasser in flüssiger Form geben kann. Die innere Grenze dieses Bereichs liegt da, wo die Planetenoberfläche so heiß wird, dass Wasser sieden würde. Die äußere Grenze verläuft da, wo die Planetenoberfläche so kalt ist, dass Wasser gefrieren würde. Auf einem Planeten irgendwo dazwischen – vorausgesetzt, er hat eine Atmosphäre – könnte man ein Glas Wasser auf den Boden gießen, und es würde als Pfütze dort bleiben. Und in dieser kleinen Pfütze könnte vielleicht, vielleicht Leben entstehen.

Die habitable Zone war eine einfache, scharfsinnige Idee, und wie alle einfachen, scharfsinnigen Ideen in der Wissenschaft hatte sie das Potenzial, die Zukunft zu prägen. Heute benutzen Astrobiologinnen und -biologen das Konzept als Grundlage für fast jede Suche nach außerirdischem Leben. Nichts kann ihren Puls so beschleunigen wie die Entdeckung einer erdähnlichen Welt in der habitablen Zone. Das ist ein Hauptgewinn. Es ist das, wonach alle suchen. Habitable Zonen waren eins der ersten Leitkonzepte für die Suche nach Leben im Universum. Es hat sich bewährt und sagt uns noch heute, wohin wir unseren Blick richten sollten.

## DYSON-SPHÄREN:
### *Wenn Aliens Megastrukturen bauen*

Nur wenige wissenschaftliche Begriffe klingen so herrlich spektakulär wie »außerirdische Megastrukturen«, und was noch bemerkenswerter ist: Diese beiden Wörter haben es neuerdings in die Nachrichten geschafft, sie tauchten in Berichten über die Jagd nach außerirdischen Zivilisationen auf. Aber was genau ist eine außerirdische Megastruktur, und warum schreiben nüchterne promovierte Wissenschaftlerinnen und Wissenschaftler Aufsätze darüber? Die Antwort führt uns bis zurück ins Jahr 1960 und zu einer Reihe wissenschaftlicher Artikel, die der große theoretische Physiker Freeman Dyson seinerzeit schrieb.

Dyson machte sich einen Namen, indem er an der Entwicklung der quantentheoretischen Beschreibung der Wechselwirkung zwischen Elektronen und Licht mitwirkte. Das ist die Art von Arbeit, für die der Nobelpreis vergeben wird (den Dyson auch bekam). Aber Dysons Neugier führte ihn auf die unterschiedlichsten Wege, oft auch außerhalb des Bereichs herkömmlichen wissenschaftlichen Denkens. Nachdem Frank Drake seine Suche nach Außerirdischen begonnen hatte, fing Freeman Dyson an zu überlegen, was eine solche Suche zutage fördern könnte. Als theoretischer Physiker beschäftigte Dyson sich mit der Frage, wohin technologischer Fortschritt eine außerirdische Zivilisation wohl führen würde. Dysons Ansatz war einer der ersten bedeutenden Versuche, mithilfe der Physik zu spekulieren, wie sich technologisch fortgeschrittene Zivilisationen entwickeln könnten.

*Energie* ist eines der grundlegendsten Konzepte in der theoretischen Physik. Sie ist definiert als die Fähigkeit, Arbeit zu verrichten. Alles, was in der physischen Welt geschieht, erfordert den Einsatz von Energie. Dyson realisierte, dass Energie immer der eine limitierende Faktor für die Möglichkeiten einer Zivilisation sein wird. Je mehr Energie man zur Verfügung hat, umso mehr kann man bewirken. Da Leben wahrscheinlich nur auf der Oberfläche eines Planeten entstehen kann, erkannte Dyson ferner, dass jede Zivilisation in der Nähe eines gigantischen Energiegenerators geboren wird (nämlich eines Sterns). Unserer ist die Sonne. Ein typischer Stern produziert etwa hundert Millionen Milliarden Milliarden Watt Energie. Das ist pro Sekunde eine Million Mal mehr Energie, als sämtliche Kraftwerke auf der Erde in einem Jahr produzieren.[3] Es wäre nur natürlich, fand Dyson, wenn Zivilisationen früher oder später versuchen würden, sich alle Energie nutzbar zu machen, die ihr Heimatstern abstrahlt. Und so stellte er Überlegungen dazu an, wie sie das bewerkstelligen könnten.

Wie so oft in der SETI-Forschung diente Science-Fiction als Inspiration für die Wissenschaft. Ausgehend von Ideen aus Olaf Stapledons Roman *Der Sternenmacher* aus den 1930er-Jahren stellte Dyson sich eine Struktur aus Lichtkollektoren in einer Umlaufbahn um die Sonne einer fremden Zivilisation vor – im Grunde eine Art Solarpanels, mit denen man den Energie-Output des Sterns auffangen könnte. Um einen Großteil der Energie der Sonne aufzufangen, bräuchte man ein riesiges Array solcher Kollektoren, kurz, eine Megastruktur (auch wenn dieser Begriff erst in jüngerer Zeit in Mode gekommen ist). Eine einzige dieser Megastrukturen wäre eine gigantische Maschine, weit größer als ein Planet. Dyson stellte sich vor, ein Stern wäre von vielen dieser Maschinen umgeben, die die stellare Strahlung auffingen, sodass eine Zivilisation ihre Energie nutzen könnte.

Dyson erkannte, dass nach den Gesetzen der Physik, insbesondere nach dem berühmten zweiten Hauptsatz der Thermodynamik, die Energiekollektoren sich erhitzen würden, wenn sie die Sonnenstrahlung verarbeiteten. Der zweite Hauptsatz der Thermodynamik besagt, dass immer wenn Energie eingefangen und genutzt wird, etwas davon verloren geht. Wenn Sie mit Ihrem Auto fünf Liter Benzin verbrauchen, wird nur ein Bruchteil der Energie wirklich dazu genutzt, die Räder zu drehen. Ein großer Teil erhitzt einfach nur den Motorblock. Diese Erhitzung, die keinen Nutzen hat, ist eine Folge des besagten thermodynamischen Gesetzes. Bezogen auf Dysons Idee sagt uns dieser zweite Hauptsatz, dass sich die Kollektoren zwangsläufig erhitzen, wenn sie das Licht des Sterns einfangen und speichern. Die Wärme führt dazu, dass sie selbst anfangen zu leuchten, und zwar im Infrarotbereich des Spektrums. Auch Sie leuchten aufgrund Ihrer Körperwärme infrarot – wenn Sie ein Nachtsichtgerät hätten, wie man sie beim Militär benutzt, könnten Sie das sehen.

Dysons Berechnungen zeigten, dass die Infrarotstrahlung einer solchen Lichtkollektor-Megastruktur über interstellare oder sogar intergalaktische Distanzen zu sehen wäre. Mit anderen Worten, wenn eine Zivilisation Dysons Megastrukturen zur Energiegewinnung baut, so müssen nach den Gesetzen der Physik diese Megastrukturen an ihrer Infrarotstrahlung zu erkennen sein. Wir könnten sie sehen. Darum hat dieser elegante Gedankengang bei SETI-Forschenden so schnell Anklang gefunden – er liefert ihnen etwas, wonach sie suchen können. Schon bald tauchte auch in anderen Artikeln ein neuer Begriff auf: die *Dyson-Sphäre.*

Was meinen Astronominnen und Astronomen, wenn sie von einer Dyson-Sphäre sprechen? Stellen Sie sich eine riesige hohle Kugel vor, wie ein Tischtennisball von der Größe der Erdumlaufbahn, und dieser Ball umschließt die Sonne. Die Innenseite der Schale wäre mit Solarpanels oder einer anderen Art Lichtkollektor-Technologie bedeckt. Wenn der Radius der Sphäre dem der Erdumlaufbahn entspricht, wäre die Innenfläche rund eine Milliarde Mal so groß wie die Erdoberfläche. Angesichts einer derart riesigen Fläche sind manche Forschende auf die Idee gekommen, eine Zivilisation könnte einen Teil ihrer Dyson-Sphäre als Lebensraum nutzen. Wie viele Außerirdische könnten auf eine Milliarde Erden passen? Bei der Vorstellung kann einem schwindlig werden.

Aber wäre es überhaupt möglich, eine Dyson-Sphäre zu bauen? Rein physikalisch betrachtet? Wissenschaftlerinnen und Wissenschaftler lieben solche Fragen. Über die Jahre wurden viele Artikel mit Berechnungen zu Dyson-Sphären veröffentlicht. Das Ergebnis war, dass man für den Bau einer Schale, die ungefähr anderthalb Kilometer dick ist und deren Umfang der Erdumlaufbahn entspricht, die gesamte Masse aller Planeten im Sonnensystem benötigen würde. Man müsste diese Masse zerkleinern und verarbeiten, um die Materialien zu gewinnen, aus denen dann die einzelnen Komponenten der Dyson-Sphäre hergestellt würden. Das sieht zwar nach ziemlich vielen Besuchen im Alien-

Baumarkt aus, aber es wäre immerhin möglich. In einem typischen Sonnensystem gibt es das Material, das für den Bau erforderlich wäre. Und daraus folgt, dass Dyson-Sphären zwar vielleicht Stoff für Science-Fiction, nicht aber für Fantasy sind. Eine solche Megastruktur zu bauen, mag Kapazitäten voraussetzen, über die wir nicht verfügen, aber es widerspricht nicht den Gesetzen der Physik.

Allerdings gibt es da ein Problem: Dyson-Sphären könnten nicht wirklich kugelförmige Schalen sein. Forschende haben alle möglichen physikalischen Betrachtungen dazu angestellt und sind zu dem Schluss gekommen, dass eine riesige hohle Kugel mit der Sonne im Mittelpunkt gravitationstechnisch instabil wäre. Etwas bräuchte der Dyson-Sphäre nur einen winzigen Stups zu versetzen, und sie würde langsam immer weiter zu einer Seite driften, bis sie mit dem Stern kollidiert. Das wäre gar nicht gut, wenn auch bestimmt ein spektakulärer Anblick.

Nun, eine Zivilisation, die technisch in der Lage wäre, eins dieser Ungetüme zu bauen, wüsste wahrscheinlich auch, wie man das Problem mit der Stabilität in den Griff bekommt. Dennoch sind aufgrund dieser Problematik die meisten Forschenden (auch Dyson selbst) zu dem Schluss gekommen, dass eine Dyson-Sphäre weniger sinnvoll wäre als ein Dyson-Schwarm, eine riesige Menge einzelner, unabhängig um den Stern kreisender Maschinen. Damit könnte man die Probleme vermeiden, die der Bau einer einzigen geschlossenen Schale mit sich bringen würde. Auch ein Dyson-Schwarm würde Infrarotstrahlung abgeben, er würde aber den Stern nicht ganz verdecken. Dieser Punkt wird sich noch als wichtig erweisen, denn genau deshalb glaubte um 2014 jemand, vielleicht Hinweise auf eine solche Megastruktur entdeckt zu haben. Aber zu dieser Geschichte kommen wir später.

Dyson-Sphären waren buchstäblich die Mutter aller außerirdischen Megastrukturen. Durch sie fand erstmals der Gedanke Eingang in die wissenschaftliche Literatur, dass große Artefakte außerirdischer Zivilisationen über interstellare Distanzen hinweg sichtbar sein könnten.

Diese Idee hat sich gehalten, auch wenn mit der Zeit aus den Sphären Schwärme wurden (oder sogar Dyson-Ringe) – der erste Schritt war getan, von nun an machten sich auch andere Gedanken über »Astro Engineering«, auch Astrotechnik genannt. Wie weit würde eine Zivilisation gehen, wie »mega« würden ihre Bauwerke werden, wenn genug Zeit verginge und die technologische Entwicklung weit genug voranschritte? Diese Frage prägt das Denken in der Astronomie noch heute, da unsere Suche in die nächste, aussichtsreichste Phase eintritt.[4]

## DIE KARDASCHOW-SKALA:
### *Woran misst man eine außerirdische Zivilisation?*

Dyson regte die astronomische Community also dazu an, über technische Bauprojekte in der Größenordnung von Sonnensystemen nachzudenken. Das war ein wichtiger Schritt, denn er öffnete die Tür zur nächsten Frage: Was bedeutet es, wenn sich eine Zivilisation technologisch immer weiterentwickelt, vielleicht weit genug, um einen Dyson-Schwarm zu konstruieren, oder sogar noch weiter? Diese Frage muss jede Theorie über außerirdische Zivilisationen in Betracht ziehen. Und diese Frage schwebt auch über unserer eigenen Zukunft – sofern wir eine haben. Wie entwickeln sich technologische Zivilisationen über Tausende, Hunderttausende oder gar Hunderte Millionen Jahre? Die Beschäftigung mit dieser Frage hat den SETI-Theoretikerinnen und -Theoretikern eine weitere besonders nachhaltig wirkende Idee beschert: die Kardaschow-Skala.

Was wird aus Zivilisationen wie der unseren, wenn genügend Zeit vergeht und die technologische Entwicklung weit genug voranschreitet? Die industrielle Revolution auf der Erde ist gerade mal ein paar Hundert Jahre alt, deshalb fordert diese Frage unsere Vorstellungskraft heraus. In den frühen 1960er-Jahren, als SETI noch in den Kinderschuhen steckte, erkannte man: Vorhersagen über die Entwicklung außerirdischer Technologie würden wesentlich dazu beitragen, dass man außerirdische Zivilisationen finden könnte. Wie ich bereits sagte: Es ist schwer, etwas zu finden, wenn man nicht weiß, wonach man sucht. Mit dieser Aufgabe beschäftigen meine Mitforschenden und ich uns noch immer.

Der russische SETI-Pionier Nikolai Kardaschow war der Erste, der sich des Problems ernsthaft annahm, als er 1964 versuchte, ein allgemeines Konzept davon zu formulieren, wie fortgeschrittene Zivilisationen sich entwickeln. Zwar hatten die USA mit Frank Drakes Ozma-Projekt beim Start von SETI die Nase vorn, aber die Wissenschaft in der Sowjetunion lag nicht weit hinter ihnen zurück. Russland, das immerhin vor den USA einen Menschen ins All gebracht hatte, war genauso weltraumbegeistert und techno-optimistisch bezüglich außerirdischer Zivilisationen wie die amerikanischen Kolleginnen und Kollegen. Es gab im Kalten Krieg sogar in den Regierungen beider Konfliktparteien eine gewisse Paranoia um die Frage, wer zuerst Kontakt zu Außerirdischen herstellen und sich so einen militärischen Vorteil in Gestalt imaginärer Todesstrahlen verschaffen würde. SETI hatte also in Russland ebenso wie in den USA ernsthafte Fürsprecher, die sich ernsthaft kreative Gedanken machten.

Kardaschow war Radioastronom, genau wie Frank Drake. Da also Beobachten quasi sein Beruf war, suchte er als Einstieg in sein Projekt nach einer Möglichkeit, Zivilisationen in Bezug auf die Signale, die sie produzieren könnten (das, was wir heute Technosignaturen nennen), zu klassifizieren. Aber wie schon Drake und seine Gleichung erlangten auch Kardaschow und sein Klassifikationssystem im Nachhinein eine Bedeutung, die weit über seine ursprünglichen Absichten hinausging. Die Kardaschow-Skala aus seinen Aufsätzen wurde zum Archetyp für das wissenschaftliche Denken über die langfristige Evolution von Zivilisationen.

Kardaschows Skala basiert auf der Annahme, dass jede technologische Zivilisation – ob sie nun von raffinierten Sauriern, schlauen Oktopoden oder hochentwickelten Schleimpilzen aufgebaut wurde – bestimmte Evolutionsstufen durchläuft, die man kategorisieren kann. Kardaschow konnte diese Behauptung aufstellen, weil sein Klassifikationssystem weder auf Gesellschaftsformen basierte (waren die Dinosaurier autoritär oder demokratisch?) noch auf Ethik (billigten die Oktopoden Mord?) oder auf politischer Ökonomie (waren die Schleimpilze kapitalistisch oder sozialistisch?). Es wäre unmöglich vorherzusagen, welchen Weg Außerirdische bezüglich dieser Dichotomien einschlagen oder ob Intelligenzen, die sich von der unseren grundlegend unterscheiden, überhaupt in solchen Kategorien denken würden.

Stattdessen wählte Kardaschow wie jeder gute Physiker als Grundlage für seine Klassifikationsskala die Energie. Wie sich herausstellte, war das eine brillante Idee. Auf einer grundlegenden physikalischen Ebene erfordert die Entwicklung einer jeden Zivilisation Energie. Niemand, weder wir noch eine außerirdische Spezies, könnte eine Zivilisation mit der dazugehörigen Infrastruktur aufbauen, ohne Energie zu nutzen. Kardaschows Idee war, die Energiequellen zu identifizieren, die einer Zivilisation zugänglich waren, wenn sie sich technologisch immer weiterentwickelte. Daraus konnte er ableiten, wie viel Energie auf jeder Entwicklungsstufe zur Verfügung stand.

Aus Kardaschows Perspektive gibt es drei Grundtypen oder Stufen fortgeschrittener Zivilisationen, basierend auf ihren Möglichkeiten, Energie nutzbar zu machen:

**Typ 1:** *Auf der ersten Evolutionsstufe müssen Zivilisationen die gesamte Energie nutzen, die auf ihrem Planeten zur Verfügung steht. Die größte auf einem Planeten verfügbare Energiequelle ist in der Regel das Licht von seinem Stern, also muss eine Zivilisation, um diese Stufe zu erreichen, alles Sonnenlicht einfangen, das auf den Planeten fällt. Auf der Erde beispielsweise kommt von der Sonne jede Sekunde eine Energiemenge an, die der von mehreren Tau-*

*send Atombomben entspricht. Es übersteigt das Vorstellungsvermögen jedes normalen Menschen, dass ständig so viel Energie auf die Erde einprasselt, aber eine Spezies vom Typ 1 nutzt all diese Energie zum Aufbau ihrer Zivilisation.*

**Typ 2:** *Warum sollte man nicht einen Schritt weitergehen und nicht nur die Sonnenenergie nutzen, die auf dem eigenen Planeten ankommt, sondern gleich den gesamten Output des Heimatsterns einfangen? Wir haben eben gesehen, wie der Physiker Freeman Dyson Kardaschows Gedanken quasi vorwegnahm und sich vorstellte, eine fortgeschrittene Zivilisation könnte eine riesige Schale um ihren Heimatstern konstruieren. Jede solche Dyson-Sphäre wäre eine Maschine im Maßstab des Sonnensystems, gebaut, um die gesamte Lichtenergie des Sterns zu nutzen statt nur des vergleichsweise winzigen Anteils, der auf einen einzelnen Planeten fällt. Zivilisationen vom Typ 2 haben Milliarden Mal mehr Energie zur Verfügung als solche vom Typ 1.*

**Typ 3:** *Im nächsten Schritt wird alle Energie nutzbar gemacht, die sämtliche Sterne in einer ganzen Galaxie abstrahlen. Eine typische Galaxie hat Hunderte Milliarden Sterne, wir reden hier also von einer sehr fortgeschrittenen Version einer sehr hochtechnisierten Zivilisation. Eine solche Typ-3-Zivilisation könnte um jeden dieser Sterne eine Dyson-Sphäre bauen – aber wenn man es so weit gebracht hat, zieht man möglicherweise auch schon Energie aus der Raumzeit selbst, oder was die Science-Fiction sonst noch an Möglichkeiten bietet.*

Wo stehen wir auf der Kardaschow-Skala? Können wir überhaupt hoffen, auch nur ein Stückchen in Richtung dieser olympischen Höhen aufzusteigen? Carl Sagan und andere haben berechnet, wo wir einzuordnen sind. Das Ergebnis ist zwar nicht berauschend, aber auch nicht allzu niederschmetternd. Indem sie all die Energie zusammenrechneten, die wir aus fossilen Brennstoffen, erneuerbaren und allen anderen uns zur Verfügung stehenden Quellen nutzen, haben Sagan und seine Mitforschenden gezeigt, dass wir auf der Skala der Zivilisationstypen derzeit irgendwo im Bereich von 0,7 liegen. Allerdings ist diese Zahl in einer logarithmischen Einheit angegeben, und Logarithmen sind zwar wirklich coole Mathematik, aber sie bringen mich jedes Mal zum Weinen, wenn ich sie zu erklären versuche. Im Wesentlichen muss man wissen, dass die Steigerung auf einer logarithmischen Skala rasant in die Höhe schießt, und so verhält es sich auch mit der steilen Leiter, die Zivilisationen erklimmen müssen. Wir haben noch einen weiten Weg vor uns, bis wir eine richtige Typ-1-Zivilisation werden. Kürzlich haben Forschende am Jet Propulsion Laboratory allerdings berechnet, dass wir im Jahr 2371 unserer Zeitrechnung den Status Typ 1 erreichen werden,[5] also investieren Sie am besten gleich in Solartechnik-Unternehmen.

DIE KARDASCHOW-SKALA IST DESHALB SO NÜTZLICH, WEIL DIESE Leiter unserer Vorstellungskraft zugänglich ist. Sie macht die Entwicklung von Zivilisationen greif- und messbar. Sie hilft uns zu verstehen, wie Zivilisationen voranschreiten könnten, und liefert uns eine Basis, um einzuschätzen, was uns in unserer eigenen Zukunft erwartet. Technologien in galaktischem Maßstab zu entwickeln – das Reich der Typ-3-Zivilisationen – erscheint allerdings wie eine Aufgabe für Götter. Es übersteigt das Vorstellungsvermögen, wie eine Zivilisation mit solchen Fähigkeiten sich selbst organisieren würde. Aber dank Kardaschow verfügen wir über ein Werkzeug, das uns immerhin erkennen lässt, dass wir in solchen Größenordnungen denken müssen.

Seit Kardaschow diese Theorie veröffentlicht hat, haben andere den Ball aufgenommen und seine Skala modifiziert oder erweitert. Auch andere Ansätze kamen auf den Tisch. Meine Forschungsgruppe hat viel

Zeit darauf verwendet, neben Energie auch über die Bedeutung von Entropie nachzudenken. Entropie hängt mit dem zweiten Hauptsatz der Thermodynamik zusammen, dem wir schon begegnet sind, als wir uns mit der Idee der Dyson-Sphäre beschäftigt haben. Sie erinnern sich: Immer wenn man Energie nutzt, um Arbeit zu verrichten, entsteht irgendeine Form von Abfall. Diesen Abfall nennt man in der Physik »Entropie«. Eine andere Bezeichnung dafür ist Unordnung. Einfach ausgedrückt: Immer wenn man Energie dazu benutzt, Arbeit zu verrichten und Ordnung zu schaffen (beispielsweise um eine Stadt zu bauen), erzeugt man dabei auch eine gewisse Menge Abfall und Unordnung. So fällt etwa beim Bau einer Stadt Bauschutt an, und es entsteht eine Menge Lärm. Beides sind Beispiele für Entropie.

Der Klimawandel ist eine Folge der Entropie, die wir erzeugen, indem wir für den Aufbau unserer Zivilisation so viel Energie nutzen. Die Studien meiner Forschungsgruppe haben gezeigt, dass das ein verbreitetes Problem sein könnte. Möglicherweise stößt jede vergleichbare Zivilisation auf jedem anderen Planeten irgendwann auf einen Flaschenhals in Gestalt einer Klimakrise. Wenn man genügend Energie nutzbar macht, wirkt sich das nach dem zweiten Hauptsatz der Thermodynamik auf das Klimasystem des Planeten aus. Und schon erlebt man einen Klimawandel. Wir haben mit einfachen mathematischen Modellen von Planeten und Zivilisationen gearbeitet und gezeigt, dass das Auslösen eines Klimawandels ein universeller Schritt in der Entwicklung fortgeschrittener Zivilisationen ist. Manche Zivilisationen sind vielleicht klug genug, ihre Klimakrise erfolgreich zu bewältigen. Andere hingegen verschließen möglicherweise die Augen vor den Veränderungen, in die ihre Energienutzung den Planeten treibt, oder sie sind nicht bereit, deshalb etwas zu unternehmen. Diese verbohrten Spezies enden dann vielleicht auf dem kosmischen Müllhaufen der Geschichte, ein Schicksal, dem wir hoffentlich entgehen werden. Wie dem auch sei, jedenfalls konnten wir unsere Ergebnisse direkt zu Kardaschows Ideen in Beziehung setzen.

Natürlich konnte Kardaschow 1964 schwerlich etwas von unserer derzeitigen Klimakrise wissen. Aber dennoch stehen unsere Ergebnisse in keinem Widerspruch zur Kardaschow-Skala, im Gegenteil: Am Beispiel des Klimawandels hat sich einmal mehr gezeigt, wie nützlich die Skala ist. Indem Kardaschow der Menschheit einen ersten Entwurf einer physikbasierten, universellen Skala für die Evolution von Zivilisationen lieferte, zeigte er zugleich eine Möglichkeit auf, die Gesamtproblematik aus einem allgemeineren Blickwinkel zu betrachten. Im Laufe der Zeit, wenn wir mehr über die Wechselwirkung zwischen Planeten und Zivilisationen herausfinden (eine solche ist der Klimawandel ja im Grunde), können wir unsere neuen Erkenntnisse in die Kardaschow'sche Denkweise einfließen lassen. Deshalb ist die Kardaschow-Skala bis heute aktuell. Darum ist sie nach wie vor ein so wirksames Instrument, um uns vorstellen zu können, was zuvor unvorstellbar erschien: den Fortschritt technologischer Zivilisationen über kosmische Zeiträume.

## KAPITEL 3

# WTF* UFOS UND UAPS?

*Wie sie mit der Suche nach Außerirdischen zusammenhängen oder auch nicht*

DIE ALLGEMEINE FASZINATION FÜR UFOS BEGANN MIT DER ERSTEN großen Sichtungswelle im Jahr 1947. In der Populärkultur wurden sie sofort mit außerirdischem Leben in Zusammenhang gebracht – wenn Menschen über UFOs redeten, meinten sie eigentlich die Aliens in den UFOs.

Die große Mehrheit der wissenschaftlichen Gemeinschaft nahm diese Verbindung allerdings nicht ernst. Zu Recht? Gab es jemals einen Grund, weshalb Wissenschaftlerinnen und Wissenschaftler, die sich ernsthaft für die Möglichkeit von Leben außerhalb der Erde interessierten, ihre Aufmerksamkeit auf UFOs hätten richten sollen? Auch wenn die Verbindung zwischen UFOs und Aliens schwach sein mochte, hätten UFOS nicht eigentlich schon deshalb von wissenschaftlichem

---

* WTF steht für »What the Frack«, ich bin nämlich ein großer Fan von *Battlestar Galactica* (der Neuinterpretation, nicht der Originalserie von 1979, die geradezu peinlich geistlos war, allerdings großartige Special Effects hatte, wie man sie erst seit *Star Wars* kennt).

Interesse sein müssen, weil es sich nun einmal um nicht identifizierte Erscheinungen handelte, für die es zahlreiche Zeugen gab? Wie auch immer wir diese Fragen im historischen Kontext beantworten, es ist zweifellos an der Zeit, die Antworten neu zu bewerten, nachdem UAPs (»Unidentified Aerial Phenomena«,* zu Deutsch unidentifizierte Luftraumphänomene, wie die US-Regierung UFOs heute offiziell nennt) in den letzten Jahren so enorme Aufmerksamkeit erfahren haben.

Ich persönlich stehe UFO-Sichtungen ziemlich skeptisch gegenüber, seitdem ich als Alien-, aber auch wissenschaftsbesessener Junge die Schriften meines Superhelden Carl Sagan gelesen habe. Sagans vielfach wiederholtes Mantra lautet »außergewöhnliche Behauptungen erfordern außergewöhnliche Beweise«, und das hat mich durchaus überzeugt. Ich hatte von den Regierungsberichten gelesen, auf die wir im ersten Kapitel eingegangen sind, und sah keinen Grund, die Ergebnisse des Condon Committee infrage zu stellen. Aber vor allem hatte ich als Kind auch Erich von Dänikens *Erinnerungen an die Zukunft* gelesen, das bei mir einen tiefen Eindruck hinterließ. Eine Zeit lang war ich fest überzeugt, in früheren Zeiten hätten Außerirdische die Erde besucht, und ich erzählte ständig davon (vor allem mein armer Dad musste sich meine Vorträge immer wieder anhören). Dann sah ich auf PBS eine Fernsehdokumentation mit dem Titel *The Case of the Ancient Astronauts* (etwa Der Fall der Astronauten im Altertum), in der echte Archäologen Dänikens Theorien aus *Erinnerungen an die Zukunft* untersuchen und die echten Daten zum Bau der Pyramiden, den Steinköpfen auf der Osterinsel und den Nazca-Linien in Form von Tiergestalten unter die Lupe nehmen. In jedem einzelnen Fall stellte sich heraus, dass von Dänikens Behauptungen völlig absurd waren. Ich war zum Narren gehalten worden, und das ist für jemanden aus New Jer-

* Mitunter findet man »UAP« auch als Akronym für »Unidentified Anomalous Phenomena« (unidentifizierte anomale Phänomene), aber meine Güte, wie oft will man die Bezeichnung noch ändern? Wir bleiben bis auf Weiteres bei »Luftraumphänomene«.

sey die größte Schmach überhaupt. Seit diesem Debakel hege ich eine tief verwurzelte Abneigung gegen Leute, die spektakuläre Behauptungen aufstellen, ohne die Daten zu überprüfen, oder schlimmer noch, sich solche Behauptungen ganz ohne Datengrundlage einfach aus den Fingern saugen.

Sagans Forderung erschien mir umso gültiger, als ich älter wurde und ernsthaft lernte, wie man wissenschaftlich arbeitet, erst am College und später im Graduiertenstudium. Ich war beeindruckt (es verschlug mir geradezu den Atem), als ich erfuhr, dass ich mithilfe physikalischer Gesetze die Temperatur ferner Sterne ermitteln konnte, einfach indem ich ihre Farbe beobachtete (rote Sterne sind kühl, blaue Sterne sind heiß). Während ich lernte, wie die Physik uns tiefe Einblicke in die Beschaffenheit unserer Welt ermöglicht, lernte ich auch besagte Beweisstandards kennen. Von meinem neuen Standpunkt aus betrachtet, lockten mich die verschwommenen Fotos, die wenig glaubhaften Geschichten und die Neigung zu Verschwörungstheorien im Zusammenhang mit UFOs nicht gerade dazu, in diesem Sandkasten mitspielen zu wollen.

Aber wie steht es heute? Nachdem selbst die Regierung bestätigt hat, dass ihre eigenen Navy-Piloten regelmäßig Dinge in der Luft beobachten, die nicht identifiziert werden können – ist es da an der Zeit, als Wissenschaftlerin oder Wissenschaftler seine Einstellung zu überdenken? Und wenn wir unsere Haltung ändern, wie genau sollten dann die nächsten Schritte aussehen?

In diesem Kapitel werden wir uns noch ein wenig mehr mit der Geschichte beschäftigen, um zu verstehen, warum UFOs in der Wissenschaft so einen schlechten Ruf haben; wir werden die alten Regierungsberichte erneut unter die Lupe nehmen und dann in das eintauchen, was jetzt gerade im Hinblick auf die UAP-Sichtungen und ihre Folgen im Gange ist. Doch zuerst müssen wir verstehen, welche Auswirkungen UFOs auf SETI hatten. Kurz gesagt: Sie hätten beinahe das Ende bedeutet.

## DER KICHER-FAKTOR:
### *Wie Politik und UFOs der Suche nach Leben im All beinahe den Garaus gemacht hätten*

UFOs haben dazu beigetragen, dass SETI zur Zielscheibe wurde. All die dubiosen Behauptungen und eklatanten Fälschungen, all die Verschwörungstheorien der Roswellianer und Aluhutträgerinnen erzeugten eine Atmosphäre, in der man in seriöser Gesellschaft das Thema extraterrestrische Biologie nicht ansprechen konnte, ohne hochgezogene Augenbrauen und spöttisches Kichern zu ernten. Außerirdisches Leben verkam zum billigen Witz für Late-Night-Shows.

In der Frühzeit von SETI, in den 1960er- und 1970er-Jahren, trotzten Pionierinnen und Pioniere des Fachgebiets wie Frank Drake, Carl Sagan und Jill Tarter diesen Witzen und legten unbeirrt die wissenschaftliche Basis für eine Suche nach Leben dort draußen. Eine Zeit lang bekamen sie Rückendeckung von der Regierung, doch mit den Jahren begann die Unterstützung zu bröckeln. Eine Handvoll Politikerinnen und Politiker erkannten, dass sie den Hauch des Unseriösen, der UFOs und glubschäugige Aliens aus B-Movies umgab, zu ihrem Vorteil nutzen konnten: Sie steigerten ihre eigene Sichtbarkeit, indem sie SETI öffentlich angriffen.

In jenen aufregenden ersten Jahrzehnten jedoch hatten mehrere staatliche Wissenschaftsinstitutionen ein gesundes Interesse an der Suche nach außerirdischem Leben. Die NASA wollte auf den anderen Planeten unseres Sonnensystems auf Mikrobenjagd gehen. Und die National Academy of Sciences richtete immerhin die Konferenz über interstellare Kommunikation aus, für die Drake seine berühmte Gleichung aufstellte. Als die Sechziger- in die Siebzigerjahre übergingen, arbeiteten SETI-Forschende über die Suche nach Botschaften Außerirdischer mithilfe von Radioastronomie hinaus noch auf andere Weise mit der NASA zusammen. Im Rahmen von Project Cyclops überlegte man, wie man mit einer riesigen Anordnung von hundert hochempfindlichen

Radioteleskopen auch ganz schwache Signale intelligenten Lebens im All auffangen könnte, die mit der bisherigen Technik nicht detektiert werden konnten. Und die SETI-Leute halfen der NASA, neue Teleskoptechnologie für die Suche nach Exoplaneten zu entwickeln.

Dann kam die Politik ins Spiel.

William Proxmire war ein demokratischer Senator aus Wisconsin, der sich in der Rolle des knauserigen Finanzpolitikers gefiel. Er verlieh das sogenannte Goldene Vlies, eine Auszeichnung für Institutionen, deren Mittelvergabe er als Verschwendung von Steuergeldern ansah. Da die meisten wissenschaftlichen Projekte, die er aufs Korn nahm, ohnehin nur spärliche Beträge erhielten, war Proxmires Auszeichnung hauptsächlich clevere Politik auf Kosten derer, die sich nicht wehren konnten. 1978 geriet das schmale Portfolio der NASA von Fördermitteln für SETI-Programme in Proxmires Visier. Er verlieh SETI das Goldene Vlies, und als mächtiger und einflussreicher Senator brachte er seine Kolleginnen und Kollegen dazu zu verhindern, dass die Behörde weitere Mittel bereitstellte. Proxmire änderte seine Haltung erst, als Carl Sagan, inzwischen ein berühmter, hoch angesehener Wissenschaftler, öffentlich einschritt und sich persönlich mit dem Senator traf, um über die Angelegenheit zu sprechen.[1] 1983 wurde die Sperrung von Mitteln für SETI endlich aufgehoben, allerdings wurde SETI seitens der Politik öffentlich weiter als verrückte Geldverschwendung gegeißelt.

Obwohl die NASA in der Zeit nach Proxmire nur sehr geringe Beträge für SETI bereitstellte, wurde sie selbst dafür noch angegriffen. 1990 unternahm die Raumfahrtbehörde einen Anlauf, die Mittel von vier Millionen Dollar auf zwölf Millionen zu erhöhen, um eine neue Suche im Mikrowellenbereich des elektromagnetischen Spektrums zu ermöglichen. Im Bundeshaushalt der USA ist das zwar nur ein Kleckerbetrag, aber dennoch witterten einige Politiker wieder einmal Blut. Der republikanische Kongressabgeordnete Silvio Conte aus Massachusetts stellte explizit eine Verbindung zu UFOs her und versuchte, die Förderung mit den Worten zu verhindern: »… wir brauchen in diesem Jahr nicht sechs Millionen Dollar auszugeben, um diese frechen kleinen Kerlchen zu finden. Es reicht, wenn wir für fünfundsiebzig Cent im nächsten Supermarkt eine Boulevardzeitung kaufen.«

Ein paar Jahre später wiederholte sich das Spiel. 1993 wurden endlich zwölf Millionen Dollar für die neue Suche bewilligt. Um im Kongress keine schlafenden Hunde zu wecken, wurde das Projekt diskret »High-Resolution Microwave Survey« (hochauflösende Mikrowellen-Studie) getauft. Dummerweise bekam Richard Bryan, ein demokratischer Senator aus Nevada, dennoch Wind davon und erkannte eine Chance, ohne große Mühe in die Schlagzeilen zu kommen. Er erreichte durch sein Veto, dass die Gelder für das Vorhaben gestrichen wurden, und verkündete, dies sei »das Ende der großen Marsmännchen-Jagd auf Kosten der Steuerzahler«. Natürlich wusste Bryan, dass die NASA keineswegs plante, ihre Teleskope auf den Mars zu richten, aber wen kümmerte das? Sein Ausspruch wurde von der Presse begierig aufgegriffen und brachte SETI erneut mit den kulturellen Randgebieten in Verbindung, wo jegliches Interesse an UFOs sein Dasein fristete, sei es ernsthaft oder albern. Wieder einmal hatte der Kicher-Faktor der Suche nach außerirdischem Leben einen Riegel vorgeschoben.

Nach dieser öffentlichen Schelte hatte die NASA ihre Lektion gelernt: SETI war politisches Gift. Auch wenn SETI-Forschende wie Frank Drake und Jill Tarter sich nach Kräften bemühten zu zeigen, dass auf ihrem Gebiet durchaus die wissenschaftlichen Beweisstandards eingehalten wurden – der Schaden war nun einmal angerichtet. In den folgenden Jahrzehnten tat die Behörde, was sie konnte, aber die Forschenden mussten sich mit der Tatsache abfinden, dass staatliche Gelder nur sehr schwer zu bekommen waren. Die SETI-Wissenschaftlerinnen und -Wissenschaftler kämpften weiter, warben private Mittel ein, wo immer sie konnten, aber trotz ihrer Bemühungen fehlte es an allen Enden. Der Kicher-Faktor hatte gesiegt.

Dass SETI der Geldhahn zugedreht wurde, hatte weitreichende Auswirkungen auf die Suche nach Leben im Universum, denn es führte dazu, dass eine solche Suche praktisch nicht stattfand. Der Einsatz großer Teleskope kostet nun einmal Geld, viel Geld. Ohne Mittel gab es für SETI keine Nutzungszeit von Teleskopen. Unser Himmel ist dadurch über die letzten siebzig Jahre hinweg weitgehend unerforscht geblieben.

Die Rolle, die UFOs für diese Entwicklung gespielt haben, lässt sich unmöglich leugnen. Wie der Historiker Steven Garber es einmal in einem Artikel über SETI und die NASA formulierte, »litt [das Forschungsfeld] beständig unter einem ›Kicher-Faktor‹, der es fälschlich mit der Suche nach ›kleinen grünen Männchen‹ und ›unidentifizierten Flugobjekten‹ in Verbindung brachte.« Aufgrund dieser Verbindung bekamen die Astronominnen und Astronomen nie Gelegenheit, eine richtige Suche in Gang zu setzen. Jetzt, angesichts der Entdeckung von Exoplaneten und dank leistungsstarker neuer Teleskope, sieht die Sache ganz anders aus. Radio-SETI ist Teil des neuen Forschungsfelds Technosignaturen geworden. Nicht minder wichtig ist, dass die NASA richtig groß in die Suche nach Biosignaturen eingestiegen ist. Wenigstens eine Frage bleibt allerdings: Hat sich für UFOs – die ja nun auch einen neuen Namen erhalten haben, UAPs – eigentlich irgendetwas geändert? Um diese Frage zu beantworten, müssen wir uns noch ein wenig näher mit der Geschichte beschäftigen, um die Spreu vom Weizen zu unterscheiden und die Kartentricks zu durchschauen.

## FÄLSCHUNGEN UND FÄLSCHER:
### *Ein guter Trick stirbt niemals aus*

Das Thema UFOs zieht Menschen aus den unterschiedlichsten Gründen an. Manche wollen einfach wissen, was hinter den immer noch unerklärten Sichtungen steckt. Sie suchen ernsthaft nach Erklärungen, ob nun außerirdischer oder irdischer Natur. Für andere nehmen Aliens, die ja angeblich die UFOs fliegen, eine quasireligiöse Bedeutung an, sie sollen Antworten auf unsere großen, unlösbaren Fragen liefern. Einige jedoch nutzen die unübersichtliche Vermengung von Glaubhaftem und Unglaublichem als fruchtbaren Boden für Betrügereien. Ob es um Geld geht, um Ruhm oder darum, sich einen Spaß auf Kosten anderer zu erlauben – in der Geschichte der UFOs gibt es eine ganze Anzahl berühmter Täuschungen. Dass wahre Gläubige sich auch durch die Aufdeckung eines solchen Betrugs nicht von ihrer Überzeugung abbringen lassen, spielt wesentlich in die Frage hinein, warum die Wissenschaft das Thema in der Vergangenheit nicht ernst genommen hat. Das Leben ist kurz, und gute wissenschaftliche Forschung braucht viele Jahre, wenn nicht gar viele Jahrzehnte. Das bedeutet, viele Forschende verwetten buchstäblich ihr Leben (ihre Arbeitsjahre), wenn es zu entscheiden gilt, welcher Forschungsgegenstand den Zeitaufwand wert ist.

Ein wesentliches Merkmal der alles entscheidenden Beweisstandards ist, dass gute Daten geeignet sein müssen, schlechte Ideen auszurotten. Als Wissenschaftler halte ich meine Promovierenden dazu an, ihre Lieblingstheorien zu begraben, wenn Beobachtungen es verlangen. Sosehr Ihnen eine Idee auch am Herzen liegt – wenn sich die Beweise dagegen häufen, müssen Sie sich von der Idee verabschieden und sich neu orientieren. Auf diese Weise lehrt uns die Wissenschaft im Grunde, wann und wie wir unsere Meinung ändern sollten. Das ist etwas sehr Schönes. Aber bei diesen UFO-Fälschungen geschieht ebendas nicht.

Bewusste Täuschungen im Zusammenhang mit UFOS gibt es schon fast so lange wie UFO-Sichtungen. Ein besonders erwähnenswerter Fall ereignete sich in der Nähe der Stadt Aztec, New Mexico (weshalb in den Geschichten um UFOs gerade New Mexico immer wieder eine Rolle spielt, möge jemand anders erklären). In den späten 1940er- und frühen 1950er-Jahren, als der Hype um UFOs gerade richtig Fahrt aufnahm, reisten Silas M. Newton und Leo A. Gebauer durchs Land und behaupteten, im Besitz von Material zu sein, das von einem bei Aztec abgestürzten UFO stammte. Die beiden Männer verkauften Maschinen, die sie angeblich aus einem an der Absturzstelle gefundenen Metall gefertigt hatten. Sie behaupteten, dass sich mit diesen Maschinen unterirdische Öl- oder sogar Goldvorkommen aufspüren ließen. Durch Newton und Gebauer gelangte Frank Scully, Kolumnist bei *Variety*, an die Story. Scully veröffentlichte erst in der Zeitschrift einen Bericht über den UFO-Absturz und brachte später ein Buch mit dem Titel *Behind the Flying Saucers* heraus, das ein Bestseller wurde. Scully zufolge ereignete sich der Absturz im Jahr 1948 fast zwanzig Kilometer außerhalb der Stadt. Und laut Scully wurde nicht nur die Untertasse geborgen, sondern auch die Leichen Außerirdischer und sogar Stücke von ihrem Nahrungskonzentrat. Natürlich, schrieb er, wurde die Sache vom Militär vertuscht, unter anderem auch die Tatsache, dass das Raumschiff vom Planeten Venus stammte und auf der Grundlage »magnetischer Prinzipien« operierte.

Die ganze Geschichte war ziemlich absurd. So ist beispielsweise die Venus eine unbewohnbare Hölle mit Tagestemperaturen von fast 500 °C, und der atmosphärische Druck an der Oberfläche des Planeten könnte ein Atom-U-Boot zerquetschen. Kein guter Ort zum Leben. Worauf es aber ankommt, ist, dass der Artikel in der *Variety* Silas Newton und Leo Gebauer gewissermaßen ein Gütesiegel aufdrückte, da sie in Scullys Text als Quellen genannt werden. Die zwei nutzten diesen bescheidenen Ruhm, um ihre falschen Alien-Artefakte an diverse leichtgläubige Zeitgenossen zu verkaufen. Am Ende wurde der Schwindel aufgedeckt, die Opfer meldeten sich zu Wort, und beide Männer wurden wegen Betrugs verurteilt. Aber wie so oft im Zusammenhang mit UFOs konnten selbst die Gerichtsurteile die Geschichte nicht aus der Welt schaffen. Es gibt noch immer Leute, die fest daran glauben, dass bei Aztec wirklich eine fliegende Untertasse abgestürzt ist. Ihre Überzeugung gründet sich hauptsächlich auf ein Memo irgendwo in den Akten des FBI, in dem einfach nur ein unbestätigter Bericht über den Fund einer fliegenden Untertasse in New Mexico dokumentiert ist. Die Behörde erachtete die Sache nie für wichtig genug, um ihr nachzugehen, aber dieses sogenannte »Guy Hottel Memo«, benannt nach dem Agenten, der die Meldung pflichtbewusst weiterleitete, ist für einige UFO-Gläubige nach wie vor ein heißes Eisen.

Eine jüngere Fälschung hat ebenfalls mit New Mexico zu tun, allerdings ging es dabei erneut um die fliegenden Untertassen, die damals bei Roswell abgestürzt sein sollen. 1995 brachte der Fernsehsender Fox TV den Dokumentarfilm *Alien Autopsy* heraus. Dabei stand körniges Filmmaterial im Mittelpunkt, angeblich Originalaufnahmen, die zeigten, wie echte Wissenschaftler im Auftrag der Regierung zwei echte Alien-Körper in Augenschein nahmen. Bei diesen handelte es sich angeblich um die Außerirdischen, die nach dem Absturz von Roswell geborgen worden waren. Ein britischer Geschäftsmann namens Ray Santilli behauptete, den Film von einem älteren Kameramann bekommen zu haben, der bei der Autopsie dabei gewesen sei. Die Bilder waren ziemlich drastisch, was ihren Reiz steigerte. Die Außerirdischen mit ihren dreieckigen Köpfen, weit offenen Mündern und großen, toten Augen sind nackt (igitt), und die Körper weisen schwere Verletzungen auf, angeblich von dem Absturz. Es war wahrhaftig Stoff für Albträume. Die Doku war so erfolgreich, dass Fox sie dreimal sendete.

Leider ging bei der Alien-Leichenbeschau nicht alles mit rechten Dingen zu. Mehrere argwöhnische Journalistinnen und Journalisten versuchten, Einzelheiten der Story auf den Grund zu gehen, aber erst mehr als zehn Jahre später gelang es einer anderen Dokumentation, den Fall wirklich zu knacken. Im Verlauf einer unbehaglichen Stunde Sendezeit gestand Ray Santilli, sein Film sei eine »Rekonstruktion«. Die gezeigten Alien-Leichen waren künstlich, man hatte Puppenkörper hergestellt und diese dann mit Schafsgehirnen, Himbeermarmelade und Innereien von Hühnern gefüllt (lecker!). Und das, was im Film als geheimes staatliches Labor von 1947 ausgegeben wurde, war in Wirklichkeit das Wohnzimmer eines Londoner Privathauses im Jahr 1995.[2] Nach den Aufnahmen hatte man die gefälschten Alien-Leichen nach Art von *Die Sopranos* zerstückelt und in diversen Müllcontainern an verschiedenen Orten in London entsorgt.

Aber selbst nach solchen Enthüllungen lebten die Geschichten weiter. Man findet noch immer Menschen, die steif und fest behaupten, in Aztec, New Mexico, sei eine fliegende Untertasse gelandet, und das, was in *Alien Autopsy* gezeigt wurde, habe wirklich so stattgefunden. Natürlich steht es den Leuten frei zu glauben, was immer ihnen beliebt und weshalb auch immer es ihnen beliebt (solange sie damit niemandem schaden). Aber derartige Leichtgläubigkeit hat das Thema UFOS für Angehörige der wissenschaftlichen Community toxisch gemacht. Jede Wissenschaftlerin, jeder Wissenschaftler, die oder der sich mit einem wirklich faszinierenden Fall näher beschäftigen will, muss den Kollegen erst einmal erklären: »Ja, das ganze andere Zeug ist Bullshit, aber das hier, das ist ein Fall, der wirklich Aufmerksamkeit verdient.«

Viel Erfolg beim Überzeugen …

Und selbst wenn es einem gelingt, diese Hürde zu nehmen, steht man gleich vor dem nächsten Problem: Man wird von wahren Gläubigen bestürmt, die eine Bestätigung dafür verlangen, dass *Alien Autopsy* echt ist und es wirklich Außerirdische auf der Erde gibt. Das ist der jahrzehntealte Ballast, mit dem das Thema belastet ist. Diese Hintergründe muss man kennen, wenn man die moderne Ära verstehen will, in der wir jetzt leben und in der aus UFOs UAPs geworden sind, deren Existenz die Regierung öffentlich bestätigt.

## DIE MCDONALD-KRITIK:
### *Nun zu den ungeklärten Fällen …*

Abgesehen von all den Fälschungen, den Verschwörungstheorien und den unzähligen wissenschaftlich nicht verwertbaren Bildern von verschwommenen Klecksen, die angeblich fliegende Untertassen darstellen sollen, gibt es auch UFO-Sichtungen, die wirklich bemerkenswert und seltsam sind und bleiben. Im Folgenden werden wir uns in die Geschichte des neuen Hypes stürzen, in dem UFOs in UAPs umgetauft wurden; es lohnt daher, sich an einige dieser Fälle zu erinnern und an einen Wissenschaftler namens James McDonald, der sich beharrlich dafür einsetzte, dass besagte Fälle in der wissenschaftlichen Gemeinschaft nicht in Vergessenheit gerieten.

Für die Besatzung des Bombers vom Typ RB-47 begann es als ganz normale, routinemäßige Übungsmission. Die sechs Männer der Air Force an Bord sollten alle in wenigen Tagen von der Forbes Air Force Base in Topeka, Kansas, nach Deutschland verlegt werden. Man schrieb den 17. September 1957,[3] und der Bomber flog hoch am dunkler werdenden Himmel über Mississippi. Beim Flug entlang der Küste bemerkte der Mann am Radar ein unbekanntes Objekt meilenweit draußen im Golf. Eine kleine Weile später sahen der Pilot und der Co-Pilot etwas, das aussah wie die Landescheinwerfer eines kleinen Flugzeugs vor ihnen. Dann verschwand das Licht so plötzlich wieder, wie es erschienen war. Die verwirrte Besatzung funkte die Radarzentralen am Boden an, um zu fragen, ob diese etwas auf dem Schirm hätten. Die prompte Antwort lautete, ja, laut Radarzentrale flöge »etwas« in ihrer Nähe am Himmel.

Dann erschien auf einmal vor dem Bomber ein blendend helles rotes Licht, »etwa so groß wie ein Haus«. Fast eine Minute lang hing es dort in der Luft und bewegte sich im gleichen Tempo wie das Flugzeug, ehe es ebenso plötzlich wieder verschwand. Auch auf dem Radar war nichts mehr zu sehen. Die verblüffte Crew begann, Kreise zu fliegen in dem Versuch, »es« – was immer es sein mochte – wiederzufinden. Ohne Vorwarnung erschien das seltsame Licht erneut. Ganz plötzlich leuchtete es wieder auf und nahm einen Kurs, der der ursprünglichen Flugbahn des Bombers folgte. Auch die Radarbildspur war nun wieder da, sowohl auf dem Bordradar des Flugzeugs als auch in der Radarzentrale am Boden. Nach weiteren zehn Minuten verschwanden Licht und Radarspuren abermals, diesmal endgültig.

Für sich genommen ist diese Geschichte definitiv Stoff, der Gänsehaut erzeugt. Aber was wichtiger ist, sie spielt eine herausragende Rolle in einer Kritik des berühmten Condon Report, mit dem wir uns schon im ersten Kapitel beschäftigt haben. Der Autor dieser Kritik war der bekannte und zu jener Zeit hoch angesehene Physiker James McDonald. Bevor er sich ins Getümmel der UFO-Debatte stürzte, hatte McDonald das Institut für Atmosphärenphysik an der University of Arizona aufgebaut. Er war innerhalb des Fachgebiets der Atmosphärenphysik eine bekannte Größe, jemand, dem die anderen vertrauten. Doch da McDonald sich für ein breites Spektrum von Themen interessierte, begann er irgendwann auch, sich mit UFOs als atmosphärischen Phänomenen zu beschäftigen. Er forschte jahrelang zu UFOs, wobei er sich der Alien-Hypothese mal anschloss und sie mal verwarf. Was blieb, war jedoch seine Überzeugung, dass UFOs eingehender wissenschaftlich untersucht werden sollten. Aus dieser Perspektive wurde er zum scharfen Kritiker des Condon Report, der zu jener Zeit als maßgebliche wissenschaftliche Studie über UFOs galt. 1969 sprach McDonald auf einer von der American Association for the Advancement of Science veranstalteten Konferenz zu UFOs. In seinem Vortrag rügte er scharf, wie das Condon Committee mit den Sichtungen verfahren war, die in die Kategorie »unerklärt« fielen. Wörtlich sagte McDonald: »In den gesamten zweiundzwanzig Jahren, die seit der ersten großen Welle von Sichtungen unidentifizierter Objekte im Luftraum im Sommer 1947 vergangen sind, wurde keine wissenschaftlich adäquate Untersuchung des UFO-Problems durchgeführt. Trotz anhaltenden öffentlichen Interesses und trotz vielfach geäußerter öffentlicher Besorgnis gab es sowohl hierzulande als auch im Ausland nur sehr oberflächliche Untersuchungen der stetig wachsenden Menge unerklärter UFO-Meldungen von glaubwürdigen Zeugen.«

McDonald argumentierte, sowohl die Air Force als auch das Condon Committee hätten bei ihrer Analyse der rätselhaftesten UFO-Fälle wissenschaftlich schlampig gearbeitet. Ursprünglich hatte McDonald die Arbeit des Condon Committee befürwortet, und er hatte Zugang zu sämtlichen Akten von Project Blue Book, was die Glaubwürdigkeit seiner Behauptungen steigerte. Zudem machte er sich die Mühe, viele der Zeuginnen und Zeugen zu diesen Fällen ausfindig zu machen und mit ihnen zu sprechen.

McDonald arbeitete seinen Vortrag zu einem Aufsatz aus, der den Titel »Science in Default« (Wissenschaft im Leistungsverzug) trug.[4] Ich bekam eine Kopie dieses Artikels von zwei Mitarbeitern unseres NASA-finanzierten Forschungsteams zu Technosignaturen, Jacob Haqq-Misra und Ravi Kopparapu. Beide sind exzellente Wissenschaftler, und beide vertreten die Überzeugung, dass die Erforschung von UAPs einen völlig agnostischen Ansatz erfordert. Nachdem ich McDonalds Artikel gelesen und mich mit seinem Werdegang beschäftigt hatte, habe ich meine eigene Position ein wenig überdacht. Meine Erfahrung mit dem »Alles gilt als Beweis«-Sumpf um Ereignisse wie den Roswell-Fall hatte mich wie viele andere Wissenschaftlerinnen und Wissenschaftler bewogen, mich von allem, was mit UFOs zu tun hat, weiträumig fernzuhalten. Jedoch fand ich, McDonald legte in »Science in Default« überzeugend dar, dass die bisherigen Regierungsberichte zu wünschen übrig ließen. Es sollte eine umfassende, offene und transparente Untersuchung von UFOs/UAPs geben. Die Mission sollte nicht darauf abzielen zu beweisen, dass es sich bei UFOs um außerirdische Raumschiffe handelt. Damit hätte man das Ergebnis vorweggenommen. Vielmehr sollte das Ziel einfach sein, sich Klarheit darüber zu verschaffen, was die alten Daten hergaben, und zu entscheiden, wie man neue, bessere Daten gewinnen könnte.

Natürlich ist es ein gewaltiger Sprung von »Ach, das ist doch nur eine verrückte Geschichte« zu »Außerirdische Zivilisationen existieren, und ihre Vertreter machen sich regelmäßig bei unseren Fliegern bemerkbar«. Damit eine Wissenschaftlerin oder ein Wissenschaftler diesen Sprung tut, braucht es mehr als nur Geschichten. McDonald führt ziemlich haarsträubende Berichte an, unter anderem von Vorfällen, bei denen UFOs vom Radar erfasst wurden, während gleichzeitig mehrere Zeugen sie mit eigenen Augen sahen. Doch letztendlich sind auch das nur Geschichten, mehr haben wir einfach nicht in der Hand. Trotzdem, McDonald hatte recht: Wissenschaftlich sauber zu arbeiten, ist immer eine gute Sache. Um zu sehen, wie man das Thema UFOs wissenschaftlich besser angehen könnte, lassen Sie uns einen Blick auf die besagten Videos von Navy-Piloten werfen und unsere Reise von UFOs zu UAPs kartieren.

## AUS UFOS WERDEN UAPS:
### *Der Beginn der modernen Ära*

Die sprichwörtliche Bombe platzte am 16. Dezember 2017: Die wichtigste, seriöseste und renommierteste aller Mainstream-Zeitungen, die *New York Times*, verkündete, UFOs seien real.

Die Story trug den Titel »Glowing Auras and ›Black Money‹: The Pentagon's Mysterious U.F.O. Program« (Leuchtende Auren und »Schwarzgeld«: Das rätselhafte UFO-Programm des Pentagon). Darin wurde über neue Bemühungen der USA berichtet herauszufinden, was es mit den mysteriösen fliegenden Dingern auf sich hatte. Das Programm war im Verteidigungsministerium angesiedelt und schien seit der Ära von Project Blue Book und dem Condon Report der erste ernsthafte Versuch zu sein, UFOs auf den Grund zu gehen.[5] Und was noch erstaunlicher ist: Begleitend zu dem Artikel wurden auch Videos veröffentlicht, in denen Piloten der Navy seltsame Objekte über dem Meer verfolgten. In der Tonspur eines Videos war zu hören, wie diese Piloten ausriefen:

»O mein Gott!« und »Das ist ja eine ganze Flotte!«[6] Plötzlich schien es, als seien UFOs tatsächlich real und Außerirdische folglich auch. Das Zeitalter der unidentifizierten Luftraumphänomene, wie die Regierung UFOs fortan nannte, war angebrochen.

Hier gibt es einiges, womit wir uns näher beschäftigen sollten, unter anderem, was es mit diesem »rätselhaften« staatlichen UFO-Programm auf sich hatte. Aber beginnen wir zunächst mit dem, was am wichtigsten und auch am unterhaltsamsten ist: den richtigen, echten UAPs.

Was den Artikel der *New York Times* so beeindruckend machte, waren die Videos von den Bordkameras der Navy-Kampfjets. Das erste, aufgenommen von einer nach vorn gerichteten Infrarotkamera (FLIR genannt), war 2004 von einem Piloten von der *USS Nimitz* vor der südkalifornischen Küste aufgenommen worden. Das Ereignis begann damit, dass zwei andere Jets der Navy ein weißes ovales Objekt sichteten. Es schwebte dicht über dem Meer. Als einer der Kampfjets näher kam, begann das Objekt, aufzusteigen und der Bewegung des Flugzeugs zu folgen, dann flog es mit hoher Geschwindigkeit davon. Später traf eine Gruppe anderer Kampfjets ein, und einer der Piloten verfolgte das Objekt mit seiner Infrarotkamera. So entstand das, was später als FLIR-Video bekannt wurde (der Pilot sah das Flugobjekt nie direkt). Ein zweites und drittes Video – letzteres wurde allerdings erst später veröffentlicht – mit den Namen GIMBAL und GOFAST wurden 2015 von Piloten vom Flugzeugträger *USS Theodore Roosevelt* vor der Ostküste der USA aufgezeichnet. In einem Zeitraum von drei Wochen berichteten zahlreiche Navy-Piloten fast täglich über UAP-Sichtungen in diesem Gebiet.

Nun zum Inhalt: Das FLIR-Video zeigt ein verschwommenes monochromatisches Bild von einem ovalen Objekt, das die Kamera ständig in der Bildmitte zu halten versucht. Es ist schwer auszumachen, was im Hintergrund Wolken sind, was Himmel ist und was Meer. Eine Tonspur gibt es nicht. Das GOFAST-Video ist schon beeindruckender: Hier gleitet der Blick der Kamera über die Meeresoberfläche, als ein kleiner weißer Punkt sich schnell durchs Bild bewegt. Dann schwenkt die Kamera, um das Objekt ins Visier zu nehmen, und zugleich ruft eine Stimme: »Wooo! Ich hab's!« Die Kamera folgt dem UAP, das mit extrem hoher Geschwindigkeit dicht über den Wellen dahinzuschnellen scheint. Und dann ist da noch das GIMBAL-Video. Es zeigt verschwommen ein weißes längliches Objekt, dessen Form an ein Tic Tac erinnert. Das Objekt bleibt die ganze Zeit mittig im Bildausschnitt der Kamera, während der Hintergrund – augenscheinlich eine Wolkenlandschaft – schnell vorbeizieht. Stimmen, wahrscheinlich die der Piloten, sprechen aufgeregt darüber, dass das Objekt gegen die Windrichtung fliegt. »Sieh dir das Ding an, Mann«, sagt eine Stimme, als das Tic Tac, das nun im Querschnitt deutlich die Form einer Untertasse annimmt, hin und her rotiert.

Wenn man diese Videos zum ersten Mal sieht, kann man schon eine leichte Gänsehaut bekommen, erst recht, da die Piloten ganz offenkundig völlig verblüfft und begeistert klingen. Auch spätere Interviews mit diesen Piloten machen einen solchen Eindruck. Im Nachrichtenmagazin *60 Minutes* beschreiben der Pilot David Fravor und seine Kollegin Alex Anne Dietrich ihre Begegnung. Fravor erzählt dem Interviewer Bill Whitaker: »Ich sagte: ›Mann, hast du das gesehen, das Ding da unten?‹«

Dietrich ergänzt: »Man versucht ja, das irgendwie zu deuten. Ich würde es vielleicht als Helikopter einordnen oder vielleicht als Drohne. Und als es verschwand, ich meine, das war einfach …« Sie beendet den Satz nicht.

Hier ist anzumerken, dass Dietrich nie zuvor öffentlich über die Begegnung mit dem Objekt gesprochen hatte. Sie sagt etwas verlegen zum Interviewer: »Ich wollte nie ins Fernsehen … nichts für ungut«, und dann erklärt sie, warum sie sich jetzt dennoch in der Sendung äußert. »Ich saß in einem Flugzeug der US Navy«, sagt sie. »Ich war im Dienst, und ich fühle mich verpflichtet mitzuteilen, was ich weiß.«[7]

Laut dem Originalartikel in der *Times* wurden Begegnungen dieser Art zum Hauptinteresse des 2007 vom Pentagon ins Leben gerufenen

Advanced Aerospace Threat Identification Program (Programm zur Identifizierung von Bedrohungen im Luft- und Weltraum, kurz AATIP). Die Entstehungsgeschichte dieses Programms beginnt mit einigen Gesprächen zwischen dem demokratischen Senator Harry Reid aus Nevada und seinem Freund, dem Milliardär und langjährigen Geldgeber Robert Bigelow. Bigelow interessierte sich schon lange für UFOs und paranormale Phänomene sowie für kommerzielle Raumfahrt. Eines seiner Unternehmen baute entfaltbare Weltraumhabitat-Technologie, die auf der Internationalen Raumstation ISS getestet wurde. Reid setzte sich mit der Unterstützung zweier anderer Senatoren dafür ein, dass eine UFO-Studie mit zwölf Millionen Dollar finanziert wurde – nach den Maßstäben des Pentagon ein winziger Betrag. Der Artikel erweckt den Eindruck, dass AATIP die Frucht dieses Beschlusses ist. AATIP leitet offiziell das Programm, auch wenn der Großteil der Gelder für die Durchführung der Studie natürlich an Bigelows Unternehmen floss. So kommt ein gewisser Luis Elizondo ins Spiel, ein ehemaliger Agent für Spionageabwehr.

Laut der *Times* leitete Elizondo AATIP. Er wurde rasch zum bekanntesten Gesicht im Medienrummel um UAPs, erschien in einer CBS-Sendung, in zahllosen Zeitungsberichten und etlichen Dokumentationen. Elizondo leitete AATIP bis 2012, als die Mittel versiegten. Nach eigener Aussage setzte er jedoch die Zusammenarbeit mit der Navy und der CIA fort, bis er sie aus Protest beendete, weil die Regierung die potenziell tiefgreifende Bedeutung von UAPs nicht ernst genug nahm. »Warum investieren wir nicht mehr Zeit und Anstrengung in dieses Thema?«, fragte Elizondo in seiner Rücktrittserklärung. Gegen Ende des Artikels werden Gebäude in Bigelows Anlage beschrieben, die umgerüstet wurden, um »Metalllegierungen und andere Materialien [zu lagern], die Mr. Elizondo und Vertragspartner des Programms nach eigenen Angaben geborgen hatten.« Als hätte das noch nicht genügt, damit man sich an seinem Morgenkaffee verschluckt, enthält der nächste Absatz ein atemberaubendes Zitat von Harold E. Puthoff, einem Ingenieur, der an dem Programm beteiligt war. »Man könnte unsere Position mit dem Moment vergleichen, in dem man Leonardo da Vinci einen Garagentoröffner gibt.«

Ein staatliches Sonderprogramm zur Erforschung von UFOs, das sich mit fremdartigen Metallen beschäftigt, die angeblich von UFOs stammen – das ist, gelinde gesagt, eine recht befremdliche Vorstellung. Wie nicht anders zu erwarten, spielten das Internet und somit die Welt verrückt. Im Nachklang der ersten Story und einer Reihe weiterer Artikel fühlte sich die UFO-Community rehabilitiert. Denjenigen, die skeptischer eingestellt waren, fehlten jedoch noch eine ganze Menge Informationen, zum Beispiel: Was zur Hölle sind diese UAP-Bruchstücke eigentlich? Wann bekommen wir sie zu sehen? Überhaupt standen eigentlich alle mit einem Haufen ziemlich verwirrender Fragen da. War dies der Moment, da die Regierung endlich enthüllen würde, was sie über UFOs beziehungsweise UAPs wusste? Und vor allem, bekommen wir jetzt wirklich Beweise für die Existenz von Aliens? Da konnte einem schon der Kopf schwirren. Aber wie so oft, wenn es um UFOs geht, scheint sich der Nebel niemals zu lichten.

In Bezug auf AATIP und die staatlichen UAP-Programme wurde die Sache ziemlich schnell verwirrend. In einem Artikel für *The Intercept* im Juni 2019[8] zitiert der Journalist Keith Kloor einen Sprecher des Pentagon mit den Worten: »Mr. Elizondo hatte keinerlei Zuständigkeiten im Rahmen des AATIP-Programms.« Und wie Sarah Scoles in ihrem exzellenten Buch *They Are Already Here* darlegt, hatten andere Investigatoren Schwierigkeiten, überhaupt an Informationen über AATIP zu kommen, unter anderem darüber, was genau eigentlich die Zielsetzung des Programms war.[9] Einen Großteil dieser Arbeit leistete John Greenewald Jr., der unter Berufung auf den Freedom of Information Act – ein amerikanisches Bundesgesetz zur Informationsfreiheit – ausgiebige Nachforschungen zu staatlichen Aktivitäten bezüglich UFOs anstellte. Konzentrierte sich AATIP auf konventionelle Bedrohungen wie hochentwickelte militärische Hardware von terrestrischen Gegnern wie Russland oder China? Oder lag der Schwerpunkt tatsächlich auf UAPs von der Sorte, bei der man einen außerirdischen Ursprung ernsthaft in Betracht zog? Greenewald erfuhr von einem Sprecher des Pentagon: »Nach allen offiziellen Informationen, die mir derzeit vorliegen, betrieb AATIP, als es eingerichtet wurde, keine Nachforschungen zu unidentifizierten Luftraumphänomenen.« Wenn man bedenkt, wie oft die Regierung schon früher im Zusammenhang mit UFOs Desinformationen gestreut und die Bevölkerung in die Irre geführt hatte, ist es schwer zu sagen, wo die Wahrheit liegen mag. Elizondo jedenfalls reichte beim Pentagon Beschwerde ein – er behauptete, Opfer einer Diskreditierungskampagne geworden zu sein, weil er sich öffentlich geäußert habe.[10]

Einmal abgesehen von den Regierungsprogrammen, sind das eigentlich Interessante natürlich die Sichtungen selbst. Was sollen wir davon halten, wenn ausgebildete Pilotinnen und Piloten der Navy beinahe täglich von Begegnungen mit unidentifizierten und unerklärten Phänomenen berichten? Was haben sie und ihre Instrumente da gesehen, und vor allem, kann irgendetwas davon als stichhaltiger Beweis für die Existenz Außerirdischer gelten? Hier beginnt das Spiel von »einerseits …, aber andererseits …«, in dem Gläubige und Skeptiker dieselben Informationen betrachten und zu unterschiedlichen Schlussfolgerungen kommen. Für jene, die zum Glauben neigen, ist das von den Kameras aufgenommene Bildmaterial ein handfester Beweis dafür, dass diese Objekte sich auf eine Weise bewegen, die mit irdischer Technologie nicht zu bewerkstelligen ist. An den Objekten sind weder sichtbare Abgasfahnen von Triebwerken noch irgendeine Art von »Antrieb« zu erkennen, und das, obwohl sie unglaublich schnell zu beschleunigen scheinen.

Skeptiker halten dagegen, viele der Effekte, die man in den drei Videos sieht, seien auf die Kameras selbst zurückzuführen. Mick West, ein unabhängiger Ermittler und Wissenschaftsautor, zeigte in viel beachteten Laboruntersuchungen, dass die eigenartigen Bewegungen der Flugobjekte in den Videos von Artefakten der Kameras herrühren.[11] Die Sensoren in den Kampfjets sind darauf ausgelegt herumzuschwenken, um ein einmal erfasstes Ziel ständig im Blick zu halten. Vieles von dem, was in den Videos zu sehen ist, könnte daher auf die Eigenbewegungen der Kamera, die interne Optik der Sensoren und physikalische Effekte wie die Parallaxe zurückzuführen sein – den Effekt, dass Objekte im Vordergrund sich vor einem fernen Hintergrund zu bewegen scheinen, wenn der Betrachter seine eigene Position verschiebt. Außerdem werden Skeptiker darauf hinweisen, dass uns jeglicher Kontext zu den Videos fehlt. Wir bekommen sie nur in aufbereiteter Form zu sehen, nachdem sie bereits von jemandem bearbeitet wurden – einschließlich der Tonspur, von der wir nur glauben können, dass sie echt ist und in Echtzeit aufgenommen wurde. Außerdem wissen wir kaum etwas über die spezifischen Instrumente an Bord der Flugzeuge und ihren Zustand. Wurden sie kürzlich gewartet? Wurden Software-Updates eingespielt? Die Geschichte der Wissenschaft ist voll von wundersamen Entdeckungen, die sich in nichts auflösten, sobald die Sensoren gereinigt und kalibriert wurden. Immerhin würde es die Welt erschüttern, wenn man wirklich zu dem Schluss käme, dass außerirdische Lebensformen existieren und dass sie unseren Planeten besuchen – da braucht man wirklich etwas Belastbareres als bearbeitete Videos, zu denen man weder die Originaldaten kennt noch die Instrumente, mit denen diese Daten gewonnen wurden. So faszinierend, interessant und ungeheuer aufregend die Videos und Zeugenaussagen auch sein mögen, sie stellen nicht die Art von Beweisen da, die wir bräuchten, um auf einen außerirdischen Ursprung von UAPs zu schließen. Diese Videos liefern einfach nicht die harten Daten, die uns verraten könnten, ob die Objekte überhaupt real oder bloße Artefakte der verwendeten Instrumente sind. Und erst recht lassen sie keine gesicherten Schlüsse darüber zu, ob die Dinger sich in einer Weise bewegen (insbesondere beschleunigen), die mit menschengemachter Technologie nicht möglich wäre.

Als Reaktion auf all den Rummel, zu dessen Entstehung sie selbst beigetragen hatte, veröffentlichte die US-Regierung kurz darauf eilends einen neuen, von der Regierung in Auftrag gegebenen Bericht zu UFOs.[12] Er fiel reichlich knapp aus, nur neun Seiten. Einerseits wurde darin eingeräumt, dass die Regierung über einhundert Sichtungen registriert hatte, die sie nicht erklären konnte. Andererseits wurde aber auch gesagt, es lägen keine Beweise dafür vor, dass irgendetwas Unerklärtes extraterrestrischen Ursprungs sei. Wieder einmal konnten beide Seiten das jeweils für sich als Sieg verbuchen, oder man konnte es einfach nur verwirrend finden. Übrigens wurde später in der renommierten Zeitschrift *Science*[13] enthüllt, dass der leitende Wissenschaftler, der den Bericht verfasst hatte, ein Verfechter paranormaler Phänomene war, der schon oft in der in wissenschaftlicher Hinsicht haarsträubenden Dokumentarreihe *Ancient Aliens* aufgetreten war (zu der ich selbst etliche Anfragen bekommen, jedoch immer abgelehnt habe). Daraufhin fragten sich viele Leute, wie sehr irgendjemand, der an dem Bericht beteiligt gewesen war, sich überhaupt bemüht hatte, die Dinge aufzuklären, die in der Kategorie »unerklärt« gelandet waren. Offenbar hatte man nicht gerade die hochkarätigsten Wissenschaftlerinnen und Wissenschaftler bemüht.

Ein weiterer UFO-bezogener Mediensturm brach los, als im Sommer 2023 der ehemalige US-Geheimdienstmitarbeiter und nunmehr Whistleblower David Grusch offiziell Anschuldigungen gegen die Regierung erhob. In diversen Interviews behauptete Grusch zunächst, die USA hätten jahrzehntelang Wrackteile von UFOs geborgen und analysiert. Die Vorstellung, die US-Regierung sei im Besitz außerirdischer Artefakte oder zumindest »nicht menschlicher« Technologie, ist für sich genommen schon haarsträubend genug. Doch später verkündete Grusch außerdem, durch »böswillige Machenschaften« Außerirdischer seien möglicherweise Menschen zu Schaden gekommen. Das sind, gelinde gesagt, ziemlich steile Thesen. Aber wie so oft wurden keine konkreten Beweise angeführt. Gruschs Behauptungen beruhten ausschließlich auf Hörensagen. Er hatte nie selbst eins der angeblichen Raumschiffe gesehen. Stattdessen gab er an, mit Leuten gesprochen zu haben, die mit Leuten gesprochen hatten.

Wenn ich eine Wette abschließen müsste, würde ich darauf setzen, dass das Grusch-Kapitel genauso enden wird wie viele frühere Episoden in der UFO-Debatte. Erinnern Sie sich noch an *The Estimate of the Situation*, jenes Dokument, mit dem wir uns im Zusammenhang mit früheren staatlichen Untersuchungen zum Thema beschäftigt haben? Nach Aussage eines Insiders kam dieser streng geheime Bericht zu dem Schluss, UFOs seien außerirdischen Ursprungs. Aber bis heute ist kein Exemplar des Dokuments an die Öffentlichkeit gedrungen. Und auch wenn manche Geheimdienstvertreter Gruschs Behauptungen für legitim halten, bezeichnen andere sie als haltlose Fantasien. Wieder einmal wird also innerhalb der Regierung der alte Zwist zwischen »Es sind Außerirdische« und »Nein, sind es nicht« ausgetragen. Letztendlich bezweifle ich, dass uns irgendwann in näherer Zukunft handfeste Beweise vorliegen werden, etwa Teile einer »außerirdischen« Technologie, die Wissenschaftler analysieren könnten. Ich würde mich freuen, wenn ich falschläge, aber das Ganze erinnert doch stark an eine Episode von *Akte X*.

Was heißt das alles nun für uns? Hat sich bezüglich UFOs und UAPs irgendetwas wirklich verändert? Stehen wir an einem Wendepunkt in der Erforschung des Themas, oder ist dies lediglich eine weitere Welle fieberhaften Interesses, gefolgt von noch mehr Verwirrung – eine Wiederholung dessen, was wir seit 1947 schon viele Male gesehen haben? Natürlich beobachten wir die üblichen Mätzchen derer, die vielleicht noch ein Hühnchen zu rupfen haben, aber ich glaube, es hat sich wirklich etwas verändert. Dass Militärpilotinnen und -piloten grünes Licht bekommen, über ihre Beobachtungen zu sprechen, halte ich für eine gute Sache. Was auch immer UAPs am Ende sein mögen, wir brauchen offene, transparente Berichterstattung. Diese öffnet die Tür für offene, transparente wissenschaftliche Untersuchungen. Nur so können wir die Sache überhaupt jemals aufklären. Einige dieser Untersuchungen laufen gerade an, während ich das hier schreibe, unter anderem ein NASA-Ausschuss zu dem Thema. Beim ersten öffentlichen Meeting dieses Ausschusses im Sommer 2023 wurde über eine Analyse eines der drei berühmten UAP-Videos der Navy berichtet. Mithilfe grundlegender geometrischer Methoden war ermittelt worden, dass das Objekt, das in dem GOFAST-Video mit hoher Geschwindigkeit dicht über der Meeresoberfläche zu fliegen scheint, sich in Wirklichkeit auf einer Höhe von 13 000 Fuß befand und sich mit rund 65 Stundenkilometern fortbewegte (was der Windgeschwindigkeit zum fraglichen Zeitpunkt entsprach). An 65 Stundenkilometern ist nichts besonders Außerirdisches. Dieses Tempo erreiche ich schon fast, wenn ich mit meinem Mountainbike auf einer schnellen Downhill-Strecke unterwegs bin, und dafür brauche ich nicht einmal in die Pedale zu treten. Aber was noch entscheidender ist: Das Panel erklärte, nur zwei bis fünf Prozent der berichteten UAP-Sichtungen seien »möglicherweise wirklich unbekannten Ursprungs«. Diese Ergebnisse zeigen, wie weit man schon mit geringem wissenschaftlichem Aufwand kommen kann. Gut durchgeführt, könnten die Untersuchungen des NASA-Panels und andere Bemühungen ein Musterbeispiel dafür werden, wie die Wissenschaft ihr bemerkenswertes Geschäft der unvoreingenommenen Erforschung angeht. In einer Welt voller Wissenschaftsleugnung in unterschiedlichsten Formen wäre das für sich genommen schon ein wertvoller Beitrag.

Womit wir zur nächsten großen Frage kommen: Wenn diese neue Welle von UAP-Sichtungen durch die Navy uns nicht das liefert, was wir wissen müssen, um die Alien-Frage zu klären, was für Daten brauchen wir dann und wie bekommen wir sie?

## UFOS ERNSTHAFT AUF DEN GRUND GEHEN:

### *Wie eine richtige wissenschaftliche Untersuchung aussieht*

Der wichtigste Unterschied zwischen diesem Zyklus des UFO-Interesses (oder Hypes, je nachdem, wie man es betrachtet) und den früheren besteht in der staatlichen Beteiligung. Von Regierungsaufträgen bis hin zu Programmen des Pentagon (was auch immer deren eigentliche Absichten sein mögen) entsteht diesmal der Eindruck, staatliche Behörden seien zu etwas mehr Ehrlichkeit bereit – sie räumen immerhin ein, dass sie etwas beobachten und nicht wissen, was es ist. Das ist aus einem sehr wichtigen Grund von Bedeutung: Geld.

Jeder Versuch, UAPs mithilfe echter Wissenschaft zu verstehen, erfordert Mittel in einem Umfang, wie der private Sektor sie nicht aufbringen kann. Angenommen, die Regierung ist bereit, Geld in eine offene, voll transparente wissenschaftliche Erforschung des Themas zu stecken, wie würde diese aussehen? Das ist eine große Frage, denn es gibt bereits mehrere Gruppen, die versuchen, einen Zugang zu genau dieser Art Forschung auszuloten.

Zuerst und vor allem braucht man allerdings Klarheit darüber, was diese Art Forschung nicht tun wird. Sie wird nicht versuchen zu beweisen, dass UFOs von Außerirdischen gesteuert werden. Die Feststellung, dass UFOs in Wirklichkeit Alien-SUVs sind, wäre nur ein möglicher Endpunkt eines Projekts, das sein Thema agnostisch angeht. Gute Wissenschaft ist frei von vorgefassten Meinungen.

Das ist eine grundsätzlich andere Perspektive, als wenn man sagen würde: »Seht ihr das da? Wir wissen zwar nicht, was es ist, aber wir hoffen sehr, es sind Wikingerelben aus der 9. Dimension, also los, lasst uns Beweise dafür finden, dass wir richtigliegen.« Wie heißt es so schön im Science-Fiction-Klassiker *Der Wüstenplanet:* »Ein Anfang ist ein schwieriger Moment.« Wenn man ein Projekt wie die Erforschung von UAPs in Angriff nimmt, muss man sich genau darüber im Klaren sein, worin der Auftrag besteht. Die eigene Lieblingshypothese zu beweisen, ist nicht der Auftrag. Den Daten folgen, wohin sie auch führen mögen – das ist die Mission.

Schön, da sind nun also diese UAPs, die immer wieder in der Nähe unserer Flugzeuge herumschwirren. Wie finden wir heraus, worum es sich handeln könnte? Ironischerweise braucht man für eine wissenschaftliche Erforschung von UAPs im Prinzip so ziemlich das Gleiche, was auch ich selbst und meine Kolleginnen und Kollegen für unsere wissenschaftliche Suche nach Biosignaturen und Technosignaturen von fernen Welten brauchen: harte Daten von verifizierten Instrumenten, mit einer rationalen Suchstrategie gesammelt. Beginnen wir in der Mitte dieses Satzes und konzentrieren uns zunächst auf die verifizierten Instrumente.

Falls und wenn meine Mitforschenden melden, dass beispielsweise eine Biosignatur auf einer fernen Welt detektiert wurde, dann berufen sie sich dabei auf Messungen eines Lichtdetektors, der mit einem Teleskop verbunden ist. Diese ganze Apparatur stellt ein wissenschaftliches Instrument dar. An diesem Instrument muss jeder Aspekt seines Verhaltens explizit und exakt beschrieben sein. Die Astronominnen und Astronomen wissen, wie gut es auf langwelliges Infrarotlicht reagiert und wie gut auf kürzerwelliges sichtbares Licht. Sie wissen, wie das Instrument sich bei 5 °C verhält und wie sich das Verhalten bei 15 °C ändert. Die Liste dieser Charakterisierungen für das Instrument ist erschöpfend lang und sehr langweilig, aber wenn Sie behaupten wollen, mit Ihrem Instrument etwas Erstaunliches entdeckt zu haben, dann sollten Sie wirklich alles Mögliche und Unmögliche über Ihre Hardware wissen.

Wenn wir ein UAP-Forschungsprogramm beginnen, brauchen wir eine ganze Anzahl gut charakterisierter Instrumente. Aber was für welche? Das hängt davon ab, was für Daten wir wollen. Auf jeden Fall brauchen wir Bildsensoren (also Kameras). Und wir wollen Bilder in möglichst vielen verschiedenen Wellenlängen. Sichtbares Licht ist gut, weil unsere Augen in diesem Bereich funktionieren und weil die Atmosphäre sehr durchlässig dafür ist. Infrarotlicht ist gut für Wärmesignaturen, etwa von Antrieben oder anderen Hitzequellen. Außer Bildgebung können wir auch nach Radiowellen lauschen, die von den Objekten ausgehen, denn Radio ist sowohl für die Kommunikation als auch für die Erkennung geeignet (Radar arbeitet mit Radio-Wellenlängen). Ferner brauchen wir höchst präzise Informationen über die Bewegung von Objekten, um Geschwindigkeiten und vor allem Veränderungen von Geschwindigkeiten (Beschleunigung und Verlangsamung) zu beobachten. Diese verraten uns etwas über die Kräfte, die wiederum Hinweise auf eine Antriebstechnologie liefern könnten. Wofür auch immer wir uns entscheiden, jedenfalls halten wir zum Start unserer Beobachtungen eine ganze Reihe Instrumente bereit, die für uns die benötigten harten Daten sammeln werden.

Nun zum dritten Punkt, der rationalen Suchstrategie. Hier haben wir die Wahl zwischen drei Möglichkeiten: Wir können nach oben schauen, nach unten oder ringsumher. Das mag albern klingen, und Sie fragen sich vielleicht gerade, welcher Trottel mir meinen Doktortitel verliehen hat, aber lassen Sie mich zu Ende erklären. Nach oben schauen heißt, wir nutzen unsere Instrumente als Bodenstationen. Wir könnten versuchen, nach oben gerichtete Kameras und Radargeräte über große Flächen Land zu verteilen, oder wir könnten sie konzentriert an Stellen positionieren, wo es besonders viel UFO-Aktivität zu geben scheint, etwa bei Militärbasen oder Seegebieten, wo Übungen der Marine abgehalten werden. Diese Instrumente würden dann an ihrem Standort entweder fortlaufend Daten aufzeichnen (das wäre kostspielig) oder nur, wenn sie durch eine Art Alarm aktiviert werden. Eine andere Möglichkeit wäre, mithilfe eines Netzwerks von Satelliten mit diversen Detektoren die Erde von oben zu beobachten. Auch diese könnten entweder ständig überwachen oder auf einen Auslöser warten. Und schließlich könnten wir zahlreiche Flugzeuge (private und militärische) mit Sensoren ausstatten, die für unsere Suche geeignet sind. Das wäre die Strategie »ringsumher schauen«. Die Sensoren könnten zum Beispiel von den Piloten aktiviert werden, wenn diese vom Cockpit aus etwas sehen. Sie könnten sogar als Auslöser dienen, um die Bodenstationen und Satellitensysteme zu aktivieren.

Pläne zu solchen Systemen werden derzeit diskutiert. Das Projekt Galileo unter der Leitung des Harvard-Astronomen Avi Loeb baut bereits in kleinerem Maßstab nach oben gerichtete Bodenstationen. Dabei profitieren sie von den Erfahrungen von Meteorforscherinnen und -forschern, die schon eine Version von Überwachungssystemen am Boden haben. Außerdem hat die NASA eine Kommission aus Wissenschaftlerinnen und Ingenieuren zusammengestellt, um zu beurteilen, inwieweit ihr schon vorhandenes Satellitennetzwerk von Nutzen sein könnte. Die NASA beobachtet die Erde bereits recht intensiv, etwa um Erkenntnisse über den Klimawandel zu gewinnen.

Wie geht es nun weiter, wenn wir petabyteweise Bilder und Geschwindigkeitsdaten haben? Die Antwort ist einfach und kompliziert zugleich. Wir halten nach Merkwürdigem Ausschau. Das heißt, wir suchen beispielsweise bei einem Objekt, das in der Bildgebung in unterschiedlichen Wellenlängen detektiert wurde (sodass wir wissen, dass es real ist), nach Beschleunigungen, die mit den uns bekannten Antrieben nicht möglich sind. Die höchsten Beschleunigungen von Luft-Luft-Raketen liegen in der Größenordnung von ein paar Hundert *g* (die *g*-Kraft ist ein Maß für Beschleunigung). Beschleunigen die detektierten UAPs schneller? Noch besser als eine superschnelle Beschleunigung in gerader Linie wären Richtungswechsel, die so abrupt geschehen, dass kein uns Menschen bekanntes Material der Belastung standhalten könnte. So etwas zu beobachten, wäre richtig cool und ein Hinweis darauf, dass wir es mit etwas wirklich Merkwürdigem zu tun hätten. Wir könnten auch nach schwebenden Objekten suchen, an denen keine Antriebssignaturen zu beobachten sind. Ein gut charakterisiertes Objekt (wiederum in unterschiedlichen Wellenlängen sichtbar), das einfach von selbst in der Luft zu schweben scheint, wäre definitiv merkwürdig und für uns von Interesse.

Das Komplizierte an dem ganzen Unterfangen ist sicherzustellen, dass es sich bei diesen Beobachtungen nicht um Artefakte der Instrumente, der Methoden der Datengewinnung und der Algorithmen für die Datenanalyse handelt. Vergessen Sie nicht, wir sprechen von gewaltigen Mengen Daten. Sie alle zu durchforsten, um inmitten all des Rauschens die wenigen echten Signale auszumachen, ist für sich genommen eine gigantische Aufgabe. Aber wie heißt es so schön in *The Mandalorian* (und wer wäre nicht verliebt in die Baby-Zweitausgabe von Yoda?): »Das ist der Weg.«

Das ist der Weg, den ein echtes, wissenschaftlich valides Forschungsprogramm nehmen müsste, um dem UFO/UAP-Rätsel auf den Grund zu gehen. Was jedoch die möglichen Piloten dieser rätselhaften Flugobjekte betrifft – nun, die sind ein Fall für sich.

**KAPITEL 4**

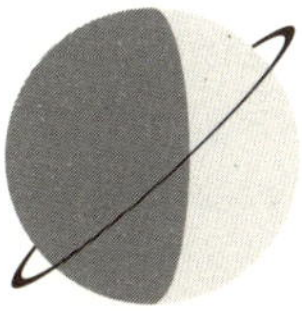

# WAS, WENN ES WIRKLICH ALIENS SIND?

*Wie kommen sie hierher und was wollen sie?*

ALIENS HABEN NICHTS MIT ZAUBEREI ZU TUN. DAS GILT AUCH FÜR DIE überschallschnellen schwebenden Raumschiffe mit Turboantrieb, die sie – vielleicht – fliegen. Was immer Außerirdische tun, ganz gleich, wie verrückt oder wundersam es uns erscheinen mag, basiert immer noch auf Physik, Chemie, Biologie und so weiter. Allerdings übersteigt das, was die Außerirdischen auf den Gebieten der Physik, Chemie und Biologie bewerkstelligen können, möglicherweise unsere kühnsten Vorstellungen. Vielleicht sind sie unserem Verständnis so weit voraus, dass wir im Vergleich zu ihnen dastehen wie Amöben, die sich an Differenzialrechnung versuchen. Aber im Kern muss alles, was Außerirdische tun, auf wissenschaftlichen Grundlagen basieren. Schließlich leben sie im selben Kosmos wie wir. Dieses gemeinsame Universum ist voller Muster,

Beziehungen und Verflechtungen von Ursachen und Wirkungen. In der Wissenschaft, ganz gleich, wer sie betreibt, geht es schlicht darum, diese Muster unter die Lupe zu nehmen und Erkenntnisse darüber zu gewinnen, wie sie funktionieren. Wenn Sie wirklich etwas über Außerirdische wissen wollen, müssen Sie intensiv über Außerirdische nachdenken … und über Physik. Und da geht der Spaß richtig los.

In diesem Kapitel werden wir uns ernsthaft mit der Vorstellung auseinandersetzen, eine Spezies mit hochentwickelter Technologie könnte die Erde besuchen. Unter dieser Prämisse wollen wir fragen: Wie könnte die Technologie, die Außerirdische benutzen, funktionieren? Diese Frage führt uns in Gebiete, in die unsere moderne Physik erst vor relativ kurzer Zeit vorgedrungen ist. Einsteins Relativität, Quantenmechanik, stellare Astrophysik – wenn wir eine Vorstellung von der Technologie fortgeschrittener Zivilisationen gewinnen wollen, müssen wir uns mit diesen Themen beschäftigen. Der Ausblick auf das Universum, den diese Bereiche der Physik ermöglichen, ist atemberaubend. Der steile Aufstieg durch das bergige Gelände lohnt sich. Schon ein flüchtiger Blick auf die größten Ideen der Wissenschaft – Dinge wie Raumverzerrung und zusätzliche Dimensionen – liefert uns Anhaltspunkte dazu, was für Außerirdische von fernen Welten auf ihrem Weg hierher möglich sein könnte. Und zugleich hilft er uns zu verstehen, wie die Zukunft der menschlichen Zivilisation aussehen könnte, sofern wir lange genug überleben.

Beginnen wir am Anfang und stellen wir zunächst die grundlegendste Frage: Wie kann irgendjemand die gigantischen, unvorstellbaren Entfernungen zwischen den Sternen überwinden?

## INTERSTELLARES REISEN[1]:
### *Wenn UFOs Aliens transportieren, wie sind sie hierher gelangt?*

Die schlechte Nachricht zuerst: Die Entfernungen zwischen Sternen sind so groß, dass es vielleicht unmöglich ist, sie regelmäßig zu überwinden. Natürlich könnte man Robotersonden ins All schießen, die in zweihundert Jahren ihr Ziel erreichen (und dann würde es noch mal ein Jahrhundert oder so dauern, bis die Signale, die sie von dort senden, auf der Erde ankommen). Aber dass Sie, ich oder irgendjemand sonst mal eben einen Trip zu den beliebtesten Urlaubsplaneten im galaktischen Imperium unternehmen können, ist möglicherweise aufgrund der physikalischen Gesetze schlichtweg ausgeschlossen.

Vielleicht aber auch nicht.

Auf solchem Terrain müssen wir uns bewegen, wenn wir der Frage nach Außerirdischen und interstellaren Reisen nachgehen wollen. Über die Entfernungen zwischen Sternen besitzen wir gesicherte Erkenntnisse. Und wir wissen ebenfalls mit Sicherheit, dass im Universum ein Tempolimit gilt, wenn es darum geht, diese Distanzen zurückzulegen. Als Nächstes müssen wir uns vorstellen, wie Außerirdische solche Beschränkungen überwinden könnten, und zwar auf der Grundlage dessen, was wir über die Struktur der Realität wissen.

Falls UFOs wirklich Raumschiffe aus anderen Sternsystemen sind, wie können sie (oder wir in der Zukunft) den weiten, leeren interstellaren Raum durchqueren?

Um uns einer Antwort auf diese Frage anzunähern, müssen wir zunächst verstehen, wie »groß, gigantisch, wahnsinnig riesenhaft« der Weltraum ist (in Gedenken an den großen Douglas Adams). Ja, ich weiß, Sie meinen zu wissen, wie groß der Weltraum ist, aber glauben Sie mir, er ist größer. Mir selbst wird jedes Mal ganz anders, wenn ich es in meiner Forschung mit Entfernungen dieser Größenordnung zu tun habe und mir die Dimensionen des Kosmos (oder auch nur unseres kleinen Winkels darin) vorzustellen versuche.

Astronomen messen interstellare Distanzen in Lichtjahren – ich weiß, das ist verwirrend. Ein Lichtjahr ist die Strecke, die das Licht in einem Jahr zurücklegt, und entspricht mehr als neun Billionen Kilometern. Das ist eine Neun mit zwölf Nullen dahinter – 9 000 000 000 000 Kilometer. Sie sind sicher schon mal einen Kilometer gegangen und Tausende Kilometer gefahren. Aber damit sind wir erst bei drei Nullen. Die anderen neun erfordern eine heroische Leistung der Vorstellungskraft. Um es ein wenig anschaulicher zu machen: Es ist, als würde man Hunderte Millionen Mal die Erde umrunden. Stellen Sie sich nur vor, wie viele Anschlussflüge das bedeuten würde und wie viel sinnlose Wartezeit, wenn Sie wieder mal am O'Hare Airport stranden.

Eine andere Möglichkeit, die Einheit Lichtjahr zu verstehen, ist, sie mit der Entfernung der Sonne vom Rand des Sonnensystems zu vergleichen. Wenn unsere Galaxie, die Milchstraße, unsere Sternenstadt ist, dann ist das Sonnensystem unser Haus, und die Erde ist ein Zimmer in diesem Haus. Im Jahr 2006 haben wir die Raumsonde New Horizons – die schnellste Raumsonde, die je entwickelt wurde – auf den Weg zum Pluto geschickt, der hier für den Rand des Sonnensystems stehen kann. Die Entfernung zum Pluto ist rund tausendmal kleiner als ein Lichtjahr. Unser Sonnensystem, wo sich alle menschliche Aktivität auf Planeten und im Weltraum abspielt, hat also einen Durchmesser, der nur einem winzigen Bruchteil eines Lichtjahres entspricht. Und jetzt stellen Sie sich Folgendes vor: Obwohl die New Horizons mit 50 000 Stundenkilometern durchs All raste, war sie bis zum Pluto rund zehn Jahre unterwegs. Um ein einziges Lichtjahr zurückzulegen, würde die Raumsonde über zwanzigtausend Jahre brauchen. Eine sehr lange Zeit, aber selbst damit sind wir immer noch nicht bei interstellaren Distanzen angekommen. Im Radius von einem Lichtjahr ist dort draußen nicht viel los. Die Oort'sche Wolke, wo die meisten Kometen des Sonnensystems quasi tiefgekühlt lagern, reicht bis in eine Entfernung von über einem Lichtjahr, also befindet man sich selbst in einer solchen Distanz technisch gesehen noch immer im Sonnensystem.

Bis zum nächsten Stern, Alpha Centauri, müssen Sie weitere drei Lichtjahre zurücklegen. Wenn die New Horizons zu diesem Stern fliegen sollte, würde sie rund achtzigtausend Jahre brauchen. Und die meisten Sterne sind noch viel, viel weiter entfernt als Alpha Centauri. Die Milchstraße hat einen Durchmesser von rund hunderttausend Lichtjahren. Selbst wenn wir uns – um im Bild zu bleiben – auf unser Stadtviertel beschränken, müssen wir die Entfernung zum nächsten interstellaren Starbucks schon in Hunderten oder Tausenden Lichtjahren messen. Das würde selbst für unsere schnellsten Raumsonden eine Flugdauer von zig Millionen Jahren bedeuten.

All das sollte Ihnen vor Augen führen, wie verflixt groß der Weltraum ist. Wenn es sich bei UFOs wirklich um Fluggeräte interstellarer Besucher handelt, sind das die Distanzen, die sie regelmäßig zurückzulegen haben. Und wir selbst müssen eine Möglichkeit finden, solche Distanzen zu überwinden, wenn wir eine interstellare Spezies werden wollen – also Aliens für jemand anderen.

Bei jedem Versuch, derartige Entfernungen zurückzulegen, stolpern wir über eine fundamentale Tatsache in Bezug auf das Universum: Nichts kann sich schneller als mit Lichtgeschwindigkeit fortbewegen. Das ist nicht nur ein Faktum über das Licht. Es ist ein Faktum über die Natur der physischen Realität. Es ist in der Physik fest verdrahtet. Im Universum gibt es eine Höchstgeschwindigkeit, und Licht ist eben das, was sich mit dieser Geschwindigkeit fortbewegt. Genau genommen bewegt sich jedes Teilchen ohne Masse (wie Licht) mit Lichtgeschwindigkeit fort, aber nichts kann sich schneller bewegen, nirgends. Diese Geschwindigkeitsbegrenzung ist so fundamental, dass sie fester Bestandteil des Prinzips von Ursache und Wirkung ist. Die endliche – also begrenzte – Lichtgeschwindigkeit sorgt dafür, dass die Wirkung zwingend nach der Ursache kommt – das Glas zerbricht erst, nachdem es vom Tisch gestoßen wurde.

Natürlich kann es in Bezug auf die Frage interstellaren Reisens noch mehr physikalische Gesetze geben, von denen wir bislang nichts wissen. Aber trotzdem ist diese Sache mit der Lichtgeschwindigkeit für die gesamte bekannte Physik von solcher Bedeutung, dass man nicht darum herumkommt. Wenn man will, dass UFOs Raumschiffe sind, kann man nicht einfach sagen: »Ach, das bekommen die Aliens schon irgendwie hin.« Da muss man sich schon etwas mehr anstrengen.

Nun lassen Sie uns dem Problem weiter auf den Grund gehen. Wie können wir angesichts dieser irrsinnigen interstellaren Distanzen von der Physik, die wir verstehen, extrapolieren, um herauszufinden, wie die Außerirdischen (oder wir in der Zukunft) die kosmische Leere durchqueren könnten? Hier gibt es mehrere Möglichkeiten.

***Generationenraumschiffe:*** *Abhängig von der Biologie unserer hypothetischen Aliens ist ihre Lebensspanne vielleicht kürzer als die jahrhundertelange, mit unter Lichtgeschwindigkeit zurückzulegende Reise zwischen den Sternen. Für uns gilt das jedenfalls. Wenn Sie während der gesamten Reise wach sind, kommen Sie nicht lebend ans Ziel. Eine mögliche Lösung für dieses Bei-Ankunft-tot-Dilemma ist, unterwegs Kinder zu bekommen. Sie selbst wären dann bei der Ankunft natürlich trotzdem tot, aber Ihre Kinder oder Enkel oder die Nachkommen Ihrer Ururenkel würden das Ziel lebend erreichen. Mit Generationenraumschiffen (auch Jahrhundert-Raumschiffe genannt) könnte man interstellare Reisen möglich machen. Diese Raumschiffe müssten allerdings ziemlich groß sein, damit eine ganze Kolonie Weltraumreisender auf ihnen Platz hat. Ein solches Schiff wäre schwerlich zu übersehen, wenn es in den Orbit käme. Außerdem wären die Enkel an Bord vermutlich alles andere als begeistert darüber, ihr ganzes Leben auf einem sti-*

*ckigen Raumschiff verbringen zu müssen. Vielleicht sind die Kids ja für die chaotischen Flugmanöver der UFOs verantwortlich – das könnte einiges erklären.*

***Kryoschlaf (Kälteschlaf):*** *Eine andere naheliegende Lösung für das Bei-Ankunft-tot-Dilemma ist eine Art Winterschlaf. Die Kryoschlaf-Technologie würde im Prinzip für die Dauer der Reise den Stoffwechsel des Körpers »einfrieren« (oder wenigstens stark verlangsamen). Das ist zwar ein beliebtes Motiv in der Science-Fiction, aber bislang ist es nicht annähernd gelungen, so etwas für höhere Lebewesen wie Säugetiere praktikabel zu machen. Dennoch ist es immerhin eine Lösung, die keine neue Physik erfordert (nur vielleicht neue Biologie). Außerdem, wenn es wirklich postbiologisches maschinenbasiertes Leben gibt (dazu kommen wir später noch), dann wechseln Außerirdische vielleicht zu siliciumbasierten digitalen Formen, und damit wären die langen Zeiträume gar kein Problem mehr.*

***Lichtsegel:*** *Zwar wurde noch nie jemand von einem Sonnenstrahl über die Straße getrieben, aber Photonen (Lichtteilchen) üben tatsächlich eine Kraft – einen Druck – auf Materie aus. Wenn man im Weltraum ein ausreichend großes Segel aus entsprechendem Material aufspannen würde, dann könnte man sich von der Sonne durch den Raum treiben lassen. Die Idee solcher Sonnensegel gibt es schon seit Langem. 2016 schlug jedoch Philip Lubin von der University of California in Santa Barbara[2] vor, statt der Sonne riesige, sehr leistungsstarke Laser zu benutzen, die das Licht für interstellares Segeln liefern sollten. Mit einem entsprechend großen erdgebundenen Laser könnte man ein Segel im Weltraum (und das damit verbundene Schiff) beinahe bis auf Lichtgeschwindigkeit beschleunigen. Auf diese Weise könnte man die Entfernung zwischen nahe* *gelegenen Sternen in Jahren oder Jahrzehnten zurücklegen statt in Jahrhunderttausenden. Der Milliardär und Philanthrop Yuri Milner war von dieser Idee so angetan, dass er die Entwicklung eines Projekts mit dem Namen Breakthrough Starshot mit hundert Millionen Dollar finanzierte.*[3] *Es handelt sich um eine langfristige Unternehmung mit einem Zeitrahmen von dreißig Jahren, weil es so schwierig ist, diese Technologie zu entwickeln. Sollten UFOs einen solchen Antrieb nutzen, so hätte die Sache allerdings einen Haken: Sie bräuchten im Ziel-Sternsystem einen zweiten riesigen Laser, um zu bremsen, wenn sie haltmachen und sich umschauen möchten.*

***Wurmlöcher:*** *Wenn die Lichtgeschwindigkeit begrenzt, wie schnell man sich durch den Weltraum bewegen kann, dann wäre es vielleicht für das interstellare Reisen am besten, den Teil mit dem »durch« zu vermeiden. Diese Möglichkeit ist eins der Geschenke, die Einstein uns mit seiner allgemeinen Relativitätstheorie (ART) gemacht hat. In der Relativität ist der Raum nicht einfach eine Leere. Vielmehr bilden Raum und Zeit zusammen eine Struktur namens Raumzeit, die flexibel ist und gekrümmt, gedehnt und gefaltet werden kann. Ein Wurmloch stellt eine Art Raum-Zeit-Tunnel dar, der zwei weit voneinander entfernte Bereiche der Galaxie durch Falten miteinander verbindet. Nun erlaubt zwar die ART definitiv solche Wurmlöcher (auch bekannt als Einstein-Rosen-Brücken), aber leider sind sie instabil. Wenn ein Wurmloch entsteht, sei es auf natürliche oder andere Weise, fällt es fast sofort wieder in sich zusammen. Sollten Außerirdische mithilfe von Wurmlöchern eine Art galaktisches Transportsystem aufbauen wollen, dann müssten sie etwas finden, das Physikerinnen und Physiker exotische Materie nennen. Dieses Zeug hat nämlich negative Masse, die einen Antigravitations-Effekt auslösen kann, und der drückt buchstäblich den Raum auseinander. Wenn Außerirdische über exotische Mate-*

*rie verfügen würden und sie kontrollieren könnten, dann könnten sie die beiden Mündungen eines Wurmlochs offen halten und zwei weit voneinander entfernte Teile einer Galaxie miteinander verbinden. Aber bevor Sie nun in Begeisterungsstürme ausbrechen – die Sache hat einen gewaltigen Haken. Exotische Materie ist nicht real. Sie ist nur ein Begriff, ein Faktor, den man in Gleichungen der Relativitätstheorie einsetzen kann. Wenn man ihn in eine Formel einsetzt, verhält diese sich anders. Hurra! Aber das heißt nicht, dass der Begriff für etwas steht, das im Universum wirklich existiert. Dennoch, im Rahmen von physikalischen Gleichungen der Relativitätstheorie ist diese Antigravitation möglich. Sollte also exotische Materie mehr sein als ein Hirngespinst von Physikerinnen und Physikern, könnte man sie vielleicht dazu benutzen, schnelles interstellares Reisen möglich zu machen.*

***Warp-Antrieb (aka Hyperantrieb):*** *Warp-Antriebe – oder Hyperantriebe oder Frameshift-Antriebe oder wie auch immer Sie sie nennen wollen – sind in der Science-Fiction regelmäßig anzutreffen. Wenn man seine Figuren mühelos durch die Galaxie reisen lassen will, stattet man ihr Raumschiff einfach mit einem Warp-Antrieb aus, und schon stellt niemand mehr Fragen. Sollten Außerirdische in der Lage sein, einen Warp-Antrieb zu bauen, würden sie sich auch dabei wieder das Konzept vom Gewebe des Raums aus Einsteins ART zunutze machen. Ein solcher Antrieb bewegt einen nicht durch den Raum von einem Ort zum anderen. Stattdessen erzeugt er eine Warp-Blase, die die Raumzeit um einen herum dehnt und sich dann wieder zusammenziehen lässt. Man bewegt sich nicht schneller als das Licht durch den Raum; man verzerrt und entzerrt den Raum nur schneller als das Licht. »Warp« heißt auf Englisch so viel wie »verzerren« oder »verkrümmen«. Auch wenn sich nichts schneller als mit Lichtgeschwindigkeit durch den Raum fortbewegen kann,*

*kann sich doch der Raum (bzw. die Raumzeit) so schnell bewegen, wie er will. Das Schöne an Warp-Blasen ist, dass sie ebenso wie Wurmlöcher in der ART theoretisch möglich sind, wie der Physiker Miguel Alcubierre 1994 in einem berühmt gewordenen Fachaufsatz gezeigt hat.* Aber wie Sie vielleicht schon ahnen, gibt es auch bei Warp-Antrieben ein paar richtig große Probleme. Auch hierfür würde man wieder diese nicht existente exotische Materie benötigen. Und noch problematischer ist, dass Warp-Blasen bei der Fortbewegung gewaltige Schockwellen sehr energiereicher Gammastrahlen erzeugen können. Wenn man aus dem Warp zurückkehrt, würde diese immense Energie alles um einen herum verbrutzeln und alles Leben auf dem Planeten, den man eigentlich besuchen wollte, vernichten. Nicht die beste Art, sich in einem Weltraumbahnhof anzukündigen.*

***Quantenmechanik:** Die Quantenphysik, unsere mächtige Theorie der atomaren und subatomaren Welt, ist für ihre Kuriositäten berüchtigt. Zum Beispiel spricht man in der Quantenmechanik davon, dass Teilchen an zwei Orten zugleich sind oder zwei Teilchen sich unmittelbar gegenseitig beeinflussen, obwohl sie sich an weit entfernten Orten im Universum befinden. Selbst hundert Jahre nach der Entdeckung der Quantenmechanik, die als die genaueste, mächtigste physikalische Theorie aller Zeiten gilt und die Grundlage für all unsere elektronischen Wunder lieferte, können wir noch immer nicht behaupten zu verstehen, was sie uns über die Wirklichkeit sagt. Ich persönlich finde das ziemlich cool. Im Hinblick auf interstellares Reisen bedeutet es jedoch, in der Quantenmechanik könnte sich etwas verstecken, das es einem erlaubt, die bekannten*

---

* Miguel Alcubierre: »The Warp Drive: Hyper-Fast Travel within General Relativity.« *Classical and Quantum Gravity* 11.5 (1994): L73-L77.

*Beschränkungen der ART bezüglich Raum und Zeit zu überwinden. Manche Wissenschaftlerinnen und Wissenschaftler, die an einer Vereinigung von Quantenmechanik und ART zu einer Theorie der Quantengravitation arbeiten, glauben sogar, die Raumzeit sei möglicherweise nicht fundamental, sondern nur emergent – das heißt, sie würde aus anderen, fundamentalen Strukturen der Quantenrealität hervorgehen. Also, ja, die Quantenmechanik könnte noch das eine oder andere Ass im Ärmel haben, von dem eine hochentwickelte außerirdische Spezies wissen und das sie sich für interstellare Reisen zunutze machen könnte. Aber nehmen Sie sich in Acht. Anders als bei den anderen Punkten auf unserer Liste setzen wir bei diesem unsere Hoffnung wirklich auf reine Hirngespinste. Hierzu haben wir noch keinerlei physikalische Grundlagen, nur einen vagen Blick auf die Absonderlichkeiten der Quantenmechanik.*

So viel also dazu. Soweit wir wissen (wobei wir aber möglicherweise noch nicht genug wissen), ist das alles, was wir oder auch Aliens im Hinblick auf die Physik und das interstellare Reisen an Möglichkeiten zur Verfügung haben. Ein guter Science-Fiction-Autor könnte sicher noch weitere kreative Vorstellungen davon entwickeln, wie man von einem Stern zum nächsten gelangt, aber die obige Aufzählung umfasst im Prinzip alles, was aus wissenschaftlicher Sicht als möglich gilt, basierend auf unserem ziemlich umfangreichen Wissen über die Realität. Und ich betone noch einmal, was die experimentell validierte Physik angeht, ist schon nach den ersten beiden Möglichkeiten definitiv der Vorhang gefallen.

Um das Bild zu vervollständigen, können wir außerdem überlegen, was eine interstellare Antriebstechnologie von Aliens für die Frage bedeuten könnte, was sie hier tun. Sollten sie sich nur mit Lichtgeschwindigkeit oder etwas darunter fortbewegen können, so würde das ihre Fähigkeit, eine galaktische Zivilisation aufzubauen, einschränken. Wenn man zweihundert Jahre braucht, um eine Diplomatin oder einen Diplomaten von einem Planeten zum anderen zu schicken, und niemand länger als hundert Jahre lebt, hat man ein Problem. Ja, dieses Problem könnte man möglicherweise mittels Kryoschlaf lösen, aber es würde immer noch zweihundert Jahre dauern, bis diese Diplomatin oder der Diplomat den Zielort erreicht. Bis dahin wird sich auf dem Heimatplaneten vieles verändert haben. Wird es auf den beiden Welten überhaupt noch dieselbe Regierungsform geben? Und nach den Verhandlungen dauert es dann weitere zweihundert Jahre, bis er oder sie mit dem Ergebnis zurückkehrt. Eine sehr lange Wartezeit für ein »Sie haben gesagt ›Geht zum Teufel‹« (oder was auch immer die Aliens sagen würden).

All das bedeutet: Sollten Warp-Antriebe oder andere Technologien für Reisen mit Überlichtgeschwindigkeit nicht möglich sein, dann sind unsere Vorstellungen von interstellaren Zivilisationen vielleicht ganz verkehrt. Wenn niemand sich schneller als das Licht fortbewegen kann, bleibt möglicherweise jedes Sonnensystem für sich. In diesem Fall gäbe es niemals galaktische Imperien, nur einzelne, auf einen Planeten begrenzte Kulturen. Diese könnten hin und wieder Siedlungsmissionen zu anderen Sternen aussenden, aber aufgrund der Entfernungen und Reisezeiten würden sich diese Kolonien selbst im Erfolgsfall bald kulturell von der Heimatwelt wegentwickeln. Falls das die Wirklichkeit ist, wären Außerirdische, die unsere Erde besuchen, keine Vertreter einer zorgonischen galaktischen Föderation mit einem reichen Erfahrungsschatz über viele Welten und viele Kulturen. Vielmehr wäre ihr Auftauchen ein einmaliges Ereignis, und wir wären vielleicht die ersten anderen Lebensformen, die sie überhaupt besuchen.

Nun lassen Sie uns einmal innehalten und tief durchatmen. Alles, was ich eben vor Ihnen ausgebreitet habe, ist ein großer Haufen Spekulation. Diese ist allerdings aus ernsthaftem wissenschaftlichem Denken entstanden. Das macht sie so reizvoll. Das Leben existiert immer innerhalb der Beschränkungen, die das Universum ihm auferlegt. Mithilfe von Technologie kann man versuchen, die Grenzen des Machbaren auszudehnen, aber die Beschränkungen als solche bleiben bestehen. Maschinen brauchen Energie. Maschinen gehen kaputt. Jede außerirdische Technologie, so atemberaubend sie auch sein mag, muss mit diesen Beschränkungen zurechtkommen. Also wenden wir uns der Frage zu, was außerirdische Besuchende in UFOs an super hochentwickelter Technologie noch so in ihrem technischen Repertoire haben könnten.

## AUSSERIRDISCHE TECHNOLOGIE:
### *Ein Blick in Luke Skywalkers Werkstatt*

UFOs vollführen angeblich allerlei fantastische Flugmanöver, die den Gesetzen der Physik trotzen. Sie können aus dem Nichts auftauchen und ebenso plötzlich wieder verschwinden. Sie bewegen sich mit Überschallgeschwindigkeit und kommen dann abrupt zum Stillstand. Sie fliegen scharfe Kehren in unmöglichen Winkeln. Solches Verhalten – sofern es real ist – mag unserem Verständnis von den Gesetzen der Physik widersprechen, aber das heißt nicht, dass es der Physik selbst widerspricht. Auf die Gefahr hin, mich bis zum Abwinken zu wiederholen: Die physische Welt beruht auf physikalischen Gesetzen, von denen wir möglicherweise nicht alle kennen. Wenn es außerirdische Raumschiffe gibt und sie all die Dinge können, die UFOs zugeschrieben werden, welche unbekannte Physik könnte dann hinter ihrer Technologie stecken?

Beginnen wir mit der Verschwinde-Nummer. In vielen Berichten über UFOs erscheinen die Objekte auf dem Radarschirm oder vor den Augen von Zeuginnen und Zeugen, nur um wenig später plötzlich wieder zu verschwinden. Sollte das wirklich geschehen, so könnte es auf eine Art Tarnvorrichtung schließen lassen, wie die Romulaner in *Star Trek* sie nutzen. Die Raumschiffe wären dann wirklich da, aber sie könnten jederzeit unsichtbar werden. Wie wäre so etwas möglich?

Wie schon zuvor besprochen, ist alles Licht elektromagnetische Strahlung (Wellen) in unterschiedlichen Wellenlängen. Bei Radiostrahlung (Radiowellen) liegt die Wellenlänge in der Größenordnung von Gebäuden, bei Röntgenstrahlung in der Größenordnung von Atomen. Um ein Ding unsichtbar zu machen, muss man folglich etwas mit diesen Wellen anstellen. Aber was bedeutet »unsichtbar« eigentlich? Etwas wie ein Raumschiff mit Licht zu sehen, erfordert zwei Schritte. Erstens müssen elektromagnetische Wellen von dem Schiff zurückgeworfen werden, und zweitens braucht man einen Detektor, der die reflektierten Wellen empfängt. Dieser Detektor kann das menschliche Auge sein oder auch eine Parabolantenne. Die einfachste Möglichkeit, diesen Sehprozess zu beeinflussen, wäre, das Schiff aus einem Material zu bauen, das einfallende elektromagnetische Wellen einfach absorbiert, sodass nichts reflektiert wird. Dann hat der Detektor nichts zu detektieren. Alternativ könnte man Materialien entwickeln, die das Licht um das Raumschiff herum ablenken, sodass es gar nicht auf das Schiff auftrifft – dann braucht nichts absorbiert zu werden. Und schließlich wäre auch ein Raumschiff denkbar, das Licht abgibt, und zwar immer so, dass es sich perfekt in seine jeweilige Umgebung einfügt. Das wäre quasi eine adaptive, intelligente Tarnung.

Dass Außerirdische über derartige Technik verfügen, ist aus wissenschaftlicher Sicht durchaus möglich. Wir Menschen haben auf manchen Gebieten schon erste Anfänge gemacht. Im Laufe der letzten Jahre haben Physikerinnen und Physiker Metamaterialien entwickelt, die aufgrund ihrer besonderen Eigenschaften einfallendes Licht umlenken können. Man könnte die Außenhülle eines Raumschiffs mit einer dünnen Schicht eines solchen Metamaterials überziehen und so das auftreffende Licht außen um das Flugzeug herumlenken, sodass es auf der anderen Seite wieder abgegeben wird. Dasselbe geschieht auch in umgekehrter Richtung. Auf diese Weise würde man immer das sehen, was sich hinter dem Raumschiff befindet, und das Schiff selbst wäre praktisch unsichtbar. Wir sind zwar noch weit davon entfernt, einen Panzer oder Kampfjet aus Metamaterialien bauen zu können, aber die grundlegenden Prinzipien werden bereits in irdischen Labors getestet.

Schweben auf der Stelle und scharfe Kehren bei fünfzigfacher Schallgeschwindigkeit sind eine andere Geschichte.

In der Science-Fiction wimmelt es von Antigravitations-Technologie. Denken Sie nur an Luke Skywalkers Landgleiter, der dicht über dem Boden dahinschnellt und dabei die Schwerkraft direkt außer Kraft setzt. Um zu verstehen, wie die Kraft der Gravitation ausgeschaltet werden könnte, müssen wir zunächst verstehen, was genau Physikerinnen und Physiker eigentlich meinen, wenn sie von Kräften sprechen. Punkt eins: Eine Kraft wirkt, wenn irgendetwas (Materie) etwas anderes zieht oder drückt. Nach jahrhundertelanger Forschung haben wir vier Grundkräfte gefunden: Gravitation, elektromagnetische Kraft, starke Kernkraft und schwache Kernkraft.

Die Gravitation, auch Schwerkraft genannt, ist jedem ein Begriff. Sie hält Planeten auf ihren Umlaufbahnen um Sterne und unsere Füße auf der Erdoberfläche. Elektromagnetismus ist die Kraft zwischen elektrisch geladenen Teilchen wie Elektronen und Protonen. Sie ist im Grunde die Kraft hinter allem Leben, weil chemische Bindungen eigentlich elektromagnetische Bindungen sind. Und sie steckt auch hinter all unserer modernen digitalen Technologie. Die starke Kernkraft hält die Atomkerne zusammen. Sie ist die Basis für die Existenz der verschiedenen Elemente. Und die schwache Kernkraft ist an den Kernreaktionen beteiligt, die in Sternen ablaufen. Natürlich ist das noch längst nicht die ganze Geschichte, aber für unsere Zwecke soll dieser kurze Abriss genügen.

Alles, was im Universum geschieht, so kompliziert es auch sein mag, ist auf diese vier Arten von Anziehung oder Abstoßung zurückzuführen. Diese Tatsache ist für sich genommen bemerkenswert, aber damit ist noch nichts darüber gesagt, was genau diese Anziehung oder Abstoßung ausübt. Die Antwort lautet: Kraftteilchen.

In den 1940er-Jahren begannen unsere Physikerinnen und Physiker zu erkennen, dass bei jeder Anziehung und Abstoßung zwischen subatomaren Teilchen (wie Elektronen und Protonen) immer der Austausch eines Kraftteilchens stattfindet. Die technische Bezeichnung für diese speziellen Teilchen lautet Kraftbosonen. Wenn zwei Elektronen, die beide eine negative elektrische Ladung haben, sich gegenseitig elektromagnetisch abstoßen, dann prallen sie dabei nicht wirklich voneinander ab. Vielmehr tauschen sie eine bestimmte Art von elektromagnetischem Kraftteilchen aus, ein Photon (Lichtteilchen). Photonen sind die Kraftbosonen der elektromagnetischen Kraft. Auch jede der anderen Kräfte hat ihre eigenen Kraftteilchen. Das Boson, das für die Schwerkraft verantwortlich ist, heißt Graviton. Gravitonen wurden noch nie beobachtet, weil wir nicht über geeignete Geräte dafür verfügen, aber Physikerinnen und Physiker nehmen an, dass sie existieren.

All das müssen wir verstehen, weil Technologien, mit denen man Kräfte beeinflussen kann, im Endeffekt darauf hinauslaufen, dass das betreffende Kraftboson beeinflusst wird. Wir besitzen Computer und Mobiltelefone und all die anderen elektronischen Wunderwerke, weil wir uns meisterhaft darauf verstehen, das Kraftboson des Elektromagnetismus, das Photon, zu beeinflussen. Wir können Photonen dazu bringen, nach unserer Pfeife zu tanzen. Bei den anderen Kräften und ihren Bosonen sieht die Sache ganz anders aus. Sie direkt zu steuern, würde immense Mengen Energie erfordern. Deshalb können wir sie nur stümperhaft beeinflussen. Wenn es beispielsweise darum geht, die Schwerkraft technologisch nutzbar zu machen, sind wir noch kaum über den Entwicklungsstand von Höhlenmenschen hinausgekommen, die sich gegenseitig Steine auf den Kopf fallen lassen. Es übersteigt unsere Fähigkeiten, auch nur darüber nachzudenken, wie wir die Schwerkraft auf der Ebene der Gravitonen steuern könnten. Aber vielleicht sind Außerirdische uns im Umgang mit Gravitonen ja überlegen.

Um Antigravitations-Technologie zu entwickeln, müssten wir möglicherweise Gravitonen in einer Weise beeinflussen, von der wir nur träumen können. Aber vielleicht können Außerirdische sie im sub-sub-subatomaren Maßstab lenken. Vielleicht kennen sie Mittel und Wege, den Gravitonenaustausch zwischen Luke Skywalkers Landgleiter und dem Boden auf seinem Planeten Tatooine zu reduzieren. Dann könnte der Landgleiter (oder auch ein UFO) über dem Boden schweben, als gebe es auf Tatooine gar keine Schwerkraft. Wenn man die Gravitonen kontrolliert, könnte man vielleicht auch an Bord eines Raumschiffs künstliche Schwerkraft erzeugen wie auf der Enterprise in *Star Trek*. Wie sonst könnten die Leute dort auf der Brücke herumstehen, als befänden sie sich nicht mitten in der Schwerelosigkeit des Alls?

Die direkte Kontrolle über Gravitonen könnte den UFOs außerdem helfen, so unglaublich schnell zu bremsen, zu beschleunigen und plötzlich die Richtung zu ändern. Wenn Sie mit dem Auto um eine Kurve fahren, übt die Straße eine Kraft auf die Reifen aus, die den Rest des Autos dazu bringt, die Richtung zu ändern. Wenn Sie nicht angeschnallt sind, werden Sie merken, wie Sie in Gegenrichtung der Kurve über den Sitz rutschen. Der Anschnallgurt überträgt die Kraft, die Ihren Körper zwingt, die Richtungsänderung des Autos mitzumachen. Ihr Körper widersetzt sich der Bewegungsänderung – man nennt das Trägheit. Wenn Sie versuchen würden, mit einem Raumschiff bei einer Geschwindigkeit von 5000 Stundenkilometern plötzlich eine scharfe Richtungsänderung vorzunehmen, würde Ihr Körper aufgrund der Trägheit durch den Anschnallgurt gepresst werden und zermatscht an der Wand enden.

Nun stellen Sie sich vor, Sie gehen bei solcher Hochgeschwindigkeit in eine scharfe Rechtskurve, können aber die Gravitonen kontrollieren. Sie könnten dann vielleicht dafür sorgen, dass genau zum richtigen Zeitpunkt und genau auf die richtige Weise eine Wolke Gravitonen freigesetzt wird, um ein Schwerefeld zu erzeugen, das die Trägheit Ihres Körpers aufhebt. Statt mit den beschriebenen katastrophalen Folgen vom

Anschnallgurt in die Richtungsänderung gezwungen zu werden, könnten Sie die Richtung ändern, ohne extremen Kräften ausgesetzt zu sein, weil das künstliche Schwerefeld alles perfekt ausgleichen würde.

Ist irgendwas davon möglich? Wer weiß? Was ich hier eben geschrieben habe, ist Science-Fiction – ich habe kühn aus der Physik extrapoliert, die wir verstehen, um eine semi-plausible Möglichkeit zu erschaffen. Vielleicht ist nichts davon möglich. Vielleicht kann die Physik einfach nicht so funktionieren. Um eine der eben beschriebenen Technologien zu entwickeln, bräuchte man vielleicht Energien, wie sie nur in der Nähe von Schwarzen Löchern oder kurz nach dem Urknall zu finden sind. Das hieße, wenn Außerirdische Geräte bauen könnten, um Gravitonen zu steuern, müssten sie regelmäßigen Zugang zu Energie in der Größenordnung haben, wie sie bei den extremsten Phänomenen und Bedingungen im Universum am Werk ist. Das wäre ziemlich viel verlangt, aber mit solchen Dingen muss man sich beschäftigen, wenn man wirklich denkt, UFOs seien Raumschiffe, mit denen Aliens in unserem Luftraum herumschwirren. Vielleicht haben sie ja tatsächlich solche Fähigkeiten entwickelt. Ich würde weiß Gott damit angeben, wenn ich sie hätte.

## INTERDIMENSIONALE ALIENS:
### *Hey, verschwinde von meiner Ebene*

Es gibt noch eine weitere, ganz andere Möglichkeit. Vielleicht kommen UFOs gar nicht durch den Weltraum. Zwar ist die Geschichte voll von Leuten, die behaupten, UFOs transportieren Außerirdische aus anderen Sternsystemen, daneben gibt es jedoch auch eine ganze Reihe von Leuten, die behaupten, sie kämen aus anderen Dimensionen.

Die Idee zusätzlicher oder anderer Dimensionen existiert nicht nur in Bezug auf das Thema UFOs – die Wissenschaft ist von jeher geradezu besessen davon. Könnte ein Zusammenhang zwischen den anderen Dimensionen der Wissenschaft und denen der UFO-Enthusiasten bestehen? Um das zu beantworten, tauchen wir kurz in Bereiche der Mathematik und Physik ein, die unser geistiges Fassungsvermögen erheblich strapazieren. Wenn wir wissen wollen, ob Aliens aus anderen Dimensionen kommen, müssen wir zuerst fragen, was eine Dimension eigentlich ist. Und da geht der Spaß richtig los. Ich kann Ihnen gar nicht sagen, wie sehr mich die Idee anderer Dimensionen begeistert (auch wenn ich genau genommen ebendas gerade tue). Ich liebe andere Dimensionen, nicht wegen der Aliens, sondern wegen der Physik. Zu den Aliens kommen wir gleich.

Wenn wir über Dimensionen reden, dann reden wir über den Raum an sich. Wie viel Raum gibt es, und zu wie vielen davon haben wir Zugang? Um das zu beantworten, wollen wir den Begriff Dimension einmal auf ganz bodenständige Weise definieren.

Sie leben in drei Dimensionen. Wie sieht das aus? Nun, wenn Sie wollen, können Sie vorwärts oder rückwärts gehen. Sie können sich auch nach rechts oder links bewegen. Und Sie können sich hoch und runter bewegen.

Aber das war auch schon alles.

Außer vorwärts/rückwärts, links/rechts und hoch/runter gibt es keine anderen unabhängigen Arten, sich im Raum zu bewegen. Wenn eine Physikerin oder ein Physiker »unabhängig« sagt, so meint sie oder er, dass jede mögliche Bewegung, die Sie machen können, immer irgendeine Kombination aus vorwärts/rückwärts, links/rechts und hoch/runter ist. Mehr als diese drei Möglichkeiten gibt der Raum einfach nicht her, und deshalb wissen wir, dass der Raum dreidimensional ist. Alles, was Sie draußen in der Welt sehen, seien es Kugeln, Würfel, Pyramiden oder was auch immer – all das existiert in drei Dimensionen. Nicht mehr und nicht weniger. Das ist schon für sich genommen eine ziemlich coole Vorstellung. Aber es wird noch viel cooler.

Gegen Ende des 19. Jahrhunderts begannen Mathematikerinnen und Mathematiker, über Dimensionen zu theoretisieren, die über die herkömmlichen drei hinausgehen. Sie fingen an, nach den Eigenschaften vierdimensionaler Kugeln, siebendimensionaler Würfel und zehndimensionaler Pyramiden zu fragen. Dabei gingen sie nicht davon aus, dass diese zusätzlichen Dimensionen physikalisch real sind, aber die Werkzeuge der Mathematik ermöglichten ihnen den Zugang zu diesen abstrakten Räumen – es war, wie wenn Entdecker am Rand eines neuen Kontinents stehen.

Werkzeuge der Mathematik, das klingt ziemlich abstrakt und hochtrabend. Als ich achtzehn war, hielt ich es für eine gute Idee, mit solchen Begriffen um mich zu werfen, um Mädchen zu beeindrucken (was selten geklappt hat). Diese Werkzeuge zu gebrauchen, heißt einfach, eine Berechnung anzustellen, um etwas herauszufinden – etwa das Volumen einer Kugel, also wie viel Raum sie enthält. Bei einer dreidimensionalen Kugel ist das Volumen proportional zum Radius hoch drei ($R^3$). Wenn Sie wollen, können Sie sich auch vorstellen, dass eine Kugel in einem Raum existiert, wo es eine Dimension mehr gibt (eine Richtung mehr, in die man sich bewegen kann), und dann die gleiche Berechnung erneut anstellen. Diesmal werden Sie feststellen, dass das Volumen proportional zur vierten Potenz des Radius ($R^4$) ist. Diese höhere Potenz des Radius verrät Ihnen, dass die vierdimensionale Kugel buchstäblich mehr Raum enthält als die dreidimensionale. Die zusätzliche Dimension bedeutet also mehr Raum. Aber der Punkt, um den es mir hier eigentlich geht, ist einfacher: Um irgendeine Berechnung in höheren Dimensionen anzustellen, muss man wiederholen, was man in drei Dimensionen gemacht hat, und für jede weitere Dimension einfach einen Schritt hinzufügen. Es kann auch komplizierter werden als in diesem Beispiel, aber das Prinzip sollte klar sein.

Auch wenn wir die Mathematik jetzt geklärt haben, ist es immer noch schwer, sich vorzustellen, wie eine vierdimensionale Kugel aussehen würde. Aber wir können uns eine Brücke bauen, indem wir uns an der eben beschriebenen Mathematik orientieren. Es ist erfrischend, einmal einen Blick auf diese hyperdimensionalen Möglichkeiten zu werfen, also lassen Sie es uns versuchen. Der Grundgedanke ist, mit niederdimensionalen Welten (also solchen mit weniger als drei Dimensionen) anzufangen und sich von dort hochzuarbeiten. Wir beginnen also damit, uns vorzustellen, wie eine Kugel in 1-D aussieht. In einer rein eindimensionalen Welt wäre die Wirklichkeit nichts als eine Gerade, die sich in Links-rechts-Richtung erstreckt. Das ist alles, was es an Raum gibt. Eine Kugel wäre in 1-D einfach eine Strecke, so lang wie der Durchmesser der Kugel (das Doppelte des Radius).

Nun betrachten wir eine 2-D-Kugel, die leichter vorzustellen ist. Zunächst einmal: Wie würde eine 2-D-Wirklichkeit aussehen? Sie wäre eine Ebene, wie ein Blatt Papier, das sich endlos nach allen Seiten erstreckt. Eine Kugel in 2-D wäre ein Kreis, wie man ihn auf ein solches Blatt zeichnen könnte. Wie eine Kugel in 3-D aussieht, wissen wir alle, weil wir zahlreiche Beispiele kennen: Billardkugeln, Tennisbälle, Kegelkugeln.

Strecke, Kreis, Tennisball: Das alles sind Kugeln, nur in unterschiedlichen Dimensionen. Nun lassen Sie uns eine Stufe höher gehen.

Entscheidend für den Schritt zu 4-D ist, sich vor Augen zu führen, wie sich eine dreidimensionale Kugel zu einer zweidimensionalen verhält und diese wiederum zu einer eindimensionalen. Stellen wir uns also vor, was passieren würde, wenn eine dreidimensionale Kugel (sagen wir, ein Tennisball) eine zweidimensionale Welt »durchqueren« würde. Bevor der Tennisball und die unendliche Ebene der zweidimensionalen Welt miteinander in Berührung kommen, hätten zweidimensionale Wesen, die in der zweidimensionalen Ebene leben, keine Ahnung, dass gleich irgendetwas passieren würde. Sobald jedoch der Tennisball die Ebene berührt, würde plötzlich ein Punkt erscheinen, den die 2-D-Wesen sehen könnten. Wenn der Tennisball sich weiter durch die

2-D-Ebene bewegt, würde dieser Punkt sich zu einem kleinen gefüllten Kreis ausdehnen – dem Schnitt des Tennisballs mit der Ebene. Der Kreis würde immer größer werden, bis der Tennisball zur Hälfte durch die Ebene hindurch wäre, dann würde er wieder kleiner werden, bis er schließlich erneut nur noch ein Punkt wäre. Wenn der Tennisball den Kontakt zur Ebene verliert, würde der Punkt verschwinden. Stellen Sie sich das vor wie einen Tennisball, der von unten eine spiegelglatte Wasseroberfläche durchbricht, bis er ganz in der Luft ist. Der Abdruck des Balls auf der Oberfläche ist die Verbindung zwischen der dreidimensionalen und der zweidimensionalen Welt.

Das gleiche Spiel können wir nun mit 4-D und 3-D noch einmal spielen. Das ist nicht einfach, aber es wird Ihnen helfen, wenn Sie sich immer wieder an die Analogie vom Tennisball und der Wasseroberfläche erinnern. Wenn eine vierdimensionale Kugel (wir nennen sie eine Hypersphäre) durch unsere dreidimensionale Welt käme, was würden Sie dann sehen? Wie bei dem Tennisball, der bei der Berührung mit der Wasserfläche einen kleinen Kreis erzeugt, würden Sie zuerst eine winzige Kugel sehen, die auf einmal wie aus dem Nichts vor Ihren Augen erscheint. Das wäre die erste Berührung der 4-D-Hypersphäre mit der 3-D-»Ebene« unserer Existenz, und Sie würden sicher furchtbar erschrecken. Völlig entgeistert würden Sie zusehen, wie die kleine Kugel immer größer und größer wird, während die Hypersphäre sich durch unsere Realität bewegt. Die Kugel würde erst aufhören, größer zu werden, wenn die Hypersphäre unsere Welt zur Hälfte durchquert hätte. Danach würde die Kugel wieder schrumpfen, bis sie – puff! – verschwinden würde, wenn die Hypersphäre ganz durch unsere 3-D-Ebene hindurch wäre. An diesem Punkt wäre Ihnen wahrscheinlich nach einem Drink oder einem Anruf bei Ihrem Therapeuten.

Solche Gedankenexperimente demonstrieren die unglaubliche Kraft abstrakten mathematischen Denkens. (Das ist genau das, was Sie eben getan haben.) Die Nützlichkeit hyperdimensionaler Mathematik wurde den Physikern um 1900 sehr klar. Indem sie komplexe Probleme aus unserer dreidimensionalen Welt nahmen und sie in höherdimensionale Räume projizierten, wurden neue Erkenntnisse gewonnen und altehrwürdige Probleme gelöst. Das berühmteste Beispiel dafür, zusätzliche Dimensionen in ein Problem einzubringen, war Einsteins Relativitätstheorie. In der Relativität ist die Zeit eine vierte Dimension neben den uns vertrauten drei Dimensionen des Raumes (vorwärts/rückwärts, links/rechts, hoch/runter). Die Relativität und ihre vierdimensionale Raumzeit war die größte Revolution in der Physik seit Newton.

Im frühen 20. Jahrhundert wurde in Zeitungen viel über den spektakulären Erfolg der mathematischen Physik bei der Verwendung zusätzlicher Dimensionen (d. h. die Relativität) berichtet. So fand die Idee von Dimensionen als anderen »Seinsebenen« Eingang in die allgemeine Vorstellung. Die spiritistische Bewegung, um jene Zeit berühmt für ihre Séancen, griff diese Entwicklung der Wissenschaft auf und begann, die neue Sprache auf die Überzeugungen ihrer Anhängerinnen und Anhänger zu übertragen, um diesen einen Anstrich wissenschaftlicher Glaubwürdigkeit zu verleihen. Für die Spiritisten waren die höheren Dimensionen das Reich der Toten. Man konnte mit ihnen in Kontakt treten, indem man die Dimensionen überwand. Bald wurden zusätzliche Dimensionen und Parallelwelten mit paranormalen Überzeugungen assoziiert.

Als dann in den Vierzigerjahren viel über UFO-Sichtungen berichtet wurde, zogen manche Leute schnell die Verbindung zu höheren Dimensionen. Der französische Wissenschaftler Jacques Vallée verhalf der Idee zu großer Popularität. Vallée ist eine sehr interessante Gestalt – er setzte sich deutlich vom Mainstream ab, arbeitete jedoch an Mainstream-Problemen wie frühen Mensch-Computer-Schnittstellen. Vallée hegte auch ein anhaltendes Interesse an UFOs. In den späten 1970er-Jahren wurde er Schüler von J. Allen Hynek, einem Astronomen, der dem Condon Committee angehörte. Später konvertierte Hynek zur extraterrestrischen Hypothese, und er prägte das nach ihm benannte Klassifizierungssystem zur Einordnung von UFO-Sichtungen. In diesem System sind unter anderem verschiedene Arten sogenannter Nahbegegnungen definiert, bei denen Zeuginnen und Zeugen die fraglichen Objekte aus geringer Entfernung beobachten.

Vallée jedoch ging weit über Hynek hinaus. Angeregt durch die Schriften des Psychoanalytikers C. G. Jung gelangte Vallée zu der Überzeugung, dass UFOs den Weg von fremden Planeten zur Erde nicht durch den dreidimensionalen Raum zurücklegten. Sie kämen vielmehr aus anderen Dimensionen. So entstand die »interdimensionale Hypothese«. Wie 4-D-Kugeln, die einen 3-D-Raum durchqueren, so wechselten UFOs zwischen den Dimensionen, um uns zu besuchen. Das war für Vallée die Erklärung dafür, weshalb UFOs sowohl vor dem menschlichen Auge als auch auf dem Radar plötzlich erscheinen und wieder verschwinden können.

Seit Vallées Veröffentlichungen hat sich eine beharrliche, wenn auch kleine Gruppe von Verfechterinnen und Verfechtern der interdimensionalen Hypothese gehalten. Die extraterrestrische Hypothese ist definitiv die Mehrheitsmeinung, aber die Vorstellung, dass es sich bei UFOs um Fluggeräte mit Wesen aus anderen Dimensionen handelt, übt nach wie vor ihren Reiz aus. Das gilt besonders für Menschen mit einem Hang zu paranormalen Überzeugungen.

Ich könnte noch weiter davon erzählen, wie bemerkenswert, wie außergewöhnlich und wie schön der Einsatz hyperdimensionalen Denkens in der Physik ist. Einige meiner unvergesslichsten Momente als theoretischer Physiker habe ich damit zugebracht, sechsdimensionale Donuts zu betrachten und aus den Details ihrer Formen Schlüsse über die Grenzen zwischen Ordnung und Chaos beispielsweise in der Bewegung der Planeten im Sonnensystem zu ziehen. Aber eines muss ich Ihnen über zusätzliche Dimensionen ganz klar sagen: Sie existieren nicht wirklich.

Vom physikalischen Standpunkt aus hat es noch nie irgendeinen Beweis für eine einzige zusätzliche Raumdimension gegeben, die über unsere drei bekannten hinausgehen würde. Und das liegt nicht daran, dass niemand danach gesucht hat.

Betrachten wir einmal Einsteins vier Dimensionen der Raumzeit. Was in Einsteins Relativitätstheorie eigentlich passiert, ist, dass die Zeit »verräumlicht« wird, das heißt, man behandelt sie mathematisch wie eine weitere Raumdimension. Allerdings unterscheidet sich die Zeit immer von den anderen Dimensionen. Das kann man ganz einfach anschaulich machen: In jeder der drei Raumdimensionen kann ich mich hin und her bewegen (nach links und dann nach rechts; nach vorn und wieder zurück), aber die traurige Wahrheit ist, dass ich mich in der Zeit immer nur in eine Richtung bewegen kann. Traurig deshalb, weil dieses gigantische Einbahnstraßenschild an der Zeitstraße der Grund dafür ist, dass wir sterben müssen. Es gibt zwar eine Menge großartige Science-Fiction-Storys über Zeitreisen, aber null Beweise dafür, dass so etwas möglich ist. Zeit ist nicht Raum, und sie ist auch keine zusätzliche Raumdimension.

Andererseits gibt es in der Physik durchaus Theorien, die zusätzliche Raumdimensionen behaupten. Ein berühmtes Beispiel ist die Stringtheorie – laut ihr hat das Universum in Wirklichkeit zehn räumliche Dimensionen. In der Stringtheorie können wir die sieben zusätzlichen Raumdimensionen nicht sehen, weil sie eng aufgerollt sind, etwa so, wie man ein Stück Papier zu einem Strohhalm aufrollen kann. Das ist eine coole Vorstellung, aber trotz jahrzehntelanger Bemühungen hat die Stringtheorie nie etwas hervorgebracht, das auch nur ansatzweise als eine experimentell verifizierte Vorhersage gelten könnte, und die Mehrheit der Physikergemeinschaft hält sie nicht mehr für vielversprechend.

Und dann ist da noch die Idee vom Multiversum. Diese Theorie besagt, dass beim Urknall nicht nur ein einziges Universum entstand, sondern viele Taschenuniversen, darunter unser eigenes. Im Multiversum existieren unendlich viele Versionen von Ihnen, die unendlich viele Versionen dessen tun, was immer Sie gerade tun. Leider funktioniert diese Idee der Paralleluniversen nicht für UFOs, weil die Universen nicht wirklich parallel sind. Sie existieren nicht in anderen Dimensionen. Sie sind alle Teil desselben Raums nach dem Urknall und definitionsgemäß so weit entfernt, dass UFOs aus diesen anderen Universen uns niemals erreichen könnten. Und schließlich liefert die Idee eines Multiversums in unterschiedlichen Variationen zwar großartigen Stoff für Science-Fiction-Autoren (Ich liebe das Marvel Cinematic Universe), aber es hat nie irgendwelche Beweise gegeben, die diese Idee stützen. Es handelt sich einfach um eine Idee, die eine Handvoll Physikerinnen und Physiker befürworten, während wir Übrigen sie teils mit Schulterzucken betrachten, teils für völlig falsch halten.

Tja, es tut mir leid. Ehrlich. Ich finde die Idee anderer Dimensionen in der mathematischen Physik ganz wunderbar und in der Science-Fiction auch. Aber es gibt einfach keinerlei Beweise dafür, dass die Anzahl realer Dimensionen des realen Raumes im realen Universum über drei liegt.

## ABER WAS TUN SIE HIER?

### *Das Fernlicht-Argument und andere Fragen*

Wir haben uns mit der Frage beschäftigt, welche Technologien Außerirdische bräuchten, um über interstellare Distanzen zu uns zu gelangen. Wir haben auch gesehen, welche Technologie nötig wäre, damit ihre UFOs die unmöglichen Manöver ausführen können, die manche Leute beobachtet haben wollen. Und schließlich haben wir einen Blick auf die zusätzlichen Dimensionen geworfen, aus denen UFOs nach Ansicht anderer Leute kommen. Somit haben wir inzwischen eine ganz gute Vorstellung vom Was, Wo und Wie bezüglich UFOs und Aliens. Ehe wir das Thema nun abschließen und uns der wissenschaftlichen Suche nach Außerirdischen im Weltraum statt auf der Erde zuwenden, gibt es noch ein paar wichtige Punkte zu erwähnen. Ich will diese Dinge ansprechen, weil für mich als Wissenschaftler, der sich tagtäglich Gedanken über Außerirdische macht, manche Themen sich wie ein roter Faden durch die UFO-Debatte ziehen.

Das erste will ich das »Fernlicht-Argument« nennen. Ein Großteil der Debatte um UFOs dreht sich darum, dass Objekte am Himmel dabei beobachtet werden, wie sie erstaunliche Dinge tun. Aber anscheinend gelingt es uns nie, diese Objekte wirklich gründlich zu betrachten. »Ich sah diese Lichter am Himmel«, heißt es immer wieder. Die Lichter erscheinen, sie bewegen sich auf seltsame Weise, dann fliegen sie mit unmöglicher Geschwindigkeit davon. Auch bei Tag werden Dinge gesichtet, aber sie verschwinden ebenfalls, bevor jemand hochauflösende Bilder von ihnen machen kann. Das alles läuft auf eine einfache Feststellung hinaus: Die Aliens geben sich uns nicht zu erkennen, sie halten nicht still, damit wir sie richtig ansehen können. Vielmehr benehmen sie sich, als sollten wir gar nicht wissen, dass sie hier sind. Als wollten sie unentdeckt bleiben. Das führt mich zu einer großen Frage: Wenn sie sich vor uns verstecken wollen, warum versagen sie dabei so kläglich?

Denken Sie einmal darüber nach. Angeblich sind UFOs also Raumschiffe, die den weiten, lebensfeindlichen Raum zwischen den Sternen durchquert haben. Ihre Insassen verfügen über hochentwickelte Technologien, mit denen sie sich über die uns bekannten Gesetze der Physik hinwegsetzen können. Aber all ihren Fähigkeiten zum Trotz schaffen sie es nicht, ihre Scheinwerfer auszuschalten.

Wenn die Aliens wirklich vor uns verborgen bleiben wollten, wenn sie wirklich nicht wollten, dass wir sie sehen, wie kann es dann sein, dass wir sie trotzdem immer wieder sehen … oder beinahe? Haben sie uns vielleicht ihr D-Team geschickt, die Mannschaft, die nicht mal den richtigen Schalter findet, um das Tarnfeld zu aktivieren? Haben wir am

Ende eine Bande zorgonischer Teenager zu Besuch, die sich die fliegende Untertasse ihrer Eltern heimlich für eine Spritztour ausgeborgt haben?

Es ergibt einfach keinen Sinn.

Außerdem haben sich unsere Kameras seit 1947 erheblich weiterentwickelt. Also warum zeigt die überwältigende Mehrheit der Bilder von UFOs und UAPs noch immer nichts als verschwommene Kleckse oder unscharfe Streifen? Dieser Punkt wurde besonders deutlich, als im Februar 2023 die USA einen chinesischen Spionageballon abschossen. Ein paar Wochen später wurde ein Bild veröffentlicht, das aus dem Cockpit einer U-2 aufgenommen worden war, eines für den Einsatz in großen Höhen ausgelegten Aufklärungsflugzeugs. Das Foto ist im Prinzip ein Selfie und gestochen scharf. Neben dem Kopf des Piloten sieht man den kugelförmigen Ballon und die Last, die daran hängt, unter anderem kann man die Solarpanels ausmachen. UFOs werden seit nunmehr siebzig Jahren immer wieder gesichtet – müsste es da nicht schon stapelweise solche Bilder geben? Dass wir stattdessen ganz überwiegend nur verschwommene Kleckse sehen, lässt darauf schließen, dass das auf den Bildern Artefakte der Umgebung oder der Kameras selbst sind und keine physisch realen Gegenstände, die auf dem Film oder im elektronischen Speicher klare Bilder hinterlassen müssten.

Das soll an Überlegungen zu UFOs und UAPs genügen. Ich wollte klarstellen, dass ich entschieden für eine umfassende, offene und transparente wissenschaftliche Untersuchung der Phänomene bin. Es ist gut, dass das Stigma um die UFO-Sichtungen nachgelassen hat. So können wir eine klarere Vorstellung davon gewinnen, wie häufig am Himmel seltsame Erscheinungen beobachtet werden. Aus wissenschaftlicher Perspektive ist das ein erster Schritt hin zu einem Verständnis davon, was die seltsamen Erscheinungen sind. Ich persönlich denke, das meiste, was da gesichtet wird, hat etwas mit der nationalen Verteidigung zu tun, aber als Wissenschaftler versuche ich, eine agnostische Haltung zu bewahren, bis schlüssige Daten vorliegen. Um Wissenschaft zu betreiben, brauchen wir echte wissenschaftliche Daten. Das ist das Stadium, in das wir vielleicht gerade eintreten, und wir werden sehen, wohin es uns führt.

Allerdings halte ich als Wissenschaftler mit einem starken Interesse an außerirdischem Leben es nicht für vernünftig, in dieser Frage die Erde in den Mittelpunkt zu stellen. Wenn man Nebraskaner finden wollte, würde man sich dann in irgendeinem entlegenen Dorf im Himalaya auf die Suche machen? Wohl kaum. Man würde nach Nebraska gehen, wo die Nebraskaner leben. Und entsprechend sollten wir, wenn wir nach außerirdischem Leben suchen, den Blick auf andere Planeten richten. Bislang fehlten uns dazu die Möglichkeiten, aber jetzt haben wir sie. Wir sind endlich bereit und in der Lage, auf einer fernen Welt nach Anzeichen für Leben Ausschau zu halten. Wo und wie wir das tun und was wir vielleicht finden werden – dieser Frage ist der Rest des Buches gewidmet.

## KAPITEL 5

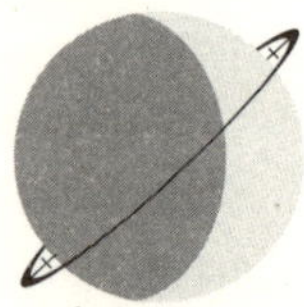

# DER KOSMISCHE IMMOBILIENMARKT:

*Wo sollen wir nach Aliens suchen?*

ALS FRANK DRAKE 1960 SEINE BAHNBRECHENDE SUCHE NACH LEBEN im All durchführte, hatte er keinerlei Überblick über den kosmischen Immobilienmarkt. Wo sollte man anfangen, nach Zeichen außerirdischer Zivilisationen zu suchen? Der intelligenteste Ansatz war, nahe Sterne auszuwählen, die ähnlich aussahen wie die Sonne. Aber Leben entsteht nicht auf Sternen; es entsteht auf Planeten (selbst auf der Oberfläche der kühlsten Sterne herrscht solche Hitze, dass jedes Leben in seine Atome zerlegt würde). 1960 wusste noch niemand, ob es außerhalb unseres Sonnensystems überhaupt Planeten gibt. Auch 1970, 1980 oder 1990 wusste das noch niemand. Aber bis zum Jahr 2000 hatte sich die Lage dramatisch verändert. Die Menschheit hatte ihre ersten extrasolaren Planeten – oder Exoplaneten – gefunden. Mit einem Schlag sah das Universum viel bewohnbarer aus. Wir hatten entdeckt, wo sich außerirdisches Leben entwickeln und wo es gedeihen könnte, und das änderte alles. Wir waren endlich bereit, uns auf dem außerirdischen Immobilienmarkt umzuschauen.

Im Laufe der letzten zwei Jahrzehnte haben wir unsere Kenntnisse beträchtlich erweitert – wir wissen nicht mehr nur von einer Handvoll Exoplaneten, sondern haben sogar schon einen umfangreichen Zensus außerirdischer Welten durchgeführt. Die Ergebnisse dieser Forschungen sind atemberaubend. Wir haben Welten entdeckt, die möglicherweise aus Diamant bestehen, Welten, die vielleicht ein einziger Ozean sind, und Welten, die völlig von Eis bedeckt sein könnten. Denken Sie nur, während Sie diese Worte lesen, existieren dort draußen ganz reale Planeten, wo der Wind durch Schluchten weht, Schnee durch Täler treibt und Wellen an Ufer branden – es sprengt schier den Horizont unserer Vorstellungskraft. Wenn man nun noch den Gedanken hinzunimmt, dass auf manchen dieser Welten das Leben in all seiner Schöpfungskraft gedeiht, dann kann einen schon der kosmische Schwindel erfassen.

Auch in unserem Sonnensystem ist Leben außerhalb der Erde grundsätzlich denkbar. Heute ist der Mars zwar eine Eiswüste mit äußerst spärlicher Atmosphäre, aber einst war er eine Welt, wo flüssiges Wasser über die Oberfläche strömte und sich in riesigen Seen oder sogar in flachen Ozeanen sammelte. Es ist möglich, dass auf dem Mars Leben entstand, bevor diese Welt vor vier Milliarden Jahren ihre dichte Atmosphäre verlor. Da der Mars bei der Suche nach Leben schon so lange im Spiel ist, werden wir ihn in den folgenden Kapiteln nicht behandeln. (Wir haben inzwischen so viele Landefähren und Rover hingeschickt, dass der Planet quasi von Robotern bevölkert ist.) Aber wie wir sehen werden, gibt es noch andere interessante Orte in unserem Sonnensystem, wo Leben existieren könnte, etwa die Ozeanmonde von Jupiter und Saturn. Und vielleicht können sie uns etwas über die von Ozeanen bedeckten Exoplaneten verraten, von denen es möglicherweise viele gibt.

Da unser Hauptinteresse dem Leben gilt, werden wir zunächst die Verbindung zwischen Leben und Planeten herstellen. Die erste Station auf unserer Erkundungstour über den kosmischen Immobilienmarkt ist die Frage der Abiogenese. Wie entsteht auf einer unbelebten Welt Leben?

## DER URSPRUNG DES LEBENS:
### *Das Miller-Urey-Experiment und die Abiogenese*

Das Leben ist sonderbar.

Ich meine nicht Ihr Leben im Speziellen und all das Sonderbare, was darin in letzter Zeit vielleicht passiert ist (das wird schon wieder). Vielmehr meine ich, das Leben als Phänomen im Universum ist sonderbar. Sicher, Schwarze Löcher und ihre Fähigkeit, die Raumzeit zu krümmen, sind seltsam. Und ja, die Quantenphysik steckt voller verwirrender Paradoxa. Aber nichts davon reicht an den Irrsinn heran, der jetzt gerade in jeder einzelnen Zelle Ihres Körpers vor sich geht. So ziehen etwa in diesem Moment Millionen kleiner Nanomaschinen wie Abschleppwagen molekulare Fracht auf selbstbauenden Schienen durch die Weiten Ihrer winzigen, mit bloßem Auge nicht sichtbaren Zellen. Und das ist nur ein Beispiel. Ich könnte noch viele weitere nennen.

Es gibt einfach kein anderes System, kein anderes irgendwie geartetes Ding im Universum, das mit dem Leben zu vergleichen wäre. Die Fähigkeit des Lebens, zu erschaffen und zu erneuern, unterscheidet es von allem anderen. Aber wie hat es angefangen? Wenn das Leben so sonderbar und so anders ist, wie hat es je seinen Ursprung genommen? Wenn wir etwas über Leben an anderen Orten herausfinden wollen, müssen wir wissen, wie Leben überhaupt irgendwo entsteht. Das heißt, wir müssen verstehen, wie sich das Leben hier auf der Erde entwickelt hat. Natürlich kann Leben auf anderen Planeten anders sein. Es könnte auf anderen Chemikalien oder anderen Evolutionsprinzipien basieren. Mit dieser Möglichkeit werden wir uns später noch beschäftigen. Aber da wir nur ein einziges Beispiel für Leben haben, scheint es sinnvoll, bei der Erde anzufangen.

Die Erforschung der Ursprünge des Lebens ist die Erforschung der Abiogenese – also der Entstehung von Leben aus unbelebter Materie. Ziel der Abiogenese-Forschung ist, zu verstehen, wie die Grundgesetze der Physik und Chemie es ermöglicht haben, dass aus einer Menge toter Chemikalien durch Verbindungen irgendwie lebende Organismen entstanden sind. Das ist ein großes Vorhaben, aber im Laufe der letzten siebzig Jahre wurden bemerkenswerte Fortschritte gemacht und die Grundlagen für die Lösung des Problems geschaffen. Um einen Zugang zur Abiogenese zu finden, denken wir zunächst darüber nach, was wir meinen, wenn wir von Leben sprechen.

Ein Markenzeichen des Lebens ist die Reproduktion oder Fortpflanzung: Das Leben bringt Kopien von sich selbst hervor. Außerdem gehört zu Leben immer Stoffwechsel: Es verbraucht Energie, um sich selbst zu erhalten. Ferner kann Leben Informationen aus der Umwelt aufnehmen und darauf reagieren; wir nennen diese Eigenschaft Reizbarkeit. Und es kann von einem Reproduktionszyklus zum nächsten mutieren, das ist die Grundlage für seine Fähigkeit, sich weiterzuentwickeln. Alle Vorgänge des Lebens basieren auf molekularen Prozessen. Die Sonderbarkeit des Lebens beginnt auf molekularer Ebene.

Allerdings ist nicht jedes beliebige Molekül geeignet. Das Leben auf der Erde bedient sich für sein Wirken nur einer begrenzten Auswahl molekularer Legosteinen. Konkret sind an der organischen Chemie hauptsächlich Kohlenstoff, Wasserstoff, Stickstoff, Sauerstoff, Phosphor und Schwefel in unterschiedlichen Kombinationen beteiligt. Das heißt nicht, dass das Leben anderswo nicht ein anderes molekulares Grundgerüst nutzen könnte. Es lässt aber den Schluss zu, dass irgendeine Art Grundgerüst aus einer begrenzten Auswahl unterschiedlicher Atome wahrscheinlich ist.

Unsere Liste dessen, was das Leben tut, umfasst also Reproduktion, Stoffwechsel, Reizbarkeit und Mutation. Wie bewerkstelligt das Leben all das auf molekularer Ebene? Im Folgenden werde ich Ihnen ein paar wichtige Teile dieser spannenden Geschichte erzählen. Nicht die ganze Geschichte, weil sie sehr komplex ist, aber Sie können damit auf der nächsten Party andere Gäste beeindrucken (es sei denn, es ist eine Biologin oder ein Biologe anwesend – in diesem Fall stehlen Sie sich lieber heimlich davon).

Die meisten Funktionen Ihres Körpers werden durch Proteine ausgeführt. Diese sind strukturell betrachtet Polymere; das ist ein hochtrabender Ausdruck für lange Ketten aus kleineren Bausteinen in Form von Molekülen, die Aminosäuren heißen. Der Aufbau von Proteinen aus Aminosäuren passiert in ganz unglaublichen kleinen Fabriken in Ihren Zellen, den sogenannten Ribosomen. Diese Ribosomen wissen genau, welche Aminosäuren sie zusammenbauen müssen, um immer die Proteine herzustellen, die Sie jeweils gerade brauchen. Aber woher wissen die Ribosomen, was sie womit zusammensetzen müssen? Die Informationen, die als Anleitung für all den Proteinbau nötig sind, stecken in einer anderen Art von Molekül, der Desoxyribonukleinsäure (DNA). Wie im Einzelnen die Information von der DNA abgelesen und in die Ribosomen-Fabriken transportiert wird, ist eine schwindelerregend komplexe Angelegenheit. Das Leben auf molekularer Ebene ist bemerkenswert und irgendwie verrückt. Das macht die Wissenschaft dahinter so beeindruckend. Wie zum Teufel konnte all das nur geschehen? Wie hat ein Haufen winziger, wahllos durcheinandergewirbelter Moleküle sich zu etwas zusammengefunden, das wie ein Computercode Informationen speichert und sich selbst vervielfältigt?

In den 1920er-Jahren begründeten der russische Wissenschaftler Alexander Oparin und der britische Forscher J. B. S. Haldane die moderne Theorie der Abiogenese, indem sie die These aufstellten, dass das Leben mit Vorläufern biologischer Moleküle begann, die durch natürliche Prozesse auf der noch jungen Erde entstanden. Die Idee war einfach:

Wenn man nur alle Grundbausteine der Biochemie an einem Ort versammelt und lange genug durcheinanderwirbeln lässt, werden sie sich irgendwann zu einer Form verbinden, die anfängt, sich selbst zu replizieren. Allerdings war diese einfache Idee damals höchst umstritten. Niemand hatte irgendeinen Beweis dafür, dass sich die Vorläufer des Lebens durch natürliche Prozesse automatisch miteinander verbinden. Natürlich hatte damals überhaupt niemand eine wissenschaftlich überprüfbare Vorstellung von der Entstehung des Lebens, das Ganze war völliges Neuland. Dann, in den frühen Fünfzigerjahren (anscheinend kam alles, was für dieses Buch wichtig ist, in den Fünfzigern in Gang), zeigte ein verblüffendes Experiment, dass Oparin und Haldane auf der richtigen Fährte gewesen waren.

1953 simulierten zwei Chemiker an der University of Chicago, Stanley Miller und Harold Urey, im Labor Umweltbedingungen, wie sie auf der jungen Erde geherrscht haben könnten. Sie nahmen einfache Moleküle wie Methan, Ammoniak, Wasserstoff und Wasser und steckten sie in einen Glaskolben. Diese Mischung sollte die frühe Erdatmosphäre nachbilden. Dann gaben sie Energie in Form elektrischer Entladungen hinzu. Das war ihre Laborversion von Blitzen, etwas, womit in jeder Atmosphäre zu rechnen wäre. Das, was dabei entstand, fingen sie in einem anderen Glaskolben auf. Das war ihre Version eines Tümpels irgendwo auf dem jungen Planeten.

Nachdem dieses Experiment eine Woche lang gelaufen war, stellten Miller und Urey fest, dass sich in ihrem nachgebildeten Tümpel eine bräunliche Suppe gesammelt hatte. Die chemische Analyse ergab, dass diese Suppe reich an präbiotischen Molekülen wie Glycin, Milchsäure und Harnstoff war. Das sind lauter wichtige Moleküle, die für die Prozesse des Lebens eine große Rolle spielen. Doch vor allem war ein erheblicher Anteil der Moleküle, die in der Suppe herumschwammen, Aminosäuren. Der Grundbaustein für die Proteine des Lebens war einfach so da, am Boden des Glaskolbens. Es schien fast, als bräuchten die

Wissenschaftler nur noch etwas länger zu warten, dann würde früher oder später eine Amöbe aus dem Kolben kriechen. Das uralte Problem um den Ursprung des Lebens schien kurz vor der Lösung zu stehen!

Das Miller-Urey-Experiment war ein gewaltiger Durchbruch, eine riesige Überraschung, und es wurde auf einen Schlag zum Klassiker der Biochemie. Für viele Wissenschaftlerinnen und Wissenschaftler war es der Beweis dafür, dass aus unbelebter Materie durch die natürlichen Prozesse der Physik und Chemie mit der Zeit die molekulare Basis für Leben entsteht. Viele waren bereit, den Sieg zu verkünden.

Doch die Sache erwies sich als ein bisschen komplizierter. Na gut, nicht nur ein bisschen. Aus weiteren Studien ging hervor, dass die Atmosphäre der frühen Erde nicht so beschaffen war, wie Miller und Urey angenommen hatten. Später erkannte man, dass andere Umweltbedingungen für die Entwicklung von Leben besser geeignet waren als warme Tümpel mit einer Ursuppe aus präbiotischen Molekülen. Manche Forschende konzentrierten sich beispielsweise auf vulkanische Schlote tief im Ozean, wo geschmolzenes Gestein auf Meerwasser trifft – dabei entsteht ein Gebräu aus genau den richtigen Chemikalien, damit biologische Prozesse in Gang kommen können. Auch das heiße Wasser spielt eine Rolle, denn bei Hitze kollidieren Moleküle schneller und öfter miteinander als bei Kälte. Je mehr zufällige Kollisionen, umso schneller läuft der ganze Prozess ab.

Wichtig war auch, dass die Forschung bald erkannte: Proteine allein genügen nicht. Das eigentliche Problem ist, die Replikation in Gang zu setzen. Berechnungen zeigten, dass die Entstehung von DNA durch zufällige Kollisionen länger dauern kann, als das Universum alt ist. Ungünstig. Das brachte die Wissenschaftlerinnen und Wissenschaftler auf den Gedanken, dass das erste Molekül, das sich selbst vervielfältigt hat, nicht unbedingt DNA gewesen sein muss. Sie richteten den Blick stattdessen auf die RNA (Ribonukleinsäure). RNA ist wie ein einzelner Strang der DNA-Doppelhelix mit einem kleinen chemischen Unterschied bei den Basen. RNA ist für die Maschinerie des Lebens von zentraler Bedeutung, weil sie die Baupläne von der DNA kopiert und die Information in die Proteinfabriken, die Ribosomen, überträgt. Mit dem neuen Fokus auf der RNA waren die Biologinnen und Biologen erfolgreicher. Die RNA-Welt-Modelle beginnen mit Computersimulationen von Umgebungen, die viele winzige RNA-Stränge enthalten – diese können durch Kollisionen in weniger als einer Sekunde zusammengesetzt werden. Die Modelle zeigen dann, dass die gleichen Kollisionen im Laufe von etwa dreihunderttausend Jahren auch viel längere und vor allem selbstreplizierende RNA-Sequenzen hervorbringen können. Das mag für uns ein langer Zeitraum sein, aber in der Frühgeschichte der Erde ist es nur ein Wimpernschlag.

Angesichts der Fortschritte vom Miller-Urey-Experiment zu modernen RNA-Welt-Computersimulationen ist der Erfolg der Abiogenese-Forschung vielleicht nur mehr eine Frage des Wann, nicht des Ob. Klar ist, dass die Natur weiß, wie die Bausteine des Lebens hergestellt werden. Aminosäuren wurden sogar schon in interstellaren Wolken entdeckt! Die nächste Frage ist, wie genau diese Bausteine durch zufällige Kollisionen zu etwas zusammengefügt werden, das sich selbst reproduzieren kann. Wenn die Replikation einmal läuft, kann das Spiel des Lebens richtig losgehen. Der Replikator erzeugt so viele Kopien von sich selbst, dass er sich bald gegen alle anderen chemischen Prozesse durchsetzen wird, die versuchen, Konzentrationen anderer Chemikalien aufzubauen. Wenn nun noch Mutation und Evolution dazukommen, kann der Replikator beginnen, bessere und interessantere Versionen von sich zu erschaffen. Wissenschaftlerinnen und Wissenschaftler haben sogar beobachtet, wie Lipide kleine Taschen oder Proto-Membranen bilden, während sie in anderen chemischen Substanzen herumschwimmen. Vielleicht hat irgendwann vor ungefähr vier Milliarden Jahren eine frühe Version eines replizierenden Moleküls angefangen, diese Lipidmembranen zu nutzen, um sich selbst zu schützen, und so könnte eine frühe Proto-Version einer Zelle entstanden sein.

Das Schlüsselelement in dieser ganzen Geschichte ist Zeit. Menschliche Wissenschaftlerinnen und Wissenschaftler können nicht länger als ein paar Jahrzehnte abwarten, um zu sehen, ob ihre Experimente funktionieren. Die Natur ist nicht so ungeduldig. Die präbiotische Suppe konnte Hunderttausende Jahre herumschwappen, und unzählige Kombinationen aus Molekülen konnten entstehen, bis irgendwann durch Zufall Selbstreplikation auftrat. Wenn Menschen infrage stellen, ob das Leben aus unbelebter Materie entstanden sein kann, berücksichtigen sie oft nicht die immensen Zeiträume, in denen sich dieser Prozess entwickelt hat. Wir reden hier über Hunderte Millionen Jahre. Das ist eine Million Mal länger, als Sie leben werden.[*]

Dank dem Miller-Urey-Experiment und den späteren Arbeiten verfügen wir heute über eine solide wissenschaftliche Grundlage, um zu verstehen, wie Leben aus unbelebter Materie hervorgehen kann. Die Möglichkeit der Abiogenese stellt kein Mysterium mehr dar. Zwar sind noch einige wichtige Fragen ungeklärt, aber wir kennen die grundlegenden Prozesse. Wir stehen somit auf festem Boden, wenn wir zurückblicken und uns damit beschäftigen, wie das Leben auf der Erde entstanden ist, oder wenn wir nach draußen ins Weltall schauen und überlegen, wie es auf anderen Welten entstanden sein könnte. Mit dieser molekularen Perspektive sollten wir gut gerüstet sein, um die Mechanismen außerirdischen Lebens zu verstehen, wenn wir Hinweise darauf finden.

## DIE OZEANMONDE:
### *Wer hätte das gedacht?*

Wenn die Jagd auf Leben zugleich auch die Jagd auf Wasser ist, dann verstecken sich draußen an den Rändern des Sonnensystems noch Kandidaten einer ganz anderen Kategorie. Denken Sie einmal an all die

Ozeane der Erde – die gewaltigen Tiefen des Atlantiks von Neufundland bis nach Irland im Norden und von der Spitze Argentiniens bis zum Horn von Afrika im Süden. Vergessen Sie auch nicht die endlose Weite des Pazifiks mit seinen abgründigen Unterwasser-Schluchten, die zehntausend Meter tief reichen. Stellen Sie sich all dieses Wasser vor, und nun bedenken Sie diese verrückte Tatsache über das Sonnensystem: Alles Oberflächenwasser auf der Erde entspricht nur etwa der Hälfte der Wassermenge auf Europa, einem kleinen Mond des Jupiters. Und Europa ist nur einer der Ozeanmonde im Sonnensystem.

Jupiter und Saturn sind selbst keine geeigneten Orte für die Entstehung von Leben. Diese riesigen Welten haben nämlich keine Oberfläche. Sie sind nichts als endlose Tiefen von Wasserstoff- und Heliumgas, und im Inneren wird der Druck so hoch, dass er U-Boote und sogar Diamanten zerquetschen könnte. Aber die Gasriesen haben große Familien sie umkreisender Monde. Die meisten davon sind nichts weiter als Asteroiden, die auf Umlaufbahnen gefangen sind. Doch einige wenige dieser Monde sind richtige kleine Welten. 1979 ließ die NASA Raumsonden am Jupiter vorbeifliegen, und die hochauflösenden Bilder, die diese Sonden von Europa – dem zweitnächsten Mond – lieferten, waren nichts weniger als eine Sensation.

Verglichen mit den meisten anderen Objekten im Sonnensystem ist Europas Oberfläche glatt wie ein Babypopo. Anders als auf den meisten anderen Monden gibt es fast keine Krater. Stattdessen zeigen die Bilder ein Netz aus Linien, die stark an Risse im arktischen Eis erinnern. Und genau das sind sie: Bald erkannten die Astronominnen und Astronomen, dass Europa, anders als die anderen Monde des Jupiters, zur Gänze von einer wenigstens zehn Kilometer dicken Eisschicht bedeckt ist! Unter dieser eisigen Hülle befindet sich ein Ozean aus flüssigem Wasser mit einer Tiefe von etwa hundert Kilometern. Europa ist ein Gesteinsmond, der ganz von einem tiefen Ozean mit einer dicken Eisschicht an der Oberfläche bedeckt ist.

Die Erkenntnis, dass es auf Europa so viel Wasser gibt, stellte die Erwartungen bezüglich Leben im Sonnensystem auf den Kopf. Jupiter und Saturn befinden sich weit außerhalb der habitablen Zone um die Sonne, deshalb hatte niemand sie je ernsthaft als Orte für Leben in Betracht gezogen. Aber mit dem Ozean auf Europa hatte die Wissenschaft eine weitere Welt innerhalb des Sonnensystems entdeckt, auf der die wichtigste Ressource für Leben vorhanden ist. Plötzlich stand die Frage nach Leben auf Europa groß im Raum. Allerdings könnte kein Sonnenlicht je durch Europas zehn Kilometer dicke Eisdecke dringen. Woher könnte in Abwesenheit von Licht die Energie für eine Biosphäre auf Europa kommen?

Die Antwort liefert eine unserer anderen Kräfte: die Gravitation.

Jupiter ist ein riesiger Planet, er hat dreihundertsiebzehn Mal so viel Masse wie die Erde. Die Anziehungskraft all dieser jovianischen Materie zieht und dehnt das Innere von Jupiters Monden, auch von Europa. Es handelt sich dabei um den gleichen Prozess, der auf unserer Erde die Gezeiten der Ozeane bewirkt – diese entstehen hauptsächlich durch die Anziehungskraft des Mondes. Die Gezeitenkräfte des Jupiters dehnen und quetschen den Gesteinskern Europas, wenn der Mond sich auf seiner Umlaufbahn bewegt. Und all dieses Dehnen und Quetschen heizt den Mond so auf, dass ein Teil des Gesteins im Inneren schmilzt. Diese Hitze ist eine Energiequelle, die etwaiges Leben auf Europa nutzen könnte.

Auf der Erde hat das Leben vielleicht an Thermalschloten in der Tiefsee seinen Anfang genommen, wo Hitze und geschmolzenes Gestein durch die Planetenkruste nach oben dringen. Dasselbe könnte auf Europa geschehen sein oder jetzt gerade geschehen. Tief in der dunklen Welt des eisüberzogenen Ozeans auf diesem Mond könnte es riesige Ökosysteme geben, die ihre Energie aus Thermalschloten beziehen. Wer weiß, was für Geschöpfe die Evolution hervorgebracht haben könnte, die dort unten von der Hitze und der verrückten Chemie leben, die möglich wird, wenn geschmolzenes Gestein auf flüssiges Wasser trifft. Aber so aufregend diese Idee auch sein mag, Europa ist nicht der einzige Ort, wo sich ein derartiges Spektakel abspielen könnte.

Enceladus ist ein kleiner Mond, der um den beringten Gasriesen Saturn kreist. 2005 nahm die Raumsonde Cassini aus einer Umlaufbahn um den Saturn Bilder auf, die die astronomische Welt erschütterten. Man sieht darauf Wasserfontänen von mehreren Hundert Kilometern Länge aus tiefen Rissen in der südlichen Hemisphäre von Enceladus ins All schießen. Wieder war ein Ozean unter der Oberfläche eines Planeten entdeckt worden. Als die Wissenschaftlerinnen und Wissenschaftler Cassini durch die Fontänen fliegen ließen, ermittelten die Instrumente der Raumsonde, dass das Wasser Salz und noch weitere Bestandteile enthielt. Das Hinzufügen von Salz zu Wasser verändert dessen Eigenschaften in einer Weise, von der die Wissenschaft annimmt, dass sie für die Entstehung von Leben wichtig ist. Zum Beispiel gefriert eine salzige Lake nicht so leicht wie salzfreies Wasser. Auf diese Weise könnten darin selbst in sehr kalter Umgebung biochemische Vorgänge ablaufen.

Gibt es also Leben auf diesen Monden? Ich hoffe es so sehr. Das wäre einfach fantastisch. Aber ich will Ihnen nichts vormachen – dieses Leben, sofern es existiert, wird nicht leicht zu finden sein. Gewissheit können wir möglicherweise nur erlangen, indem wir Landefähren über fast tausend Millionen Kilometer zum Jupiter beziehungsweise über anderthalbtausend Millionen Kilometer zum Saturn schicken. Und dann? Sollen sie sich durch kilometerdickes Eis bohren? Oder Löcher hineinschmelzen? Es fällt schwer, sich die Technologie vorzustellen, die für das eine oder andere nötig wäre. Um den besten Weg zu finden, brauchen wir Zeit, Erfindergeist und Geld.

Die wichtigste Erkenntnis ist aber: Wenn diese Ozeanmonde in unserem Sonnensystem existieren, dann gibt es sie wahrscheinlich auch in anderen. Das eröffnet eine Menge Möglichkeiten für Leben und sogar für Intelligenz. Könnten auf solchen vereisten Ozeanmonden technologische Zivilisationen entstehen? Wie wären sie beschaffen? Wie würden sie sich das Universum vorstellen, wenn sie nicht einmal die Sterne sehen können? Gelingt es ihnen jemals, dem Eis zu entkommen? Diese Fragen bewegen sich an den Grenzen der Wissenschaft und unseres Vorstellungsvermögens. Was wir jedoch mit Sicherheit sagen können, ist, dass die Ozeanmonde in unserem eigenen Sonnensystem real sind. Und das verändert die Chancen auf außerirdisches Leben im Kosmos in einer Weise, wie es sich vorher niemand hätte träumen lassen.

## EXOPLANETEN:
### *Die Revolution wird teleskopiert*

Existieren andere Planeten außerhalb unseres Sonnensystems? Diese Frage ist so alt wie die nach Leben. Im Laufe von 99,9 Prozent der menschlichen Geschichte wusste niemand, ob unser Sonnensystem mit seinem zentralen Stern und seiner Weltenfamilie ein Ausreißer ist oder die Norm. Es war durchaus denkbar, dass Planeten wie die Erde oder der Jupiter nur unter ganz besonderen Bedingungen entstehen, sodass unser Sonnensystem eine Art extrem seltenes Juwel in der Galaxis wäre. Andererseits konnte es auch sein, dass Planeten ganz leicht entstehen, und dann wäre unser Sonnensystem stinknormal. Herausfinden konnte man es nur, indem man einen Planeten entdeckte, der um einen anderen Stern kreist.

Planeten sind ziemlich klein und Sterne ziemlich groß. Das erklärt auch schon, weshalb es so schwer war, Planeten außerhalb unseres Sonnensystems zu finden. Mittels direkter Bildgebung einen Planeten in einer Umlaufbahn um einen fernen Stern ausmachen zu wollen, ist in etwa so, als würde man von San Francisco nach New York City schauen und ein einzelnes Glühwürmchen finden wollen, das um einen Scheinwerfer im Stadion Citi Field schwirrt (Go, Mets!). Viel Glück dabei. Dieses Problem ist eine so harte Nuss, dass Menschen jahrhundertelang nach anderen Möglichkeiten gesucht haben, Exoplaneten zu detektieren. Und jahrhundertelang sind sie immer wieder gescheitert.

Weil Leben auf Planeten entsteht, war die Suche nach Planeten außerhalb unseres Sonnensystems von jeher ein wichtiges Anliegen der Astronomie. In der Geschichte wimmelt es von Leuten, die sich ihre astronomische Karriere durch die Behauptung ruiniert haben, sie hätten einen Exoplaneten detektiert. Noch in den 1960er-Jahren brach es so manchem Wissenschaftler den Hals, wenn er die Entdeckung eines Exoplaneten verkündete und niemand ihm zustimmte. Was hat sich seither verändert, das es Astronominnen und Astronomen endlich ermöglicht, einen Exoplaneten zu »sehen«? Präzisionstechnologie. Der erste Exoplanet wurde entdeckt, indem man beobachtete, dass der Stern ein wenig hin und her schwang – ein vergleichsweise winziger Effekt, verursacht durch die Anziehungskraft des Planeten. Diese sogenannte Radialgeschwindigkeitsmethode erfordert unfassbar empfindliche Instrumente. Und sie erfordert einen Planetentyp, den es in unserem Sonnensystem nicht gibt. Nachdem wir erst einmal andere Sonnensysteme gefunden hatten, stellte sich heraus, dass wir die Exoten sind.

Wie Sie vielleicht noch aus dem Erdkundeunterricht der fünften Klasse wissen, ist das Sonnensystem hübsch geordnet: Innen befinden sich die Gesteinsplaneten und außen die Gasriesen. Die inneren Planeten sind relativ klein und haben enge Umlaufbahnen, die dicht beieinanderliegen. Merkur braucht für einen Umlauf nur achtundachtzig Tage, während es beim Mars ungefähr sechshundertsiebenundachtzig Tage sind. Die äußeren Gas- und Eisriesen sind viel größer und haben so weite Umlaufbahnen, dass ein Umlauf viele Jahrzehnte dauern kann. In Ermangelung anderer Anhaltspunkte war es nur vernünftig, davon auszugehen, die meisten Sonnensysteme seien ähnlich aufgebaut. Aber die Natur ist nicht vernünftig.

Der erste Exoplanet, den wir entdeckt haben, bekam den Namen 51 Pegasi b, weil er um den Stern 51 Pegasi kreist. Er ist so groß wie der Jupiter. Er braucht für einen Umlauf nur vier Tage und ist damit seinem Stern fast zehnmal näher als der Höllenplanet Merkur unserer Sonne. Die Wissenschaft gab dieser neuen Planetenklasse den fantasievollen Namen Hot Jupiter, auf Deutsch auch Heißer Jupiter. Hot Jupiters sind besonders leicht zu detektieren, weil sie eine gewaltige Masse und zugleich eine extrem enge Umlaufbahn haben, sodass sie eine besonders starke Schwingung des Heimatsterns verursachen. Dadurch kann man sie mit der Radialgeschwindigkeitsmethode gut erkennen. Schon bald wurden zahlreiche weitere Hot Jupiters entdeckt.

Dann wurde alles noch sonderbarer.

Als die 1990er- in die 2000er-Jahre übergingen, fügte die Astronomie ihrem Werkzeugarsenal neue Techniken zum Aufspüren von Planeten hinzu. Die wichtigste neue Errungenschaft bestand darin, quasi nach der exoplanetaren Entsprechung einer Sonnenfinsternis Ausschau zu halten: Wenn ein Planet vor seiner Sonne vorbeiwandert, blockiert er einen winzigen Teil vom Licht des Sterns. In der Astronomie nennt man diese Mini-Sonnenfinsternis einen Transit, und als das zweite Jahrzehnt des neuen Jahrtausends anbrach, nutzten Astronominnen und Astronomen die Transit-Methode bereits, um massenhaft weitere Exoplaneten zu detektieren. Die Flut von Neuentdeckungen hatten wir hauptsächlich einem wackeren kleinen Weltraumteleskop namens Kepler zu verdanken. Vor der Kepler-Mission kannten wir ein paar Hundert Exoplaneten. Nur drei Jahre nach seiner Inbetriebnahme hatte Kepler die Zahl bereits in die Tausende gesteigert.

Viele der neu entdeckten Planeten waren so bizarre Exemplare, dass wir nur staunen konnten. Die meisten Sterne im Universum sind kleiner und viel weniger hell als die Sonne, deshalb nennt man sie Zwergsterne. Planeten in der habitablen Zone um Zwergsterne sind ihrem Stern so nah, dass sie nur wenige Wochen bis einen Monat für einen Umlauf brauchen. (Das heißt, ihr Jahr ist vielleicht nicht viel länger als eine Woche.) Weil er so nah ist, erscheint der Stern auf der Tagseite des Planeten außerdem riesig im Vergleich zu unserer Sonne, die etwa so groß wirkt wie eine Fünfzig-Cent-Münze, die man auf Armeslänge von sich hält. Und da wir gerade von der Tag- und Nachtseite sprechen: Eine der seltsamsten Eigenschaften der habitablen Planeten von Zwergsternen ist, dass die Sonne an ihrem Himmel nicht wandert. Ein Planet in der habitablen Zone eines Zwergsterns kann eine so enge Umlaufbahn haben, dass die Schwerkraft des Sterns die Rotation des Planeten blockiert. Das heißt, dass immer dieselbe Seite des Planeten zum Stern zeigt. Und so steht auf der Tagseite des Planeten die Sonne immer genau an derselben Stelle am Himmel. Auf der Nachtseite herrscht ewige Nacht. Jedes Leben, das auf solchen Planeten entsteht (sofern dort Leben entstehen kann), muss also ohne Tag-Nacht-Zyklus auskommen. Kann es auf der dunklen Seite überhaupt Leben geben, ganz ohne Sonnenlicht? Wie steht es mit dem Klima? Wie funktioniert das Wetter auf einer Welt, wo es auf der Tagseite immer Mittag ist und auf der anderen Hälfte immer Mitternacht? Was ist mit Fotosynthese? Können sich auf einem Planeten, der um einen Zwergstern kreist, Pflanzen entwickeln, die Sternenlicht nutzen? Solche Sterne sind viel röter als unsere gelbe Sonne, weshalb wir sie auch Rote Zwergsterne nennen. Planeten Roter Zwerge haben uns gezeigt, was für extreme Umweltbedingungen selbst auf Exoplaneten in der habitablen Zone herrschen können.

Die wichtigste Entwicklung war jedoch der beginnende Planetenzensus. Bis Anfang der 2010er-Jahre hatten Astronominnen und Astronomen genügend Daten über Planeten gesammelt, um mit den statistischen Auswertungen anzufangen. Während 1992 noch niemand wusste, ob überhaupt irgendein anderer Stern von Planeten umkreist wird, hatte die Menschheit im Jahre 2012 Gewissheit darüber, dass so ziemlich jeder Stern am Himmel eine Familie von Welten um sich hat.

Jeder. Einzelne. Stern.

Denken Sie daran, wenn Sie das nächste Mal in den Nachthimmel schauen. Fast jeder Stern, den Sie sehen, wird von wenigstens einer Welt umkreist. Höchstwahrscheinlich sogar von einer ganzen Weltenfamilie. Und was noch erstaunlicher ist: Dank der neuen planetarischen Demografie können wir mit Gewissheit sagen, dass etwa einer von fünf Sternen einen Planeten in einer habitablen Umlaufbahn hat, das heißt in einer Umlaufbahn, wo auf der Planetenoberfläche Wasser in flüssiger Form existieren und somit auch Leben entstehen kann. Wenn Sie nachts nach draußen gehen und fünf Sterne anschauen, wird wahrscheinlich einer von ihnen von einer Gesteinswelt umkreist, wo vielleicht Nebel durch Täler zieht, Wellen an Ufer branden und vielleicht, ganz vielleicht gerade jemand wie Sie ins Licht der Sterne schaut.

Die Exoplaneten-Revolution hat unsere Suche nach außerirdischem Leben von Grund auf verändert. Sie hat aus unserer Sicht die Wahrscheinlichkeit, dass solches Leben existiert, immens gesteigert, und dank ihr wissen wir nun genau, wo und wie wir danach suchen müssen. Exoplaneten zu finden, zählt zu den größten Errungenschaften der menschlichen Kultur, und wir sind damit auf dem besten Weg zu etwas, das – wenn es denn geschieht – die größte Entdeckung aller Zeiten sein wird.

## PLANETEN AUSSER RAND UND BAND:

### *Das Rätsel um Supererden*

Es ist schwer einzuschätzen, was man erwarten soll, wenn man nichts hat, woran man sich orientieren könnte. Die ganze Menschheitsgeschichte hindurch kannten wir nie andere Beispiele für Planeten als die in unserem Sonnensystem. Wie sollen wir aufgrund dieser spärlichen Erfahrung beurteilen, was normal ist und was außergewöhnlich? Ist die Erde ein durchschnittlich großer Planet? Ist ihre Position relativ zur Sonne so, wie wir es bei den meisten Planeten erwarten dürfen, insbesondere bei denen, auf denen nach unserer Einschätzung Leben entstehen kann? Man geht gern davon aus, das, was man kennt, sei normal, bis man andere Erfahrungen macht.

Während immer neue Exoplaneten in den Zensus einflossen, gewannen die Astronominnen und Astronomen einen besseren Überblick darüber, welche Planetenklassen häufig sind und welche selten. Nach ein paar Jahren hatten sie genug Daten, um den durchschnittlichen Planeten der Galaxis zu definieren. Das Ergebnis war äußerst überraschend. Es gibt einen Planetentyp, der ziemlich häufig vorkommt, aber in unserem Sonnensystem existiert kein Vertreter dieses Typs.

Um uns ein gutes Bild vom Durchschnittsplaneten der Galaxis zu machen, sollten wir uns noch einmal vergegenwärtigen, womit unser eigener kleiner Winkel des Universums bestückt ist. Unser Sonnensystem hat acht Planeten. (Bitte kommen Sie mir jetzt nicht mit Pluto, okay?) Diese acht Planeten fallen in drei Hauptklassen. Erstens sind da die terrestrischen Welten: Merkur, Venus, Erde und Mars. Diese sind Gesteinsplaneten mit relativ dünner Atmosphäre. Das heißt, die Atmosphäre wiegt im Vergleich zum Rest des Planeten nicht viel. Die massereichste terrestrische Welt ist die Erde. (Erde vor! Wir sind die Größten!) Aber die eigentlichen Schwergewichte unseres Sonnensystems sind die Gasriesen Jupiter und Saturn. Diese sind, wie der Name schon sagt, riesige Kugeln aus Wasserstoff- und Heliumgas. Jupiter hat im Vergleich zur Erde dreihundertmal so viel Masse und einen elfmal so großen Durchmesser. Saturn bringt es auf rund hundert Erdmassen und zehn Erddurchmesser. Und schließlich haben wir noch die Eisriesen, Uranus und Neptun. Diese Welten sind von einer eisähnlichen Mischung aus Wasser, Ammoniak, Methan und Gesteinsbrocken bedeckt und haben im Inneren einen ziemlich großen Gesteinskern. Uranus und Neptun sind ungefähr gleich groß, wobei Uranus rund vierzehnmal so viel Masse wie die Erde und einen rund viermal so großen Durchmesser hat.

Was wir von diesem kleinen Exkurs festhalten sollten, ist, dass es in unserem Sonnensystem keine Planeten gibt, deren Masse zwischen dem Einfachen und dem Vierzehnfachen der Erdmasse liegt – nichts, nada, zilch. Wenn man es nicht besser wüsste und nur unser Sonnensystem als Anhaltspunkt hätte, könnte man denken, dass die Natur einfach keine Planeten in dieser Größenordnung hervorbringt. Doch das wäre ein gewaltiger Irrtum. Möchten Sie mal raten, welche Masse der häufigste Planetentyp im Universum hat? Genau, sie liegt zwischen einer und vierzehn Erdmassen. Anscheinend hat der Kosmos Sinn für Humor.

Heute können wir mit großer Gewissheit sagen, dass die Masse der meisten Planeten irgendwo zwischen dem Ein- und Zehnfachen der Erdmasse liegt. Warum ist das wichtig? Es spielt eine Rolle für das Leben. Denken Sie an die gewaltigen Unterschiede zwischen Riesenplaneten (Gas- oder Eisriesen) und Gesteinsplaneten. Die Astronomie ist ziemlich sicher, dass sich auf einem Riesenplaneten niemals Leben entwickeln wird. Die Liste an Gründen für diese Annahme ist lang, wobei ein wichtiger Punkt ist, dass Gas- und Eisriesen nicht einmal eine Oberfläche haben. Zwar können wir nicht ausschließen, dass dort Leben entstehen kann, aber es ist doch sehr unwahrscheinlich angesichts des hohen Drucks und der extremen Temperaturen, die auf diesen Riesenwelten herrschen, im Vergleich zu Planeten mit Oberfläche und flüssigem Wasser darauf.

Nun müssen Astronominnen und Astronomen also Überlegungen zu einer gänzlich anderen Art von Planeten anstellen. Sie nennen diese Welten Supererden, weil ihre Masse größer ist als die der Erde, aber geringer als die des Neptuns. Was genau ist eine Supererde, und vor allem, ist sie ein günstiger Ort für Leben? Diese letzte Frage ist die eigentlich wichtige. Da Supererden der häufigste Planetentyp sind, wäre es wirklich großartig, wenn sie anheimelnde Orte wären, an denen die Biologie in Gang kommen kann.

Die aufregende Antwort auf beide Fragen lautet: Niemand weiß es. Supererden könnten Planeten mit felsiger Oberfläche und relativ dünner Atmosphäre sein. In diesem Fall wären sie wie unsere Welt, nur in größerem Maßstab. Wenn sich auf einer solchen Supererde Leben entwickeln würde, müsste es mit der hohen Schwerkraft des Planeten zurechtkommen. Das könnte etwa bedeuten, dass jedes Tier entweder dicke Beine haben müsste wie ein Elefant oder bodennah gebaut wäre wie ein Krokodil. Das wäre ziemlich cool. Aber weil die Atmosphäre stärker an die Oberfläche angezogen würde, wäre die Luft auf einer Supererde vielleicht so dicht, dass man fliegen könnte, indem man einfach mit den Armen wedelt (oder so ähnlich). Auch das wäre ziemlich cool.

Supererden könnten aber auch mehr den Eisriesen ähneln, mit einer dicken äußeren Schicht aus einem Gas-Eis-Gemisch. Der Kern einer solchen Welt würde vielleicht nicht aus geschmolzenem Gestein und Eisen bestehen wie bei der Erde, sondern aus Wasser unter so immensem Druck, dass neue Arten von Eis entstehen würden. Eine solche Supererde sieht auf den ersten Blick eher nicht nach einem geeigneten Ort für die Entstehung von Leben aus.

Derzeit können die Astronominnen und Astronomen noch nicht sagen, zu welchem Planetentyp die meisten Supererden gehören. Wir haben gerade erst angefangen, sie mit leistungsstarken, hochauflösenden Teleskopen der neuesten Generation zu beobachten, die uns helfen sollen zu klären, in welche Kategorie von Planeten Supererden fallen. Außerdem können wir mit Anordnungen extrem starker Laser in Laborexperimenten die Bedingungen in Supererden nachbauen (so etwas tun wir Forschenden in dem riesigen Labor für Laserenergie an der University of Rochester). Dass wir keine Supererde in unserem Sonnensystem haben, die wir aus der Nähe betrachten und untersuchen könnten, macht das Problem allerdings zu einer wirklich großen Herausforderung. Aber schließlich lieben Wissenschaftlerinnen und Wissenschaftler nichts mehr als Herausforderungen. Werden Supererden sich als super günstige Orte für die Entstehung von Leben erweisen? Sind sie als verbreitetste Planetenart im Sonnensystem auch die Planetenart, auf der wir außerirdische Zivilisationen vermuten können? Wenn ja, wie wird die immense Größe dieser Superwelten sich darauf auswirken, was für Lebensformen und was für Zivilisationen darauf heimisch sind? Das sind die Fragen, die auf uns warten, wenn wir nun diese bemerkenswerten und unerwarteten Planeten genauer in den Blick nehmen.

## SCHNEEBALL- UND OZEANWELTEN:
### *Der Winter kommt und die Flut auch*

Wenn ich blaumache, gehe ich manchmal ins Rochester Museum and Science Center und besuche meinen guten Freund, den riesigen behaarten Elefanten. Er ist ein Mastodon und entsprechend schon lange tot, aber deshalb nicht minder beeindruckend. Drei Meter groß, sechs Tonnen schwer, mit dichtem, verfilztem Fell und langen Stoßzähnen. Er und seinesgleichen lebten früher massenhaft in dieser Gegend. Jetzt sind seine Verwandten für immer verschwunden. Ich besuche ihn immer wieder, um mich an etwas zu erinnern, vor dem es mich wirklich gruselt: Eiszeiten. Vor nur zwanzigtausend Jahren befand sich meine kleine Stadt im Norden des Bundesstaats New York unter einem mehr als drei Kilometer dicken Gletscher. Lassen Sie es mich noch einmal sagen, damit Sie es sich wirklich bewusst machen: Rochester, New York, war von einer massiven, rund drei Kilometer dicken Eisschicht bedeckt.

Wahnsinn!

Eiszeiten sind planetarische Ereignisse. Im Laufe der letzten paar Millionen Jahre waren die nördlichen Regionen der Erde die meiste Zeit fast vollständig von Gletschern bedeckt. Diese Eiszeiten können mehrere Hunderttausend Jahre anhalten, ehe die Gletscher schmelzen. In den zehntausend Jahre dauernden Interglazialen, den Warmzeiten zwischen den Eiszeiten, können interessante Dinge passieren – wie zum Beispiel die gesamte menschliche Zivilisation. Vergletschern, schmelzen und das Ganze wieder von vorn: Das ist eine Eiszeit.

Die Vorstellung, dass eine kilometerdicke Eisdecke hunderttausend Jahre lang alles von Seattle bis Long Island bedeckt hat, ist ziemlich abgefahren. Deshalb haben Geologinnen und Geologen auch einige Zeit gebraucht, ehe sie die Beweise dafür anerkannten, dass es diese Eiszeiten in der Vergangenheit unseres Planeten wirklich gegeben hat. Heute steht die Geowissenschaft allerdings vor einer weiteren verstörenden Erkenntnis: Lange vor diesem Eiszeitalter gab es Phasen, in denen der gesamte Planet von Eis bedeckt war. Diese Zeitabschnitte in der Erdgeschichte, genannt Schneeball-Phasen, sind ein drastisches Beispiel für Klimawandel, und sie hatten möglicherweise tiefgreifende Auswirkungen auf das Leben auf unserem Planeten. Wenn der ganze Globus gefroren ist, stellt das die Evolution vor erhebliche Herausforderungen. Diese Phasen maximaler Tiefkühlung sind allerdings nicht nur für die Geschichte des Lebens auf der Erde wichtig, sondern auch für unsere Suche nach außerirdischem Leben. Was hier geschehen ist, kann auch anderswo geschehen, und das heißt, in der Astronomie müssen wir nun die Frage stellen, ob es in der Galaxis vielleicht von Schneeballwelten nur so wimmelt.

Es gibt Hinweise darauf, dass die Erde drei separate Schneeball-Phasen durchlaufen hat. Zwei ereigneten sich in relativ junger Vergangenheit, vor einer Dreiviertelmilliarde beziehungsweise einer halben Milliarde Jahren. Die längere dieser Phasen hielt die Erde möglicherweise rund hundert Millionen Jahre lang in vereistem Zustand. Lange davor, vor etwa zwei Milliarden Jahren, könnte es auch schon eine Schneeball-Phase gegeben haben, die sogar noch länger andauerte. Während dieser sehr langen Winter, die *Game of Thrones* weit in den Schatten stellen, müssen alle Kontinente unter kilometerdicken Gletschern begraben gewesen sein. Den Meeren erging es nicht besser, auch sie waren von einer massiven Eisschicht bedeckt, die wenigstens zehn Meter dick war.

Das Einsetzen einer Schneeball-Phase ist ein gefährlicher Moment für den Planeten. Wenn das Eis es einmal schafft, eine ganze Welt zu bedecken, kann es schwierig werden, es je wieder zum Schmelzen zu bringen. Dass wir die physikalischen, chemischen und geologischen Hintergründe dieser Vorgänge verstehen, verdanken wir dem Wissenschaftsbereich der planetarischen Klimaforschung. Untersuchungen von Mars, Venus und der Erde haben den Forschenden bemerkenswert umfassende Erkenntnisse darüber verschafft, wie Klima auf Planeten im Allgemeinen funktioniert – und auch ein Verständnis des Klimawandels, den wir Menschen gegenwärtig vorantreiben. In der Praxis heißt das, wir verstehen, wie das Zusammenwirken von Sonnenlicht, der Rotation eines Planeten, seinen atmosphärischen Strömungen und Ozeanströmen sowie seiner Chemie den Klimazustand der jeweiligen Welt bestimmt. Unter Klimazustand versteht man die durchschnittlichen Wetterbedingungen auf einem ganzen Planeten über Zeiträume von Tausenden bis hin zu Millionen Jahren. Zum Beispiel fällt die Entwicklung der menschlichen Zivilisation in die geologische Epoche, die wir Holozän nennen. Sie dauert nun seit rund zehntausend Jahren an. Der Klimazustand des Holozäns war bisher relativ warm und relativ feucht, das bedeutet ausgezeichnete Bedingungen für so etwas wie stabile Landwirtschaft. In Eiszeiten herrscht ein anderer Klimazustand. Die Erde wird dann überwiegend kalt und trocken. Die Trockenheit entsteht dadurch, dass ein Großteil des Wassers in Gletschern gebunden ist. Während der Eiszeiten gefriert so viel Wasser zu Gletschern, dass die Meeresspiegel gut hundert Meter unter den heutigen Stand fallen können. Das entspricht der Höhe eines vierzigstöckigen Hochhauses.

Wenn eine Schneeball-Phase einmal in Gang gekommen ist, können selbstverstärkende Prozesse einsetzen, wie bei einem Schneeball, der zur Lawine wird. Durch den vielen Schnee reflektiert der Planet nämlich mehr Sonnenlicht. Es wird also in den Weltraum zurückgeworfen, anstatt den Boden zu erwärmen, und so sinkt die Temperatur auf dem Planeten weiter. Mit anderen Worten: Schnee begünstigt weiteren Schneefall. In der Klimawissenschaft nennt man das einen Runaway-Effekt, und es erklärt, wie ein Planet in einen Zustand der Vereisung geraten kann, aus dem er irgendwann nicht mehr herauskommt. Die einzige Möglichkeit, den Planeten wieder zu erwärmen, besteht darin, dass durch Vulkanismus und andere Prozesse mehr Treibhausgase in die Atmosphäre gelangen. Anscheinend wurde die Erde auf diese Weise gerettet. Vulkane haben genug Kohlendioxid in die Luft gehustet, um die Temperatur langsam wieder ansteigen zu lassen und die Gletscher zum Schmelzen zu bringen. Aber Klimamodelle von Exoplaneten deuten darauf hin, dass die Erde möglicherweise schlichtweg Glück hatte. Computersimulationen zu anderen, erdähnlichen Planeten zeigen, dass ein Planet auch für immer in einem tiefgekühlten Zustand gefangen bleiben kann. Wenn das zutrifft, sind Schneeballwelten vielleicht sogar unter sehr erdähnlichen Planeten in habitablen Zonen keine Seltenheit. Im Film *Interstellar* ist der Planet, auf dem Matt Damons böser Charakter festsitzt, allem Anschein nach eine Schneeballwelt.

Kann es auf einer Schneeballwelt Leben geben? Wenn es entstanden ist, bevor die Schneeball-Phase eintrat, könnte es dann überleben und weiter gedeihen? Und – weitergedacht – könnte sich das Leben auf einer Schneeballwelt sogar zu einer technologischen Zivilisation entwickeln? Es erscheint durchaus möglich, dass mikrobisches Leben in einer solchen Tiefkühltruhe problemlos weiterbestehen kann. Wissenschaftlerinnen und Wissenschaftler haben in der Antarktis eine Fülle von Kleinlebewesen entdeckt. Aber bei höheren Tieren sieht die Sache möglicherweise anders aus. Wenn ein Planet zum Schneeball wird, bevor sich komplexes, vielzelliges Leben entwickelt hat, könnte die Kälte zu einer Art energetischen Hürde werden, die verhindert, dass größere Lebensformen auftreten. Die Evolution könnte kleinere, weniger wärmehungrige Organismen begünstigen. Das würde bedeuten, dass eine in der Schneeball-Phase gefangene Welt vielleicht keine zivilisationsbildenden Aliens hervorbringt.

Wenn jedoch der Planet erst zum Schneeball wird, nachdem sich bereits eine intelligente Spezies entwickelt hat, wäre es denkbar, dass diese Spezies Mittel und Wege findet, weiterzuleben und sogar zu gedeihen. Es gibt keinen inhärenten Grund, weshalb solche Schnee-Aliens keine Technologie entwickeln könnten, sofern sie Zugang zu den nötigen Ressourcen haben. Unser erster Kontakt könnte also mit Außerirdischen stattfinden, deren Raumschiffe fliegenden Gefrierschränken ähneln.

Wie viel Eis sich auf einem Planeten bilden kann, hängt natürlich davon ab, wie viel Wasser vorhanden ist. Ein Wüstenplanet könnte niemals zu einer Schneeballwelt werden. Als die Exoplaneten-Revolution ihren Lauf nahm und Astronominnen und Astronomen einen Zensus der Tausenden neuen Welten vornahmen, die sie in der Galaxis entdeckt hatten, erkannten sie, dass ein Merkmal unserer Erde ganz besonders heraussticht.

Sie ist blau und braun.

Rund drei Viertel der Erdoberfläche sind Ozean. Der Rest ist Land. Das bedeutet, wenn man alle großen Vertiefungen mit dem Wasserbestand der Erde gefüllt hat, erheben sich die Kontinente immer noch hoch genug, um nicht überflutet zu werden. Abgesehen von Regen, Flüssen und einigen Seen bleibt das Festland trocken. Und auf diesem trockenen Boden haben sich viele entscheidende Schritte der Evolution abgespielt, unter anderem die Entwicklung großer Gehirne, die den Aufbau von Zivilisationen möglich machen.

Warum hat die Erde nur so viel Wasser abbekommen und nicht mehr? Wäre der $H_2O$-Vorrat des Planeten größer gewesen, dann gäbe es – von ein paar Berggipfeln abgesehen – überhaupt kein Festland. Wir hätten dann eine Ozeanwelt. Heute nehmen Astronominnen und Astronomen an, dass diese Art Planet vielleicht viel häufiger ist als die Kombination aus Festland und Wasser, die wir bekommen haben.

Um zu verstehen, warum Ozeanwelten existieren können, muss man zuerst fragen, wie Welten überhaupt zu ihrem Wasser kommen. Planeten werden aus scheibenförmigen Gas- und Staubwolken im Maßstab von Sonnensystemen geboren, die neu entstandene Sterne umgeben. Terrestrische Planeten (also Gesteinswelten wie die Erde) werden langsam aufgebaut, indem Staubpartikel in diesen Scheiben miteinander kollidieren und sich zu Steinen verbinden, die um den Stern kreisen. Diese Steine kollidieren wiederum, und es entstehen größere Gesteinsbrocken, die sich durch Kollision zu Körpern in der Größe von Asteroiden verbinden (mit zig Kilometern Durchmesser), und immer so weiter bis zur Größenordnung von Planeten wie Merkur, Mars, Erde und Venus. Der ganze Prozess dauert etwa zehn bis hundert Millionen Jahre, und bei all diesen Kollisionen wird eine Menge Wärme freigesetzt. Sämtliche $H_2O$ -Moleküle, die zu Beginn des Entstehungsprozesses da waren, sind wahrscheinlich verdampft, bis der Planet fertig ist, deshalb dürften die meisten Gesteinswelten bei ihrer Geburt knochentrocken sein. Alles Wasser, das später auf der betreffenden Welt zu finden ist, muss also nach der Entstehung des Planeten irgendwie »angeliefert« worden sein. Die Lieferanten sind Kometen und Asteroiden.

Insbesondere Kometen sind die Schneebälle des Universums. Ein typischer Komet kann viele Milliarden Tonnen Eis enthalten, vermischt mit Gesteinsmaterial.[1] Damit genügend Wasser auf unsere Erde gelangen konnte, um die Ozeane zu füllen, müssten Millionen Kometen eingeschlagen sein. Wenn uns das viel erscheint, dann nur deshalb, weil die unfassbare Gewalt in der Frühgeschichte der Erde und die riesigen Zeitspannen unser Vorstellungsvermögen übersteigen. Auch Asteroiden können große Mengen Wasser enthalten. Während der ersten halben Milliarde Jahre wurde die Erde ständig mit Sonnensystem-Bauschutt wie Kometen und Asteroiden bombardiert. Und wir sprechen hier von Kollisionen, von denen eine einzige heute genügen würde, um uns vom Angesicht des Planeten zu tilgen. Aber damals, bevor das Leben entstand, waren regelmäßige Kometen- und Asteroideneinschläge normal. Wenn Sie einmal nachrechnen, werden Sie feststellen, dass schon wenige

Kometen oder Asteroiden alle tausend Jahre oder so gereicht hätten, um genug Wasser für unsere heutigen Ozeane auf die Erde zu bringen.

Aber warum sollte es bei ein paar Kometen alle tausend Jahre bleiben? Es ist leicht vorstellbar, dass in einem anderen Sonnensystem ein junger Gesteinsplanet die doppelte Menge abbekommen hat. Oder auch die fünf- oder zehnfache Menge – warum nicht? In solchen Fällen wäre am Ende so viel Wasser auf dem Planeten, dass er unweigerlich zur Ozeanwelt würde. Alle Kontinente lägen vollständig unter Wasser. Würde man hingegen die Anzahl der Kometen, die auf einem Planeten einschlagen, verglichen mit der Erde um den Faktor zehn verringern, dann kämen nur noch ein paar Seen zustande. Man hätte dann eine Wüstenwelt wie Arrakis im Roman *Der Wüstenplanet*. Wenn man all das zusammen betrachtet, drängt sich der Schluss auf, dass es viele Möglichkeiten gibt, wie Wüstenplaneten entstehen können, aber auch viele Möglichkeiten, wie Wasserwelten entstehen können. So etwas wie die Erde hingegen erfordert eine Goldlöckchen-Geschichte mit genau der richtigen Menge Wasser, die durch Kometen oder Asteroiden auf den Planeten gelangt. Und natürlich führt uns die Erwähnung von Goldlöckchen in der Astrobiologie unweigerlich zur wichtigsten Frage: Was ist mit Leben und Zivilisationen?

Basierend auf unserem Verständnis von Planeten und ihrer Entstehung können wir mit einiger Gewissheit sagen, dass Ozeanwelten existieren müssen, und sie müssen atemberaubend sein. Eine Ozeanwelt wäre ein einziges endloses Meer, vielleicht Hunderte Kilometer tief, wenn nicht noch tiefer. (Die Ozeane der Erde sind selten tiefer als etwa zehn Kilometer.)* Astronominnen und Planetenwissenschaftler fangen gerade erst an, die Möglichkeiten auszuloten, die mit zusammenhängenden Ozeanen von solcher Tiefe einhergehen. Gibt es auf diesen Welten planetenweite Stürme? Gibt es Hurrikans, die sich über die halbe Welt

* Nur zur Erinnerung: Ozeanmonde sind Satelliten anderer Planeten, etwa von Gasriesen wie Jupiter. Eine Ozeanwelt wäre ein ausgewachsener Planet, der eigenständig um einen Stern kreist.

erstrecken? Was für gewaltige Strömungen können in einem so tiefen Ozean fließen? Aber vor allem, kann auf einer Ozeanwelt Leben entstehen? Und wenn ja, können sich ohne Land auch technologisch fortgeschrittene Spezies entwickeln? Wir sind diesen Fragen schon in Bezug auf Ozeanmonde begegnet, aber das sind kleine Satellitenwelten, die vielleicht nicht einmal eine Atmosphäre haben. Über Ozeanwelten könnte es herrlich blaue Himmel geben und sternenklare Nächte, in die eine junge Zivilisation aufblickt.

Astrobiologinnen und -biologen haben gute Gründe anzunehmen, dass Wasser eine Grundvoraussetzung für die Entstehung von Leben ist. Es ist ziemlich unwahrscheinlich, dass auf Wüstenplaneten Biologie in Gang kommt und, was noch wichtiger ist, dass eine reiche Biosphäre entsteht, die schließlich intelligente, werkzeugbauende Spezies hervorbringt. Auf Ozeanwelten ist zweifellos genug Wasser vorhanden, aber kann ohne Kontinente Leben auf ihnen entstehen und kann es sich in Richtung einer hochtechnisierten Zivilisation entwickeln?

Das Leben in Gang zu bringen, wäre vielleicht kein so großes Problem. Die ersten replizierenden biologischen Systeme auf der Erde haben sich möglicherweise tief im Ozean an geothermalen Schloten gebildet. Das sind Stellen, wo heißes Magma aus dem Inneren des Planeten durch den Meeresboden bricht. Es liefert sowohl Energie als auch die nötigen Chemikalien für die Anfänge des Lebens. Während eines Großteils der Erdgeschichte spielte sich die Evolution in den Ozeanen ab. Die Besiedlung des Festlands fing erst Milliarden Jahre nach der Entstehung des Lebens richtig an.

Wenn wir die Erde als Modell betrachten, scheint es, als könnte selbst auf einem ganz mit Wasser bedeckten Planeten biologische Evolution in Gang kommen und von einfachen Organismen zu komplexeren Formen voranschreiten, einschließlich solcher mit höherer Intelligenz. Auf der Erde hat der Oktopus, jene höchst fremdartig anmutende Spezies, beeindruckende kognitive Fähigkeiten entwickelt, er kann sogar Werkzeuge herstellen und gebrauchen. Und nicht minder beeindruckend ist, dass der Oktopus das mit einem Gehirn vermag, das völlig anders aussieht als unseres. Jeder Tentakel hat seine eigene Version eines Gehirns, und dieses muss seine Absichten und Entscheidungen dem Zentralgehirn mitteilen. Der Oktopus ist somit gewissermaßen eine multiple Persönlichkeit. Wenn sich in den Ozeanen der Erde eine solche Intelligenz entwickeln konnte, erscheint es nur plausibel anzunehmen, dass auch auf Ozeanwelten intelligente Spezies existieren können. Manche von diesen entwickeln vielleicht sogar reiche, komplexe Kulturen, die beeindruckende Bauwerke erschaffen – etwa riesige hängende Städte aus Kelp- oder Korallen-ähnlichen Materialien. Die Möglichkeiten sind ebenso grenzenlos wie faszinierend.

Ein großes Problem gibt es allerdings in Bezug auf Ozeanwelten: Wenn die Ozeane auf einem Planeten tief genug sind, ist der Druck am Meeresboden vielleicht so hoch, dass Wasser zu völlig neuen und sonderbaren Formen gefriert. Und wenn der Boden eines Ozeans von einer fünfzehn Kilometer dicken Schicht »Ice-Nine« (oder wie auch immer diese neuen Formen von Eis heißen werden) bedeckt ist, gibt es keine hydrothermalen Schlote, also auch keinen Kontakt von geschmolzenem Gestein mit flüssigem Wasser, der biologische Prozesse ermöglichen könnte. Wenn wir an wirklich hochentwickelte Zivilisationen denken, kommt noch ein weiteres Problem hinzu: Selbst wenn auf einer Ozeanwelt Leben entstanden ist und die Evolution intelligente Spezies hervorgebracht hat, ist eine Welt voller Wasser doch auch eine Welt ohne Feuer. Und ohne Feuer keine Metallgewinnung und -verarbeitung. Wenn eine intelligente Spezies kein Metall schmelzen und miteinander verbinden kann, würde sie dann jemals so etwas wie Computer, Radioteleskope oder Raumschiffe mit Raketenantrieb erschaffen? Könnte es ohne Feuer überhaupt Industrie geben?

Auf diese Fragen haben wir noch keine Antworten, aber wir haben auch erst in den letzten zwanzig Jahren entdeckt, dass Ozeanwelten überhaupt existieren, und noch dazu in großer Zahl. Im Laufe der nächsten fünfzig Jahre werden wir mehr Daten und weitere Erkenntnisse gewinnen. Mag sein, dass es viele Möglichkeiten gibt, wie technologische Zivilisationen auf Ozeanwelten ohne Feuer auskommen und dennoch irgendwann hochentwickelte Technologie erschaffen können, die es ihnen sogar ermöglicht, ihren Planeten zu verlassen. Sollte es so sein, dann wäre es angesichts der Häufigkeit von Ozeanwelten durchaus denkbar, dass die ersten Weltraumreisenden, denen wir begegnen, in Raumschiffen voller Salzwasser statt sauerstoffhaltigen Gases leben.

## ZEHN MILLIARDEN BILLIONEN MÖGLICHKEITEN:

### *Die pessimistische Linie und was daraus folgt*

Die gesamte Menschheitsgeschichte hindurch wussten wir nicht, ob es noch andere Planeten gibt, die um andere Sterne kreisen. Jetzt wissen wir, dass sie überall sind. Aber was genau bringt uns dieses Wissen? Sind wir unserem Ziel wirklich näher gekommen? Wenn die Frage, die uns eigentlich umtreibt, die nach Außerirdischen ist und nicht die nach anderen Planeten, was hat die Exoplaneten-Revolution dann eigentlich verändert?

Eine interessante Frage, und mit ebendieser Frage haben mein einstiger Lehrer Woody Sullivan und ich uns im Jahr 2016 beschäftigt, als der Exoplaneten-Zensus Gestalt annahm. Woody ist Radioastronom an der University of Washington und gehörte der zweiten Generation der SETI-Forschenden nach Frank Drake an. Als wir uns kennenlernten, in den späten 1980er-Jahren, als im Radio ständig Public Enemy zu hören war und im Kino gerade der erste *Predator*-Film lief, war ich noch ein kleiner Promotionsstudent an der UW. Ich hatte noch nichts mit SETI zu tun, aber dank meinem lebenslangen Interesse an Außerirdischen fühlte ich mich von Woodys grenzenloser Begeisterung angezogen. Jahrzehntelang blieben wir befreundet. Als ich anfing, mich zu fragen, was all diese Entdeckungen von Exoplaneten nun im Hinblick auf Exo-Zivilisationen nutzten, wandte ich mich an Woody. Wir beschlossen, um diese Frage zu beantworten, müssten wir noch einmal – worauf wohl? – auf die Drake-Gleichung zurückkommen.

Um zu erklären, was Woody und ich in unserem Forschungsprojekt genau taten, lassen Sie mich die Drake-Gleichung hier noch einmal aufschreiben und Ihnen in Erinnerung rufen, wofür die einzelnen Faktoren stehen (Sie können das auch im ersten Kapitel nachlesen). Hier ist sie also in all ihrer Pracht und Herrlichkeit.

$$N = R_* \cdot f_p \cdot n_e \cdot f_l \cdot f_i \cdot f_c \cdot L$$

Gehen wir erneut in aller Kürze durch, was die Gleichung besagt. Die Anzahl für uns auffindbarer außerirdischer Zivilisationen in der Galaxis (N) ist gleich der Anzahl Sterne, die pro Jahr entstehen ($R_*$), multipliziert mit dem Anteil an Sternen mit Planeten ($f_p$), multipliziert mit der Anzahl von Planeten pro Sonnensystem, auf denen geeignete Bedingungen für die Entstehung von Leben herrschen ($n_e$), multipliziert mit dem Anteil an Planeten, auf denen tatsächlich Leben entsteht ($f_l$), multipliziert mit dem Anteil an Planeten, auf denen sich intelligente Lebensformen entwickeln($f_i$), multipliziert mit dem Anteil intelligenter Lebensformen, die technologische Zivilisationen hervorbringen ($f_c$), multipliziert mit der durchschnittlichen Lebensdauer solcher Zivilisationen (L).

Als Drake 1961 diese Gleichung aufstellte, war der einzige Faktor, zu dem die Astronomie über Daten verfügte, die Anzahl der Sterne, die pro Jahr in der Galaxis entstehen ($R_*$). Bezüglich der anderen sechs Faktoren konnte man damals nur mutmaßen. Dieser bemerkenswerte Zustand der Verwirrung hielt noch drei Jahrzehnte lang an, bis die Exoplaneten-Revolution Werte für die nächsten beiden Faktoren lieferte: den Anteil an Sternen mit Planeten ($f_p$) und die Anzahl von Planeten, auf denen geeignete Bedingungen für die Entstehung von Leben herrschen ($n_e$). Der Exoplaneten-Zensus, den ich anscheinend gar nicht oft genug erwähnen kann, verschaffte den Astronominnen und Astronomen die Gewissheit, dass fast jeder Stern am Himmel von wenigstens einem Planeten umkreist wird (d. h. mathematisch ausgedrückt $f_p = 1$). Und er führte sie auch zu der Erkenntnis, dass etwa einer von fünf Sternen einen erdähnlichen Planeten in der habitablen Zone hat. (Das bedeutet für die Gleichung $n_e = 0{,}2$.)

Statt nur eines Faktors der Drake-Gleichung nunmehr drei zu kennen, war ein wahrer Quantensprung. Mit diesem Sprung waren außerdem alle astronomischen Faktoren der Gleichung geklärt. Wir hatten durch Beobachtungen mit Teleskopen die tatsächlichen Werte bestimmt. Die übrigen Unbekannten in der Drake-Gleichung haben alle auf die eine oder andere Weise mit Leben zu tun. Somit blieben nur noch die biologischen Unbekannten zu klären. Sie beziehen sich auf die grundlegende Biologie der Entstehung von Leben ($f_l$), die Evolution hin zu Intelligenz ($f_i$), die weitere Evolution hin zu Zivilisationen ($f_c$) und schließlich die soziologische Frage, wie lange Zivilisationen bestehen (L). Wir erkannten, dass wir im nächsten Schritt die Drake-Gleichung in eine neue Form bringen mussten, um eine andere Frage stellen zu können – eine, zu der wir aufgrund der vorliegenden Daten über Exoplaneten eine Antwort ermitteln konnten.

In ihrer ursprünglichen Form stellt Drakes Gleichung eine einzelne, spezifische wissenschaftliche Frage: Wie hoch ist die Zahl technologisch fortgeschrittener Zivilisationen in unserer Galaxie, die Radiosignale aussenden können, die jetzt gerade auf der Erde detektierbar wären? Wir hatten noch immer nicht die nötigen Informationen, um dieses große Rätsel zu knacken, aber durch ein paar Änderungen gelangten wir immerhin zu einer Frage, die wir beantworten konnten: Wie hoch müsste die Wahrscheinlichkeit für die Entstehung einer technologischen Zivilisation sein, damit wir die einzige wären, die je existiert hätte? Das mag etwas verworren klingen, aber in der Wissenschaft geht es immer darum, die Fragen zu beantworten, die man mit den verfügbaren Daten eben beantworten kann.

Lassen Sie mich erläutern, wie unsere Frage gemeint war.

Jeder Planet in einer habitablen Zone ist wie ein Experiment des Universums zum Thema Leben und Zivilisationen. Auf einem Planeten in einer habitablen Zone wird entweder eine technologische Zivilisation entstehen oder nicht, abhängig von einem Haufen biologischer, evolutionärer und soziologischer Faktoren, über die wir gegenwärtig nichts wissen. Würden wir sie kennen, dann wüssten wir auch, wie hoch die Wahrscheinlichkeit ist, dass auf einem zufällig ausgewählten Planeten in einer habitablen Zone Leben und eine Zivilisation entstehen. Mit anderen Worten: Wir wüssten, wie hoch die Erfolgschance für jedes der besagten Experimente ist. Lassen Sie uns das die biotechnische Wahrscheinlichkeit nennen, kurz $f_{bt}$. Wenn diese biotechnische Wahrscheinlichkeit nahe 1 ist, dann wird auf so ziemlich jedem Planeten in einer habitablen Zone Leben entstehen, das sich zu einer technologischen Zivilisation entwickelt. Sollte sich hingegen herausstellen, dass $f_{bt}$ gleich 0 ist, dann würde kein Planet jemals eine technologisch fortgeschrittene Zivilisation hervorbringen. Aber natürlich existieren wir ja, also kann $f_{bt}$ nicht genau null sein.

Wie ich schon sagte, das Ärgernis an diesem Punkt in der Geschichte ist, dass wir über die biologischen und evolutionären Faktoren nicht genug wissen, um die tatsächliche biotechnische Wahrscheinlichkeit zu bestimmen, die die Natur sich gesetzt hat. Wir können $f_{bt}$ nicht allein aus den »First Principles«, den Grundprinzipien der Biologie, Evolutionstheorie und Soziologie ableiten. Aber Woody und ich gelangten zu einer coolen Erkenntnis: Aufgrund der Daten zu Exoplaneten und unserer neuen Form der Drake-Gleichung konnten wir immerhin einen sogenannten Grenzwert für die biotechnische Wahrscheinlichkeit bestimmen. Wir konnten die Daten nutzen, um zu ermitteln, wie der Wert für $f_{bt}$ sein müsste, damit wir die einzige technologische Zivilisation in der gesamten Geschichte des Universums wären. Warum spielt dieser Grenzwert eine Rolle? Wenn der tatsächliche Wert, den die Natur für $f_{bt}$ setzt, höher ist als der Grenzwert, den die Daten uns geliefert haben, dann sind wir nicht die einzige solche Zivilisation. Der Grenzwert verrät uns etwas darüber, wie wahrscheinlich es ist, dass wir die einzige Zivilisation überhaupt sind.

Nachdem wir die Daten gesammelt und darüber nachgedacht hatten, wie wir Drakes simple Gleichung abändern mussten, kamen wir zu dem Ergebnis, dass unser Grenzwert für die biotechnische Wahrscheinlichkeit nach einer konservativen Schätzung bei eins zu zehn Milliarden Billionen liegt. Wenn Ihnen das jetzt sehr wenig vorkommt, haben Sie völlig recht. In Exponentialschreibweise ist das $10^{-22}$. Ausgeschrieben ist das eine Null, gefolgt von einem Komma mit einundzwanzig Nullen und einer Eins dahinter. Möchten Sie es sehen?

$$f_{bt} = 0{,}0000000000000000000001$$

Was sagt uns diese Zahl? Sie sagt, wir können nur dann die einzige Zivilisation in der Geschichte des Kosmos sein, wenn die Wahrscheinlichkeit, dass auf einem beliebigen Planeten eine Zivilisation entsteht, irrsinnig gering ist. Das heißt, die tatsächliche Wahrscheinlichkeit – die durch die Gesetze der Biologie, Evolution und Soziologie bestimmt ist – kann ziemlich gering sein, und dennoch müsste es in der kosmischen Geschichte bereits viele, viele Zivilisationen gegeben haben. Nehmen wir einmal an, die tatsächliche Wahrscheinlichkeit dafür, dass sich auf einem Planeten eine technologische Zivilisation entwickelt, läge bei eins zu einer Million. Das ist immer noch eine ziemlich geringe Chance. Aber trotzdem müsste nach dem, was Woody und ich herausgefunden haben, das Universum dann Billionen hochentwickelte Zivilisationen hervorgebracht haben! Das wären eine ganze Menge Klingonen, Wookiees und Predators, die den Kosmos bevölkern würden.

Nach Woodys und meinen Erkenntnissen hat die Natur im Laufe der kosmischen Geschichte rund zehn Milliarden Billionen Experimente mit Planeten, Leben und Zivilisationen durchgeführt. Und dass wir die einzige Zivilisation in dieser ganzen kosmischen Geschichte wären, würde voraussetzen, dass jedes andere Experiment gescheitert wäre. Sollte das der Fall sein, dann müsste die Natur wirklich eine starke Tendenz dagegen haben, Zivilisationen hervorzubringen. Diese Tendenz wäre so stark, dass es ein Fall für die Pessimisten wäre, zu erklären, weshalb es nur hier auf der Erde zu einer Zivilisation gekommen ist. Darum haben wir unseren Grenzwert die Pessimismus-Grenze genannt. Wenn die Natur eine biotechnische Wahrscheinlichkeit unterhalb der Pessimismus-Grenze gewählt hat, dann, ja, dann sind wir die einzige Zivilisation in der Geschichte des Kosmos. Wenn jedoch der tatsächliche Wert über dieser Grenze liegt, dann sind wir weder die Ersten noch die Einzigen.

Als ich auf diese Zahl von zehn Milliarden Billionen kam, erlebte ich einen ganz speziellen Moment. Ich kam mir vor, als wüsste ich etwas, das niemand anders wusste – mich traf gewissermaßen die Erkenntnis: »Heiliger Strohsack, es muss Außerirdische gegeben haben.«

Stimmt das? Nun, wenn wir nüchterne Wissenschaft betreiben und uns nicht in unsere eigenen Ergebnisse verlieben wollen (die Essenz guter Wissenschaft), müssen wir an diesem Punkt innehalten und die Lage eingehend überdenken. Wir müssen einräumen, dass eins zu zehn Milliarden Billionen zwar augenscheinlich eine sehr geringe Wahrscheinlichkeit ist, die tatsächliche Wahrscheinlichkeit aber trotzdem noch darunter liegen könnte. Wenn wir eine Zahl klein nennen, womit vergleichen wir sie? Denken Sie immer daran, wir haben keine auf biologischen, evolutionären oder soziologischen Theorien gegründeten Anhaltspunkte dafür, was wir erwarten dürfen. Außerdem verrät uns dieser biotechnische Grenzwert, den Woody und ich ermittelt haben, nur etwas über die Geschichte des Universums. Er sagt nichts darüber aus, ob irgendeine dieser Zivilisationen gegenwärtig existiert. Vielleicht gab es schon hundert Milliarden Klingonen- und Wookiee-Zivilisationen, die inzwischen alle untergegangen sind. Immerhin ist das Universum über dreizehn Milliarden Jahre alt. In dieser langen Zeit könnten viele Zivilisationen entstanden und wieder vergangen sein.

Dennoch, bei allen Vorbehalten (und in der Wissenschaft geht es immer um Vorbehalte) fällt es schwer, angesichts dieser Zahlen einen kühlen Kopf zu bewahren. Noch vor wenigen Jahrzehnten wusste niemand, ob dort draußen auch nur ein einziger Exoplanet um einen einzigen Stern kreist. Heute können wir mit einiger Gewissheit sagen, dass es um die zehn Milliarden Billionen Planeten gibt, auf denen grundsätzlich Leben entstehen könnte. Der Himmel ist reich an Welten. Die Galaxis ist reich an Welten. Das Universum ist reich an Welten. Zehn Milliarden Billionen Planeten in habitablen Zonen, das sind viele Experimente und viele Möglichkeiten. Ein Universum voller Welten bedeutet, dass es wahrscheinlich viele gibt, wo in diesem Moment Schnee in stille Schluchten fällt, Wind durch Gebirgspässe weht und Wellen sich an goldenen Stränden brechen. (Ich weiß, ich wiederhole mich, aber es lohnt sich wirklich, sich einmal für ein paar Minuten vorzustellen, was wahrscheinlich gerade jetzt auf diesen Planeten vor sich geht.) Epikur hatte recht. Mit dieser Erkenntnis sind wir bereit, den nächsten Schritt zu tun und zu fragen, ob auf einer dieser Welten Leben in Erscheinung getreten ist. Und falls ja, wie können wir dieses Leben jetzt finden?

### KAPITEL 6

# DER KOSMISCHE LAUSCHANGRIFF:

### *Wie wir Außerirdische ausspionieren*

DIE EXOPLANETEN-REVOLUTION HAT UNS GENAUE ANHALTSPUNKTE dazu geliefert, wo wir nach Außerirdischen suchen müssen. Wir wissen, welche Sterne Planeten haben. Wir wissen, welche dieser Planeten sich in der habitablen Zone befinden, wo Leben entstehen kann. Und bald werden wir wissen, welche dieser Planeten in habitablen Zonen erdähnlich genug sind, dass es sich lohnen könnte, unsere Teleskope auf sie zu richten. Nun, da also feststeht, wo wir suchen müssen, lautet die nächste Frage: Wie suchen wir? Welche wissenschaftlichen Tricks haben wir im Ärmel, um außerirdisches Leben über die Billionen und Aberbillionen Kilometer hinweg zu »sehen«?

Das ist der Teil der Geschichte, der mich wirklich umhaut. Der kleine Junge, der ich einmal war und der davon träumte, außerirdisches Leben zu entdecken, konnte sich nicht vorstellen, wie leistungsstark unsere

Teleskope einmal sein würden und dass wir mit ihrer Hilfe die Möglichkeit haben würden, Leben zu finden. An der University of Rochester laden wir jede Woche andere Wissenschaftlerinnen und Wissenschaftler ein, damit sie uns mit unfassbaren, atemberaubenden Berichten über brandaktuelle Forschungen begeistern. Dank dieser Vorträge habe ich von neuen Möglichkeiten erfahren, wie wir künftig nach außerirdischem Leben auf fernen Welten suchen können. Und nach jedem dieser Vorträge habe ich das Gefühl, mich selbst kneifen zu müssen. Ist es wahr? Sind wir wirklich endlich bereit, die Suche in Angriff zu nehmen? Die Antwort lautet: Ja, wir sind endlich bereit. Wir werden es tun. Leicht wird es allerdings nicht, und es erfordert immer noch eine Menge wissenschaftliche Kreativität.

Dennoch, im Laufe der nächsten zehn, zwanzig oder dreißig Jahre werden wir Daten von Sternen hereinbekommen, die unsere Alien-Frage vielleicht endlich beantworten. Ich kann Ihnen nicht sagen, wie die Antwort ausfallen wird, aber ich kann Ihnen sagen, wonach wir suchen werden. Ich kann es Ihnen deshalb sagen, weil es genau das ist, woran ich, meine Kolleginnen und Kollegen und die ganze wissenschaftliche Gemeinschaft, von der wir nur ein kleiner Teil sind, fieberhaft arbeiten.

Und wie gehen wir es nun an? Wie genau spüren wir Außerirdische auf, seien es solche von der »dummen« Sorte (Mikroben) oder von der »schlauen« (Zivilisationen)?* Die Antwort: Wir spionieren. Dank einer Reihe wahrhaft verblüffender technologischer und theoretischer Entwicklungen können wir Außerirdische heute finden, indem wir einfach

---

* Mit dieser Unterscheidung zwischen »dumm« und »schlau« möchte ich Mikroben keineswegs beleidigen. Mikroben vermögen erstaunliche Dinge, etwa Fermentation (danke, Mikroben), und sie arbeiten auf bemerkenswerte Weise im Kollektiv zusammen. Wir alle sollten Mikroben mit tiefer Ehrfurcht begegnen, ebenso wie Pilzen und Wäldern. Aber für unsere Zwecke ist es nützlich, bei der Suche einen klaren Unterschied zu machen zwischen Lebensformen, die technologische Zivilisationen aufbauen, und solchen, die es nicht tun.

ihre Planeten beobachten. Wir sind nicht mehr darauf angewiesen, dass sie uns Botschaften senden. Sie brauchen ihre Anwesenheit nicht dem Kosmos zu verkünden. (Was auch möglicherweise gar keine gute Idee wäre.) Wie Detektive bei der Observation können wir bei Donuts und kaltem Kaffee herumsitzen, beobachten und warten. Die bemerkenswerten Teleskope und Lichtanalysegeräte, die wir gebaut haben, sowie das tiefgehende Verständnis davon, wie Planeten und das Leben darauf sich gemeinsam entwickeln, liefern uns die nötigen Werkzeuge, um still und heimlich quer durch die Galaxis Außerirdische auszuspionieren.

## BIOSIGNATUREN:
### *Wie man Leben aus der Ferne aufspürt*

Der von der Erde aus gesehen nächste Planet kreist um Proxima Centauri (der wiederum Teil des Dreifach-Sternsystems Alpha Centauri ist). Er ist über vier Lichtjahre von uns entfernt, und mit der besten Raumfahrttechnik, die uns derzeit zur Verfügung steht, würde es mehr als achtzigtausend Jahre dauern, ihn zu erreichen. Das heißt, wir werden nicht so bald auf Exoplaneten landen, um dort nach Leben zu suchen. Zum Glück sind Wissenschaftlerinnen und Wissenschaftler absurd stur und clever – darum dreht sich ja dieses ganze Buch. Mit den Teleskopen der neuesten Generation, die sie gerade bauen, hat sich ein Weg aufgetan, um die Suche über all diese Billionen Kilometer hinweg durchzuführen. Das ist die wahre Frucht der Exoplaneten-Revolution, der wahre »O mein Gott!«-Moment.

Nachdem wir jahrtausendelang gerätselt und gemutmaßt haben, werden wir endlich in der Lage sein, unsere Frage nach außerirdischem Leben zu beantworten, und zwar mithilfe von Biosignaturen. Wir erforschen nun schon seit langer Zeit die Erdgeschichte und haben dabei eine Menge darüber erfahren, wie das Leben die Geschichte unseres Planeten beeinflusst hat. Zu unseren wichtigsten Erkenntnissen gehört, dass die Gesamtsumme des Lebens auf der Erde – ihre Biosphäre – in der Evolution unserer Welt seit Milliarden Jahren ein entscheidender Faktor ist. Das Konzept der Biosphäre wird noch eine wichtige Rolle spielen, deshalb nehmen wir es gleich näher unter die Lupe. Aber schon eine flüchtige Betrachtung wirft ein paar entscheidende Fragen auf. Haben auch andere Planeten Biosphären? Hat das Leben diese Planeten ebenso stark verändert wie unsere Erde? Und vor allem, können wir diese Veränderungen aus der Entfernung sehen? Können wir Signaturen dieser Biosphären im Licht fremder Welten entdecken, das uns über interstellare Distanzen erreicht?

Um diese Fragen zu beantworten, unternehmen wir einen Ausflug an die vorderste Front der astrophysikalischen Forschung. Unterwegs müssen wir allerdings ein paarmal haltmachen, um Vorräte (d. h. Schlüsselideen) an Bord zu nehmen.

Eine der besten Möglichkeiten, einen Exoplaneten zu detektieren, ist die Transit-Methode. Wir haben sie bereits im vorigen Kapitel erwähnt, aber es kann nicht schaden, die Erinnerung ein wenig aufzufrischen. Wenn ein Planet auf seiner Umlaufbahn um den Heimatstern zwischen uns und den Stern gerät, blockiert der Planet einen winzigen Teil vom Licht des Sterns. Mithilfe empfindlicher Teleskope können wir hier auf der Erde diesen geringfügigen Abfall der Helligkeit des Sterns erkennen. Und wenn wir eine solche Beobachtung machen, springen wir in die Luft und rufen »Hurra, ein Exoplanet!«. Allerdings können wir mit einem Transit noch etwas ganz anderes Spektakuläres anfangen.

Wenn ein Transit auftritt, fällt auch Licht vom Stern durch die Atmosphäre des Planeten (sofern er eine hat). Und wenn das Sternenlicht diesen dünnen Gasschleier durchdringt, wird ein Teil von den Atomen und Molekülen der Luft auf diesem Planeten geschluckt. Diese Absorption von Licht ist der Schlüssel dazu, Leben durch Billionen Kilometer Weltraum hindurch zu detektieren.

Vor mehr als hundert Jahren wurde in der Physik ein erstaunlicher Zusammenhang zwischen Licht und Materie entdeckt. Um diese Entdeckung zu verstehen, erinnern wir uns zunächst daran, dass Licht nichts weiter ist als Wellen elektromagnetischer Energie. Die unterschiedlichen Farben des Lichts korrespondieren mit unterschiedlichen Wellenlängen dieser Strahlung. Sicher erinnern Sie sich, dass rotes Licht längerwellig und blaues kürzerwellig ist.

Nun stellen Sie sich vor, Sie schicken einen Regenbogen aus Licht mit all seinen Farben durch einen mit reinem Wasserstoffgas gefüllten Kasten. Mit solchen Experimenten begann die Physik im späten 19. Jahrhundert. Wenn Sie sich das Licht anschauen, das auf der anderen Seite des Kastens ankommt, sehen Sie den gleichen Regenbogen, den Sie hineingeschickt haben, allerdings mit ein paar dunklen Linien darin. Es sieht aus, als hätte etwas in dem gasgefüllten Kasten bei ein paar ganz bestimmten Farben ein Stück aus dem Regenbogen herausgebissen. Ein Teil der blauen Wellenlängen fehlt, und vielleicht findet sich im Bereich des roten Lichts eine dunkle Linie. Wenn Sie einen Kasten mit Natriumatomen nehmen, passiert das Gleiche, nur treten die dunklen Linien diesmal bei anderen Farben auf. Was ist geschehen? Die Wasserstoff- oder Natriumatome haben einen Teil des einfallenden Lichts absorbiert. Jedes Element absorbiert nur spezifische Wellenlängen. Die anderen Wellenlängen werden unbehelligt durchgelassen.

Wasserstoff und Natrium haben jeweils einen eigenen spektralen Fingerabdruck oder eine spektrale Signatur – so nennt man die Art, wie sie Licht absorbieren. Und auch jedes andere Element absorbiert Licht auf seine ganz eigene Weise. Dasselbe gilt für Moleküle. Für die Astronomie sind diese spektralen Fingerabdrücke ein Gottesgeschenk und eine Goldmine. Dank ihnen kann man Licht von fernen Objekten auffangen, es in seine Wellenlängen zerlegen und dann all die dunklen Absorptionslinien von unterschiedlichen Elementen und Molekülen identifizieren. Auf diese Weise lässt sich auf die Zusammensetzung des Objekts schließen. Für mich ist das schlicht ein Wunder.

So, und nun zu den Planetenatmosphären.

Indem Astronominnen und Astronomen Sternenlicht analysieren, das durch die Atmosphäre eines Exoplaneten gedrungen ist, können sie die genaue Zusammensetzung dieser Atmosphäre bestimmen. Wenn im Spektrum des Sternenlichts Absorptionslinien von Wasser auftreten, dann gibt es in der Atmosphäre des Planeten Wasserdampf. Wenn Absorptionslinien von Kohlendioxid auftreten, enthält die Atmosphäre Kohlendioxid. Diesen Prozess nennt man atmosphärische Charakterisierung. Er ist ein noch größeres wissenschaftliches Wunder, und ich finde, wir können unmöglich zum nächsten Punkt übergehen, ehe wir dieses Wunder mit der gebotenen Ehrfurcht bestaunt haben.

Astronominnen und Astronomen hier auf der Erde können also genau herausfinden, welche Stoffe in der Atmosphäre eines Planeten vorkommen, selbst wenn dieser Planet zig, Hunderte oder Tausende Lichtjahre entfernt ist. Dank dieser bahnbrechenden neuen Methode können wir sehen, wie die Atmosphäre von Planeten zusammengesetzt ist, die vielleicht niemals ein Mensch besuchen wird. Es ist völlig fantastisch, dass wir Vertreterinnen und Vertreter der Spezies Homo sapiens, im Grunde nichts als eine Horde haarloser Affen, herausgefunden haben, wie wir die Atmosphären ferner, fremder Planeten untersuchen können. Wenigstens das sollte ein Grund sein, ein bisschen stolz auf uns zu sein, all den abscheulichen Dingen zum Trotz, die unsere Spezies sonst so anrichtet.

Aber nun zurück zu unserer Geschichte.

Atmosphärische Charakterisierung ist schon für sich genommen eine große Sache, weil sie uns ermöglicht, die unterschiedlichsten Planeten auf unterschiedlichste neue und wichtige Arten zu verstehen. Wir werden beispielsweise sehen können, was in den äußeren Schichten der als Hot Jupiter bezeichneten Gasriesen vor sich geht, die ihren Elternsternen so höllisch nah sind. Mithilfe atmosphärischer Charakterisierung können wir der Frage auf den Grund gehen, was für Chemikalien in einer Atmosphäre entstehen, die heißer ist als ein Pizzaofen. Das wird sehr hilfreich sein, um grundlegende Erkenntnisse über Hot Jupiters zu gewinnen. Aber was hat atmosphärische Charakterisierung mit Leben zu tun? Wie soll die Zusammensetzung der Atmosphäre eines Exoplaneten uns verraten, was auf seiner Oberfläche lebt? Um diese Frage zu beantworten, lernen wir nun James Lovelock kennen.

James Lovelock war ein Universalgelehrter. Er war auf vielen Gebieten genial. 1919 geboren, begann er während des Zweiten Weltkriegs seine Laufbahn als Chemiker in der medizinischen Forschung. In den 1950er-Jahren erfand er ein billiges, tragbares Gerät, mit dem man winzige Mengen chemischer Verunreinigungen in der Luft feststellen konnte. Das Patent war so wertvoll, dass es ihn reich machte, und so konnte er fortan tun, was er wollte. Unter anderem half er Staaten, die gerade ihre Weltraumprogramme ausweiteten.

Zu den staatlichen Projekten, an denen Lovelock mitwirkte, zählt auch der Plan der NASA in den 1960er-Jahren, Sonden zum Mars zu schicken, um nach mikrobischem Leben zu suchen. Lovelock erkannte allerdings einen gravierenden Fehler in diesem Ansatz. Sämtliche Pläne der Mission basierten auf der Annahme, etwaiges Leben auf dem Mars müsse so sein wie das Leben auf der Erde. Wäre diese Annahme falsch, dann würden die Sonden das Leben nicht erkennen, selbst wenn sie es direkt vor ihrer technologischen Nase hätten. Lovelock suchte nach einer Möglichkeit, Leben in jedweder Form aufzuspüren. Nachdem er ein paar Jahre daran gearbeitet hatte, stellte er fest, dass er die Antwort wiederum buchstäblich vor der Nase hatte: Die Luft, die er atmete, war die Lösung.

Lovelock erkannte, dass die Atmosphäre eines Planeten selbst eine Art Detektor für Leben ist. Die Erdatmosphäre enthält nämlich Chemikalien, die es auf einer unbelebten Welt nicht geben würde. Sauerstoff ist ein wunderbares Beispiel. Ursprünglich enthielt die Luft auf der Erde keinen Sauerstoff. Während der ersten zwei Milliarden Jahre fehlte dieses Element praktisch ganz.

Wie kommt es, dass unsere Atmosphäre heute so sauerstoffreich ist? Das ist eine Folge des Lebens.

Das Leben reicherte die Luft mit Sauerstoff an, nachdem die Evolution eine neue Form der Fotosynthese erfunden hatte. Irgendwann vor rund zwei Milliarden Jahren trat eine Art von Fotosynthese auf, bei der Wasser ($H_2O$) aufgespalten und der Sauerstoff (das O) wieder in die Luft freigesetzt wird. Heute hat unsere Atmosphäre einen Sauerstoffanteil von einundzwanzig Prozent. Wie es zur sogenannten Großen Sauerstoffkatastrophe kam, ist eine der coolsten Geschichten in der Geowissenschaft, aber hier ist der entscheidende Punkt: Würde morgen alles Leben auf der Erde enden, dann würde auch der Sauerstoff schnell wieder verschwinden. Der Schlüsselgedanke ist also, dass die Biosphäre der Erde – die Gesamtheit allen Lebens auf dem Planeten – den Sauerstoffanteil in der Atmosphäre hochhält. Was wirklich geschieht, ist, dass das Leben die Atmosphäre aus dem chemischen Gleichgewicht hält. Einfacher ausgedrückt, die Biosphäre pumpt ständig Chemikalien in die Luft, die von selbst nicht lange dortbleiben würden. Deshalb verrät uns die chemische Zusammensetzung der Erdatmosphäre, dass es auf der Erde eine reiche Biosphäre gibt. Atmosphärischer Sauerstoff allein wäre schon ein Beweis dafür, dass die Erde ein belebter Planet ist.

Jetzt können wir endlich alle Teile dieser Geschichte zusammenfügen. Durch die neuen Methoden der atmosphärischen Charakterisierung von Exoplaneten können Astronominnen und Astronomen also die chemische Zusammensetzung von deren Atmosphäre bestimmen. Und was brauchen wir laut Lovelock, um zu sehen, ob es auf einem Planeten Leben gibt? Genau, die chemische Zusammensetzung seiner Atmosphäre. Das ist die Lösung. Wenn wir die Signaturen eines chemischen Ungleichgewichts in der Atmosphäre eines Planeten finden, dann haben wir einen Beweis für Leben gefunden. Wir haben dann eine Biosignatur entdeckt.

Ganz gleich, wie weit dieser Planet von uns entfernt ist, Biosignaturen sind der Beweis dafür, dass der Planet eine Biosphäre hat, der Beweis, dass er eine belebte außerirdische Welt ist. Deshalb, liebe Leserinnen und Leser, stehen wir in der Suche nach Außerirdischen am Beginn einer revolutionären neuen Ära. Dank der Entdeckung von Exoplaneten wissen wir, wo wir suchen müssen. Dank der Entwicklung der atmosphärischen Charakterisierung und der Wissenschaft von Biosignaturen haben wir etwas Konkretes, wonach wir suchen können. Wie sagte der große Sherlock Holmes: »Das Spiel hat begonnen!«

EIGENTLICH KÖNNTE ICH ES DABEI BELASSEN, WEIL ... NA JA ... HEILIGER Strohsack! Wir haben alles, was wir brauchen, um außerirdisches Leben zu finden. Aber da ich Sie ja schon oft genug mit den Beweisstandards genervt habe, sollten Sie wissen, dass auch dieses Abenteuer seine Gefahren birgt. Wir müssen bei der Festlegung unserer Ziel-Biosignaturen extrem umsichtig vorgehen. Vielleicht gibt es dort draußen falsch-positive Treffer. Das wären Fälle, in denen ein Planet uns täuscht und etwas hervorbringt, das wir für eine Biosignatur halten, obwohl er in Wirklichkeit keine Biosphäre hat. Wir kennen beispielsweise schon wenigstens eine Möglichkeit, wie Sauerstoff in eine Atmosphäre gelangen kann, ohne dass Leben im Spiel ist. Das kann auf den Planeten jener Roten Zwergsterne passieren, denen wir im vorigen Kapitel begegnet sind. Weil solche Planeten ihrem Stern so nah sind, können Wasserdampfmoleküle ($H_2O$) hoch in der Atmosphäre durch einfallendes Licht des Sterns aufgespalten werden. Der Wasserstoff verflüchtigt sich dann ins Weltall, der Sauerstoff jedoch sinkt ab und reichert sich in der Atmosphäre an. Diese Möglichkeit falsch-positiver Ergebnisse können wir berücksichtigen, weil wir sie kennen, aber möglicherweise gibt es weitere, an die wir noch nicht gedacht haben. Hier ist also Vorsicht geboten.

Es wird noch andere Fallstricke und Herausforderungen geben, darauf müssen wir uns gefasst machen. Aber mit Fallstricken und Herausforderungen fertigzuwerden, ist für Wissenschaftlerinnen und Wissenschaftler die Würze des Lebens. Das bekommen wir hin. Dennoch, wir reden hier von einem langfristigen Projekt, dessen Fortschritt wahrscheinlich in Jahrzehnten gemessen werden wird. Das ist okay. Ein paar Jahrzehnte, in denen wir uns mit Vorsicht und Umsicht vortasten, sind nichts im Vergleich zu den zweieinhalbtausend Jahren, die wir gebraucht haben, um an den Punkt zu gelangen, an dem wir heute stehen: an der Schwelle zur Entdeckung, bereit, den nächsten Schritt zu tun.

## TECHNOSPHÄREN UND NOOSPHÄREN:

### *Wenn intelligentes Leben das Ruder übernimmt*

Das Leben kapert Planeten. Einmal entstanden, kann es – wie auf der Erde – die Geschicke von Ozeanen, Eis, Luft und Land beeinflussen. Wie wir wissen, befindet sich all der Sauerstoff, den Ihre Lunge so gern einatmet, nur in der Atmosphäre, weil Lebewesen ihn dorthin abgegeben haben. Aber es geht nicht nur um Sauerstoff. Die Wurzelsysteme von Pflanzen können Einfluss darauf haben, wie viel Erde in die Ozeane geschwemmt wird. Algen in den Ozeanen erzeugen winzige Partikel, die hoch in die Atmosphäre aufsteigen und Regenmuster verändern. Die Liste der Beispiele ließe sich beliebig fortsetzen, aber letztendlich läuft es darauf hinaus, dass eine sterile, unbelebte Erde völlig anders aussehen würde als die Erde, die wir bewohnen.

Das waren Beispiele dafür, wie »dummes« Leben Veränderungen bewirkt. Eine technologische Zivilisation kann noch viel mehr. Wenn also Biosphären entscheidenden Einfluss auf die Evolution eines Planeten haben, so wirken Technosphären um ein Vielfaches stärker darauf ein.

Sie sind der Schlüssel, um außerirdische Zivilisationen draußen in der Galaxis aufzufinden. Auf sie ist unser NASA-Forschungsprogramm zur Entdeckung von Technosignaturen ausgerichtet.

Im letzten Kapitel haben wir das Konzept der Biosphäre kennengelernt, die kollektive Aktivität allen Lebens auf einem Planeten. Biosphären sind in der Wissenschaft ein relativ neues Konzept. Es wurde zuerst von Wladimir Wernadski entwickelt, dem bedeutendsten Wissenschaftler, von dem Sie noch nie gehört haben. Wernadski war ein russischer Forscher, der vor und während der kommunistischen Ära wirkte – deshalb haben Sie nie von ihm gehört. Er hatte geniale Gedanken über das Leben und Planeten. Er erfand die Wissenschaftsbereiche der Geochemie und der Biogeochemie. Für Wernadski war Leben nicht einfach irgendein grünes Zeug, das keine Auswirkungen auf seine Welt hatte. Vielmehr sah er es als eine dynamische Kraft, die die Geschichte eines Planeten prägt.

Im Rahmen einer Vortragsreihe in Paris 1926 machte Wernadski das moderne Konzept der Biosphäre öffentlich bekannt. Er führte aus, welch bedeutender Faktor das Leben in der planetaren Evolution sein müsse, ebenso bedeutend wie die anderen Geosysteme – die Atmosphäre, Hydrosphäre (Wasser), die Kryosphäre (Eis) und die Lithosphäre (Land). Unser gesamtes heutiges Verständnis von der Erde einschließlich des Klimawandels basiert auf dem von Wernadski gelegten Fundament.

Was hat nun Wernadski mit der Suche nach Leben zu tun? Wir haben bereits gesehen, wie die kürzlich erfundenen Techniken der atmosphärischen Charakterisierung uns ermöglichen, Biosphären aufzuspüren, indem wir nach deren Biosignaturen Ausschau halten. Die Suche nach außerirdischem Leben ist in Wirklichkeit die Suche nach außerirdischen Biosphären. Ein Punkt für Wernadski. Aber er war noch nicht fertig. In der besagten Vortragsreihe in Paris ging Wernadski noch über das Wirken von Mikroben, Pflanzen und Tieren hinaus. Im nächsten Schritt dachte er darüber nach, dass Technologie ebenfalls auf den Planeten wirkt und seine Geschicke sogar noch stärker beeinflusst. So kam Wernadski auf die Idee der Noosphäre.

»Nous« (νοῦς; auch νόος, gesprochen Nó-os) ist das altgriechische Wort für Geist oder Verstand. Schon 1926, lange bevor der Klimawandel sich bemerkbar machte, erkannte Wernadski bereits, dass die menschliche Zivilisation starke Auswirkungen auf den Planeten hatte. Er sah auch, dass diese Auswirkungen zunahmen. Er erklärte, früher oder später werde die Biosphäre von einer »Sphäre der Vernunft« überlagert werden. Damit meinte er die kollektive Wirkung aller menschlichen rationalen Planung und technologischen Entwicklung – die Noosphäre. Heute nennen wir sie Technosphäre.

Sie brauchen nicht lange zu suchen, um die Technosphäre zu finden, die wir geschaffen haben. Gerade jetzt, während Sie diese Worte lesen, strömen die Gedanken unzähliger Menschen in Form elektromagnetische Wellen durch Ihren Körper. Ich spreche hier nicht von irgendeiner New-Age-Telepathie. Ich meine vielmehr das drahtlose Internet. Die Erde ist inzwischen ganz von einer schimmernden Sphäre aus Gedanken, Wissen und Aktion in Gestalt unserer drahtlosen Technologien umgeben. Und all dieses Denken, Wissen und Agieren wirkt sich auch auf die reale Welt aus. Wir Menschen haben den Planeten so grundlegend umgestaltet, dass man in der Wissenschaft heute davon spricht, die Erde träte in eine neue geologische Ära ein, das Anthropozän. So haben wir beispielsweise mehr als die Hälfte der Planetenoberfläche für unser Zwecke kolonisiert. Wir bewegen mehr Stickstoff und Phosphor auf dem Planeten umher als natürliche Kräfte. Unsere domestizierten Nutztiere für die Nahrungserzeugung wiegen mehr als alle anderen Säugetiere auf der Erde zusammen. Und natürlich haben wir die atmosphärische Chemie des Planeten und sein Klima verändert. Die Technosphäre ist da, zum Guten wie zum Schlechten. Wir haben sie erschaffen, und nun leben wir in ihr. Und genau dieser Punkt ist für die Suche nach außerirdischen Zivilisationen von Bedeutung.

Wenn Biosphären der Schlüssel zum Auffinden »dummen« außerirdischen Lebens sind, dann sind Technosphären der Weg, »schlaue« Aliens zu finden. Wenn eine Zivilisation einmal beginnt, genügend Energie nutzbar zu machen, um eine vielfältige Technosphäre zu erschaffen, dann wird sie ihren Planeten stark genug verändern, um einen unauslöschlichen Fußabdruck zu hinterlassen. Die Oberfläche wird anders aussehen. Die Atmosphäre wird eine andere Zusammensetzung haben. Der Raum darum herum wird von Maschinen (Satelliten) bevölkert sein, die ohne Technosphäre niemals dort wären. Mit anderen Worten: Wenn eine Technosphäre einmal vorhanden ist, wird der Planet Technosignaturen aufweisen, die über interstellare und vielleicht sogar intergalaktische Distanzen hinweg sichtbar sind. Diese Technosignaturen könnten wir Menschen direkt sehen, allerdings weiß die Wissenschaft erst seit ungefähr dem letzten Jahrzehnt, dass sie existieren könnten. Ironischerweise können wir sie nur erkennen, weil wir gerade begonnen haben, unsere eigene Technosphäre als die planetenverändernde Kraft zu sehen, die sie ist. Das hat uns dazu angeregt, uns vorzustellen, wie außerirdische Technosphären aussehen könnten, die uns um tausend oder eine Million Jahre voraus sind.

## TECHNOSIGNATUREN:
### *Der Tag, an dem die Erde quasi stillstand*

Kinder im Bonbonladen. Das war unser Gedanke. Es war ein Mittwochmorgen, der 26. September 2018, und ich befand mich mit etwa fünfzig anderen Astronominnen und Astronomen in einem Vortragssaal des berühmten Lunar and Planetary Institute in Houston, Texas. Die NASA hatte uns dorthin eingeladen, um an einem Meeting mit dem Titel »A Technosignatures Workshop« teilzunehmen. Offenbar hatte der Kongress die Raumfahrtbehörde soeben angewiesen, zehn Millionen Dollar in die Suche nach außerirdischen Zivilisationen zu stecken. Nun wollten diese Leute von uns wissen, wofür sie das Geld ausgeben sollten.

Staatliche Mittel für SETI waren lange Zeit schwer zu bekommen gewesen, da in den frühen 1990er-Jahren UFOs und Bilder von kleinen grünen Männchen dazu benutzt worden waren, SETI zum politischen Spielball zu machen. Doch die kürzliche Entdeckung von Exoplaneten hatte dafür gesorgt, dass die Astrobiologie bei der NASA neuerdings einen hohen Stellenwert hatte. SETI stand zwar noch immer im Regen, aber in die Suche nach dem, was ich zuvor als »dummes« mikrobisches Leben auf anderen Planeten bezeichnet habe, flossen nun beträchtliche Summen. So hatte die NASA beispielsweise eine ganze Reihe von Projekten, die darauf abzielten, außerirdische Biosphären anhand ihrer Biosignaturen zu detektieren. Die Suche nach intelligentem Leben wurde hingegen weiterhin stiefmütterlich behandelt, aus Gründen, die sich der Kontrolle der NASA entzogen. Was dieses von der NASA einberufene Meeting so aufregend machte, war der Gedanke, dass nun vielleicht, vielleicht auch die Suche nach »schlauem« Leben endlich Aufwind bekommen würde. Die NASA schien der Idee von Technosignaturen neuerdings aufgeschlossen gegenüberzustehen.

Der Begriff Technosignatur wurde von Jill Tarter geprägt, einer der großen Heldinnen von SETI. Sie begann ihre Karriere in den 1970er-Jahren und trieb während der folgenden Jahrzehnte die Suche nach kosmischem Leben mit Mut, Beharrlichkeit und Kreativität voran. Als die Wissenschaft der Biosignaturen zu einem ernsthaften Forschungsanliegen aufstieg, erkannte Tarter, dass man im Grunde alle Formen von SETI als Teil dieser Bemühungen ansehen musste. Auch intelligentes Leben ist schließlich immer noch Leben. Tarter wurde klar, dass es bei SETI eigentlich schon immer darum ging, Technosignaturen zu finden. Als sie dieses Wort ins Spiel brachte, wurde deutlich, dass eine Technosignatur im Grunde nur eine sehr spezielle Art von Biosignatur ist. Diese Erkenntnis trug wesentlich dazu bei, das Meeting in Gang zu bringen.

Als SETI damals 1960 mit Frank Drakes Ozma-Projekt begann, hatte man hauptsächlich nach sogenannten gerichteten Signalen gesucht, mit denen Außerirdische sich möglicherweise bemerkbar machen wollten. Um ein Signal von einem fernen Stern zu detektieren, mussten Drake und die meisten SETI-Forschenden nach ihm annehmen, dass die Außerirdischen ihre Energie in Form von Radiowellen konzentriert in eine Richtung aussandten. Wenn der Alien-Transmitter die Strahlung nicht bündelte, sondern Energie in alle Richtungen schickte, müsste die Leistung so hoch sein, dass die Strahlungsquelle praktisch beinahe ein Stern wäre. Das wäre von unseren hypothetischen Aliens ziemlich viel verlangt. Deshalb hielten alle nach gerichteten Signalen Ausschau. Diese Entscheidung bedeutete allerdings, dass die einzigen Signale, die wir detektieren würden, absichtlich ausgesandte wären. Die Außerirdischen hätten einen Sender aufstellen und bewusst Radiowellen in den Weltraum schicken müssen, um auf sich aufmerksam zu machen. Diese Suchstrategie hat SETI sechzig Jahre lang weitgehend geprägt. Dann eröffnete die Entdeckung von Exoplaneten neue Richtungen für die Suche nach »intelligentem« Leben, unter anderem mithilfe der Radioteleskope, die schon beim klassischen SETI zum Einsatz gekommen waren.

Biosignaturen sind die unbeabsichtigten Spuren, die eine Biosphäre im Licht hinterlässt, das von einem fernen Planeten kommt. Es ist ja nicht so, als wollten die Mikroben, Wälder und Tiere in einer außerirdischen Biosphäre dem Universum mitteilen, dass sie existieren. Biosignaturen passieren einfach. Dasselbe gilt auch für eine Technosphäre. Mit anderen Worten, Zivilisationen erzeugen Technosignaturen, unabhängig davon, ob sie Visitenkarten verteilen wollen oder nicht, einfach indem sie ihren zivilisierten Gang gehen. Und bei dem Meeting diskutierten wir begeistert über die unterschiedlichen Möglichkeiten, wie solche unbeabsichtigten Fingerabdrücke entstehen können. Luftverschmutzung, Lichter von Städten, Reflexionen von Solarpanels, Megastrukturen im Orbit – die Liste war lang und schwindelerregend. Wir ließen unseren nerdigen Fantasien freien Lauf.

Die nächsten drei Tage waren ein wilder Ritt. Zuoberst auf der Tagesordnung stand ein Überblick über das Forschungsfeld. Was für Ideen über was für Technosignaturen hatten Wissenschaftlerinnen und Wissenschaftler bereits vorgebracht? Welche Teleskoptechnologien existierten schon in der Realität oder auf dem Reißbrett, mit denen man Technosignaturen finden könnte? Bald wurde klar, dass wir eine Menge durchzuarbeiten hatten. Als drängendste Frage kristallisierte sich heraus: Auf welche Technosignaturen sollten wir uns angesichts der Fülle an Vorschlägen konzentrieren?

Eine begabte junge Wissenschaftlerin namens Sofia Sheikh nahm sich dieses Problems an. Sie wertete die Diskussionen aus und präsentierte uns wenig später ihren Vorschlag, Technosignaturen nach diversen Kriterien zu sortieren: wie wahrscheinlich sie auf einer außerirdischen Welt aufträten, wie lange sie anhalten würden und wie leicht sie im Vergleich zu anderen Kategorien zu beobachten wären. Sheikh schlug außerdem vor, Aspekte wie die Mehrdeutigkeit einer spezifischen Biosignatur und die Kosten einer Suche danach gegeneinander abzuwägen. Außerirdische Megastrukturen wie die im zweiten Kapitel besprochenen Dyson-Sphären wären vielleicht kostengünstig in Bezug auf die benötigte Beobachtungszeit eines Infrarot-Teleskops, andererseits wäre es aber möglicherweise schwierig zu unterscheiden, ob das, was wir detektieren, nicht von natürlichen astronomischen Quellen wie großen staubigen Sternen stammt. In diesem Fall würden Megastrukturen hinsichtlich der Ambiguität in der Kosten-Nutzen-Abwägung eher schlecht abschneiden. Wenn wir eine andere Technosignatur finden könnten, die günstiger abschneidet, sollten wir unsere Anstrengungen lieber darauf richten statt auf Megastrukturen, so Sheikhs Vorschlag

Auch für die Suche mit Radioteleskopen im »klassischen« SETI gab es aufregende neue Möglichkeiten. Der Einsatz künstlicher Intelligenz, um die Daten zahlloser Stunden Beobachtung automatisch zu durchforsten, eröffnete neue Wege für die Suche nach Anomalien. Eine Anomalie ist ein Signal, das nicht aussieht wie etwas, das auf rein natürliche Weise entstehen könnte. Dies war ein wesentlicher Schwerpunkt der Initiative Breakthrough Listen, an der sich der Milliardär Yuri Milner mit hundert Millionen Dollar beteiligte. Dank Breakthrough Listen standen endlich richtige Mittel zur Verfügung, um Nutzungszeit von Radioteleskopen zu kaufen und eine umfassende SETI-Bemühung auf den Weg zu bringen. Breakthrough Listen war allein schon ein Grund, mit Begeisterung in die Zukunft zu blicken.

In dem Meeting diskutierten wir stundenlang alle möglichen Fragen rund um Technosignaturen. Beim Abendessen diskutierten wir immer noch. Auch bei den Drinks danach drehte sich alles um Technosignaturen, und selbst als wir schon im Hotelflur standen, diskutierten wir noch weiter. Als das Meeting endete, waren wir alle völlig erschöpft, aber auch völlig euphorisch, als hätten wir ein langes Wochenende auf gigantischen Wellen gesurft oder wären auf steilen Hängen mit frisch gefallenem Pulverschnee Ski gelaufen. Vor allem hatten wir das Gefühl, dass sich eine Tür auftat. Neben den bereits unglaublich aufregenden Möglichkeiten, die Biosignaturen uns eröffneten, befand sich auch die Suche nach außerirdischen Zivilisationen im Aufwind.

Übrigens, die zehn Millionen Dollar schafften es am Ende doch nicht in den Haushalt. Grummel. Doch so schlimm war das am Ende gar nicht. Der Schneeball war ins Rollen gekommen. Binnen eines Jahres reichten meine Kolleginnen, Kollegen und ich einen Antrag bei der NASA ein und bekamen als Erste überhaupt von der Behörde Mittel für die Forschung zu atmosphärischen Technosignaturen bewilligt. Wenig später flossen auch an ein paar anderen Stellen Gelder für Technosignaturen. Es war der Beginn einer neuen Ära. Das langersehnte Ziel – eine mit den nötigen Mitteln ausgestattete wissenschaftliche Suche nach außerirdischen Zivilisationen – rückte ein Stück näher.

# ANGRIFF DER ALIEN-MEGASTRUKTUREN:

## *Tabbys Stern*

Im Aufbau der neuen Wissenschaft von Technosignaturen lautet die Leitfrage nun: Wonach genau sollen wir suchen? Auf welche Arten von Technosignaturen konzentrieren sich die Leute in meiner wissenschaftlichen Gemeinschaft? Was werden Aliens unserer Ansicht nach tun, und wie werden wir sie dabei aufspüren?

Wir setzen am besten bei außerirdischen Megastrukturen an. Im Herbst 2011 brütete eine Gruppe Hobbyastronominnen und -astronomen über Daten vom Kepler-Weltraumteleskop, das dafür konstruiert worden war, in großem Stil nach Exoplaneten zu suchen. Mit Kepler kann man Tausende Sterne gleichzeitig im Blick behalten und auf den Moment lauern, da ein Planet sich zwischen die Erde und seine Heimatsonne schiebt. Wenn das geschieht, registriert das Teleskop einen geringfügigen Abfall in der Helligkeit des Sterns, und schon kann die lange Liste der Entdeckungen um eine weitere fremde neue Welt ergänzt werden.

Meist passen diese Abfälle in der Helligkeit von Sternen (Transits) genau zu dem, was man aufgrund mathematischer Modelle erwarten darf, wenn ein Planet vor einem Stern vorbeiwandert. Diese Regelmäßigkeit ermöglichte es der NASA, eine KI zu entwickeln, die die Daten vor allen anderen zu sehen bekommt und diejenigen Sterne markiert, die aussehen, als hätten sie Planeten. Aber manchmal sah das Kepler-Teleskop Dinge, die so merkwürdig waren, dass die KI sozusagen die KI-Version einer Verdauungsstörung bekam. In solchen Fällen spuckte der Computer die Daten prompt wieder seinen menschlichen Schöpfern vor die Füße, nach dem Motto »Findet selbst raus, was da los ist«. Das geschah so oft, dass die NASA eine Citizen-Science-Website unter dem Namen Planet Hunters (etwa Planetenjäger) erstellte.[1] Hier konnten sich interessierte Laien die Merkwürdigkeiten aus dem Weltraum anschauen und bei der Suche nach neuen Himmelskörpern helfen. Und so geriet der Stern, der liebevoll KIC 8 462 852 getauft wurde, weltweit in die Schlagzeilen.

Normale Transits bewirken einen Abfall in der Helligkeit des Sterns, der bei jedem Umlauf einmal auftritt. Der Planet zieht seine Bahn um den Stern. Dabei gerät er zwischen uns und den Stern und blockiert einen Teil des Lichts. In einer Kurve, die die Helligkeit in Abhängigkeit von der Zeit darstellt, sieht das aus wie ein U.

Doch statt dieser hübschen, regelmäßigen U-förmigen Dellen zeigte die Helligkeitskurve vom Stern KIC 8 462 852 etwas, das eher aussah wie das Grinsen eines Drachen mit Zahnproblemen. Das Licht wurde für kurze Zeit abrupt blockiert, sodass ein tiefes V in der Kurve entstand. Dann nichts mehr, bis eine kleine Weile später drei kurze, plötzliche Abfälle in unterschiedlicher Tiefe auftraten. Und dann wieder lange Zeit nichts. Das sah nicht aus wie etwas, das ein Planet verursachen könnte. Etwas äußerst Seltsames war um diesen Stern im Gange. Bald wurde Tabatha Boyajian auf die verrückten Daten aufmerksam, eine junge Astronomin, die am Citizen-Science-Projekt mitwirkte. Auch für sie ergab dieses Phänomen keinen Sinn. Also tat sie, was jede Wissenschaftlerin, die etwas auf sich hält, in so einer Situation täte: Sie fing an, einen Artikel darüber zu schreiben. Im Zuge ihrer Arbeit sprach sie mit Jason Wright, einem Professor an der Penn State University (und Mitglied unseres NASA-Technosignaturen-Teams). Wright war interessiert und verfasste daraufhin seinerseits ein Paper, in dem er systematisch versuchte, alle möglichen Dinge zu identifizieren, die vor KIC 8 462 852 vorbeifliegen und die merkwürdige Transitsignatur verursachen könnten. Vielleicht eine Wolke aus Kometen, die den Stern umkreiste? Möglich. Oder Stücke eines auseinandergebrochenen Mondes? Ebenfalls denkbar. Könnten es mehrere aufeinanderfolgende Staubwolken sein? Ja, das wäre eine Erklärung. Ach, und wie wäre es mit einem Schwarm außerirdischer Megastrukturen im Orbit des Sterns?

An dieser Stelle hören Sie das Geräusch der Nadel, die über die Schallplatte kratzt.

Ganz recht, außerirdische Megastrukturen. Wright entschied, um den Stern kreisende außerirdische Megastrukturen als eine mögliche Erklärung in seinen Artikel aufzunehmen. Warum tat er das, zumal ihm doch klar sein musste, dass andere deshalb über ihn herfallen würden? Wollte er lediglich provozieren? Suchte er Streit? Wollte er ins Fernsehen? Die Antwort ist viel einfacher. Als Wright anfing, nach einer Erklärung für das anomale astronomische Signal zu suchen, waren Megastrukturen bereits eine sehr alte Idee mit sehr gutem Stammbaum.

Die Möglichkeit, dass eine hochentwickelte außerirdische Zivilisation um ihren Stern herum riesige Solarkollektoren positionieren könnte, geht bis in die frühen Jahre von SETI und auf die Idee der Dyson-Sphären zurück. Seit jenen ersten Veröffentlichungen waren Dyson-Sphären und Dyson-Schwärme zu wesentlichen Grundgedanken für Wissenschaftlerinnen und Wissenschaftler geworden, die über beobachtbare Spuren außerirdischer Zivilisationen – Technosignaturen – nachdenken. 2005 untersuchte der Astronom Luc Arnold in einer detaillierten Studie, wie genau außerirdische Megastrukturen im Orbit eines Sterns – etwa Teile eines Dyson-Schwarms – in den Beobachtungsdaten von Teleskopen erscheinen würden. Arnold begann seine Berechnungen damit, unterschiedliche Formen von Alien-Megastrukturen in Betracht zu ziehen – Dreiecke, Quadrate, Rechtecke und so weiter. »Mega« bedeutete in seinen Überlegungen einfach, dass solche Maschinen so groß wie ein Planet sein müssten. »Alien« stand für die Tatsache, dass die Natur, soweit wir wissen, keine Dreiecke in der Größe von Planeten hervorbringt. Indem er berechnete, wie solche Strukturen das Licht blockieren würden, wenn sie vor dem Stern vorbeizögen, stellte Arnold einen ganzen Katalog von Transits außerirdischer Megastrukturen zusammen. Manche von Arnolds theoretischen Lichtkurven hatten Ähnlichkeit mit dem, was Boyajian in den Daten von KIC 8 462 852 sah. Und genau darauf wies Wright in seinem Aufsatz hin.

Boyajian behauptete selbstverständlich nicht, etwas Derartiges entdeckt zu haben, und Wright sagte nichts weiter, als dass man es in die Liste der Möglichkeiten aufnehmen sollte. Als Wright und Boyajian einen Antrag auf Teleskop-Beobachtungszeit stellten, um nach Signaturen eines Dyson-Schwarms um KIC 8 462 852 zu suchen, bekam die Presse Wind von der Story, und schon bald prangte der Begriff Alien-Megastrukturen in fetten Schlagzeilen in aller Welt. Durch die Berichterstattung über KIC 8 462 852 – auch Tabbys oder Boyajians Stern genannt – nahm die Öffentlichkeit erstmals wahr, dass sich in der Suche nach außerirdischen Zivilisationen etwas verändert hatte.

Doch nach viel harter Arbeit und neuen Beobachtungen kam man am Ende zu dem Schluss, die beste Erklärung seien Staubwolken, nicht planetengroße Maschinen. Ärgerlich, ich weiß. Staubwolken sind nicht so aufregend wie Alien-Megastrukturen – es sei denn, man erforscht solche Staubwolken, dann sind sie schon verdammt aufregend, kann ich Ihnen sagen. Aber die Enttäuschung ist nicht das, worum es in dieser Geschichte geht. Das eigentliche Resultat der Episode um Tabbys Stern bestand in zwei wirklich wichtigen Erkenntnissen. Erstens: Die Exoplaneten-Revolution hatte die Regeln für die Suche nach außerirdischen Zivilisationen völlig neu geschrieben. Und zweitens: Der verhängnisvolle Kicher-Faktor verlor endlich an Macht. Es wurde zunehmend akzeptabel, in von Expertinnen und Experten begutachteten wissenschaftlichen Artikeln Technosignaturen als reale Möglichkeit zu erwähnen.

Dass Wright Alien-Artefakte als denkbare Ursache für die mysteriösen Daten in Betracht zog, war so lange vernünftig, bis diese Möglichkeit widerlegt wurde. Das war ein Meilenstein in der Geschichte der modernen Suche nach Leben und Intelligenz. Nicht minder wichtig war die Tatsache, dass Astronominnen und Astronomen genau so eine Signatur gesehen hatten, wie wir sie bei einer Form von Alien-Supertechnologie, die wir für mit am wahrscheinlichsten halten, erwarten würden. Auch wenn Tabbys Stern keine Alien-Supertechnologie hatte, wurde dadurch die Möglichkeit viel greifbarer, dass eines Tages ein anderer Stern so etwas haben könnte.

## LUFTVERSCHMUTZUNG, STADTLICHTER UND REFLEXIONEN:

### *Was außerirdische Himmel uns über Außerirdische verraten*

Wir verfügen also endlich über Teleskoptechnologien, die für unsere Suche leistungsstark genug sind (das James-Webb-Weltraumteleskop und weitere), und endlich wissen wir genau, wohin wir bei unserer Suche schauen müssen (auf Exoplaneten). Aber die Frage, wonach genau wir suchen, ist noch immer nicht geklärt. Eine Strategie besteht darin, einfach nach allem Ausschau zu halten, was merkwürdig erscheint – nach Anomalien. Darauf ist ein Großteil des heutigen Radio-SETI ausgerichtet. Die Forschenden nutzen die Fortschritte in der künstlichen Intelligenz, um Berge von Beobachtungsdaten nach Signalen zu durchforsten, die aussehen, als seien sie nicht natürlichen Ursprungs. Ein anderer Weg – der, den meine Kolleginnen und Kollegen in dem von der NASA finanzierten Projekt eingeschlagen haben – ist, sich damit zu beschäftigen, wie irgendeine Zivilisation an irgendeinem Ort sich entwickeln könnte. Wir müssen systematisch Vorstellungen davon entwickeln, wie technologische Entwicklung voranschreitet, und überlegen, welche beobachtbaren Spuren sie hinterlassen würde. Insbesondere müssen wir wissen, was Zivilisationen im Allgemeinen mit ihren Planeten machen. Zum Glück liefert uns die Geschichte der Menschen auf der Erde eine wahrscheinliche Antwort: Sie verschmutzen.

Es mag seltsam erscheinen, aber in den Atmosphären ferner Welten nach Verschmutzung zu suchen, könnte der schnellste Weg sein, um eine außerirdische Zivilisation zu finden. Im Begriff industrialisierte Zivilisationen steckt bereits das Wort Industrie. Was ist Industrie? Industrie ist die Nutzung von Energie, um Dinge zu erzeugen. Je fortgeschrittener (über die frühesten Werkzeuge hinaus) die Dinge werden, die man erzeugt, umso weniger natürlich sehen sie aus. Und wenn etwas von diesen fortgeschrittenen, unnatürlichen Dingen aus hundert Lichtjahren Entfernung zu sehen ist – zack! –, dann hat man eine Technosignatur.

Das klingt vielleicht zu abstrakt. Lassen Sie uns konkreter werden und ein Beispiel von unserer Erde betrachten. Fluorchlorkohlenwasserstoffe (FCKW) sind eine Molekülklasse, die in den 1920er-Jahren erfunden wurde. Erfunden ist hier das Schlüsselwort, denn FCKW kommen in der Natur nicht vor. Als Kombination aus den Elementen Fluor, Chlor und Kohlenstoff (naheliegend, ich weiß) haben FCKW bemerkenswerte Eigenschaften, aufgrund derer sie für verschiedene industrielle Verwendungszwecke ideal sind. Wegen ihrer Reaktion auf Hitze sind sie bestens für Klimaanlagen geeignet. Wegen ihrer Reaktion auf Druck eignen sie sich hervorragend für Sprühdosen. Und so fanden Milliarden Tonnen FCKW den Weg in Fabriken, Büros und Haushalte in aller Welt. Aufgrund der massenhaften industriellen Produktion fanden allerdings auch Millionen Tonnen FCKW den Weg in unsere Atmosphäre. Und dann entdeckte die Wissenschaft, dass die FCKW die Ozonschicht der Erde zerfraßen.

Ups.

Das war eine richtig schlechte Nachricht, denn die Ozonschicht schützt uns vor krebserregender Sonnenstrahlung. Als den Leuten klar wurde, was da im Gange war, versammelten sie sich, fassten sich an den Händen, sangen »Kumbaya«, und dann schränkten sie die Produktion von FCKW drastisch ein. Das war eine richtig große Sache, und unsere Reaktion wurde zum Vorbild dafür, wie man mit Treibhausgasen und dem Klimawandel umgehen sollte. Heute befinden sich zwar noch immer FCKW in unserer Atmosphäre, aber in viel geringerer Konzentration.

Diese Geschichte über Industrie, Luft und Chemie veranschaulicht zwei Dinge, die in Bezug auf unsere Jagd nach Aliens wirklich wichtig sind. Erstens: Chemikalien wie FCKW existieren nur aufgrund von Technologie. Und zweitens: Eine industrialisierte Zivilisation kann gewaltige Mengen solcher Chemikalien in die Atmosphäre ihres Planeten pumpen, sei es absichtlich oder aus Versehen. Bei unserem Beispiel mit den FCKW geschah es unabsichtlich, aber eine Zivilisation könnte ihrer Atmosphäre auch bewusst Chemikalien zufügen, aus den unterschiedlichsten Gründen (etwa Terraforming, dazu kommen wir später noch).

Und jetzt kommt der Clou. Manche der Chemikalien, die durch eine Zivilisation in die Atmosphäre gelangen, könnten über interstellare Distanzen hinweg detektierbar sein. Ich weiß das sicher, weil es eins der ersten Ergebnisse unserer NASA-finanzierten Forschungsgruppe zu Technosignaturen war. Wir haben es an FCKW gezeigt. Unser Team unter der Leitung von Jacob Haqq-Misra und Ravi Kopparapu erstellte ein mathematisches Modell eines erdähnlichen Planeten, der um einen zig Lichtjahre entfernten Stern kreist. Dann fügten wir seiner Atmosphäre FCKW in der gleichen Konzentration hinzu, in der sie gegenwärtig in unserer Atmosphäre vorhanden sind. Und schließlich »beobachteten« wir diesen simulierten Exoplaneten mit einer mathematischen Repräsentation des James-Webb-Weltraumteleskops. Unsere Ergebnisse zeigten, dass unter bestimmten Voraussetzungen schon wenige Wochen Beobachtungszeit genügten, um die FCKW in der Atmosphäre unseres bewohnten außerirdischen Planeten zu detektieren. Wäre es ein realer Planet gewesen, dann hätten wir somit einen schlüssigen Beweis für die Existenz einer außerirdischen Zivilisation gefunden. Wir waren ziemlich stolz auf diese Ergebnisse und auch ziemlich begeistert.

Unsere Ergebnisse waren sozusagen ein Meilenstein für die Wissenschaft von Technosignaturen. Zum ersten Mal hatten Forschende (unser Team) gezeigt, dass industrielle Technologie auf dem Stand, den wir heute auf der Erde haben (Beispiel FCKW-Produktion), mittels heute auf der Erde verfügbarer Teleskoptechnologie (Beispiel James-Webb-Teleskop) detektiert werden kann. Das führt zu einer simplen Schlussfolgerung: Die wissenschaftliche Alien-Jagd auf fremden Planeten hat heute reale Aussicht auf Erfolg. Das heißt nicht, dass es in der Atmosphäre irgendeines Exoplaneten tatsächlich industriell erzeugte Chemikalien gibt, aber es heißt, dass wir sie finden könnten, sofern sie in ausreichender Konzentration dort vorhanden sind.

Chemikalien in der Atmosphäre sind nicht die einzige Möglichkeit, wie ein ferner Planet uns verraten könnte, dass auf ihm eine Zivilisation heimisch ist. Wenn Sie sich ein Bild von der Erde bei Nacht anschauen, sehen Sie, wie all die Städte und die Straßen, die sie miteinander verbinden, wie ein Spinnennetz leuchten. Ein außerirdischer Besucher, der den Orbit der Erde erreicht hätte, könnte mit einem Blick auf die Nachtseite unserer Welt sofort erkennen, dass auf der Erde eine hochtechnisierte Spezies lebt. Können auch wir nach den Lichtern von Städten auf fernen Planeten Ausschau halten? Mit anderen Worten: Könnte künstliche Beleuchtung eine Technosignatur sein? Die Antwort ist ein entschiedenes Ja, dank all der Fortschritte in der Teleskoptechnologie, von denen ich hier in einem fort schwärme.

Künstliche Lichtquellen produzieren starke spektrale Fingerabdrücke, die von einem Exoplaneten aus sichtbar wären. Technologien wie die Natrium- oder Halogenlampen, die wir heute verwenden, haben einen kollektiven, globalen Effekt. Die Signatur dieser künstlichen Lichter wird im Licht eines fremden Planeten mit einer Zivilisation, die solche Lichter nutzt, codiert sein. Im Jahr 2021 hat Thomas Beatty gezeigt, wie diese Technosignaturen mithilfe von Teleskopen, die sich derzeit in der Entwicklung befinden, detektiert werden könnten.[2] Allerdings stand sein Ergebnis unter einem Vorbehalt. Damit wir mit den aktuell verfügbaren Teleskopen künstliches Licht auf fernen Planeten sehen könnten, müsste es dort möglicherweise viel mehr Stadtbeleuchtung geben als auf der Erde. Am ehesten könnten wir Planeten mit riesigen, weltumspannenden Städten sehen, wie Coruscant aus *Star Wars* oder Trantor aus Isaac Asimovs Foundation-Zyklus. Wissenschaftlerinnen und Wissenschaftler bezeichnen solche Planeten als Ecumenopolis, das heißt Stadtwelt. (Sie bekommen von mir einen Dollar, wenn Sie es heute noch schaffen, das Wort »Ecumenopolis« geflissentlich in eine Unterhaltung einzustreuen.)

Da unsere Teleskoptechnologie im Laufe der nächsten Jahrzehnte immer besser werden wird, können wir bald noch mehr tun, als nur im Licht von Planeten nach Technosignaturen zu suchen. Die neue, derzeit im Bau befindliche Generation erdgebundener Teleskope wird dreißig Meter große Spiegel haben. Das ist fast die dreifache Größe unserer heutigen Teleskope. Mit diesen Monstren und fortgeschrittenen Techniken, um das von einem Exoplaneten reflektierte Licht zu analysieren, werden Astronominnen und Astronomen vielleicht in der Lage sein, niedrigauflösende Bilder von Planetenoberflächen zu erstellen.[3] Das wäre ein wahrhaft revolutionärer Fortschritt. Das Erste, was wir mit Monsterteleskopen und der neuen Technik tun könnten, wäre, auf der Nachtseite des jeweiligen Planeten direkt nach hellen Bereichen zu suchen. Wir könnten auch lokale Wärmequellen kartieren, um Industriestandorte zu identifizieren, wo Energie genutzt wird, um die Arbeit zu tun, die zur Erhaltung einer Zivilisation nötig ist. Wenn es Ihnen radikal vorkommt, einen fremden Planeten auf diese Weise zu kartieren, so ist Ihr Instinkt richtig. Trotzdem, sofern Sie unter fünfzig sind, haben Sie gute Chancen, es noch zu erleben.

Die letzten planetenbasierten Technosignaturen, die hier Erwähnung verdienen, sind Solarkollektoren. 2017 erklärten Manasvi Lingam und Avi Loeb in einer Publikation, wie die Nutzung von Solarpanels in planetarem Maßstab klar detektierbare Technosignaturen erzeugt.[4] Lingam ist ein wirklich begnadeter Theoretiker mit einer enzyklopädischen Kenntnis der wissenschaftlichen Literatur. Wenn Sonnenlicht auf einen Solarkollektor trifft, wird ein Teil des Lichtes absorbiert und ein Teil ins Weltall zurückgeworfen. Denken Sie an den Glanz, der von jedem reflektierenden Objekt ausgeht. Das reflektierte Licht trägt sozusagen einen Fingerabdruck seiner Begegnung mit dem Kollektor. Lingam und Loeb zeigten, dass dieser Fingerabdruck immer da ist, ganz gleich, was für Material die potenziellen Außerirdischen verwenden, um Sonnenstrahlung nutzbar zu machen. Die Natur stellt nur bestimmte Arten von Elementen bereit, die geeignet sind, Sonnenlicht in elektrischen Strom umzuwandeln, wie etwa Silicium. Lingam und Loeb nannten die Signatur, die Sonnenkollektoren bei reflektiertem Licht hinterlassen, eine UV-Kante. Es handelt sich im Wesentlichen um einen sprunghaften Anstieg der Reflektivität, der im ultravioletten Bereich des Spektrums auftritt.

Eins ist an diesem Ergebnis besonders cool: Astrobiologinnen und -biologen wissen schon seit einiger Zeit, dass unsere Biosphäre im Spektrum der Erde eine starke »Rot-Kante« erzeugt. Durch Beobachtung der Erde von unseren eigenen Raumschiffen aus entdeckten sie, dass es bei der Reflexion von Sonnenlicht durch die Erde einen großen Sprung an der Grenze zwischen den Wellenlängen von Grün und Rot gibt. Diese Rot-Kante entsteht dadurch, dass Sonnenlicht von all den Blättern an all den Bäumen in all unseren Wäldern zurückgeworfen wird. Etwas Ähnliches müsste auf jedem Planeten geschehen, wo Fotosynthese in großem Stil abläuft. Die Rot-Kante stand einige Zeit als potenzielle Biosignatur hoch im Kurs. Heute ist – dank Lingam und Loeb – die UV-Kante vielleicht eine unserer besten potenziellen Technosignaturen.

# ARTEFAKTE IM SONNENSYSTEM:
## *Gehört das Ihnen?*

Am 20. Juli 1969 erreichten Neil Armstrong und Buzz Aldrin mit ihrer Landefähre sicher die Mondoberfläche. Sie stellten eine Flagge auf, platzierten ein paar wissenschaftliche Instrumente und hoben dann wieder ins Weltall ab, wobei sie die Landestufe (die untere Hälfte) der Landefähre auf dem Mond zurückließen. Ihr Aufenthalt dauerte nur ungefähr vierundzwanzig Stunden. Es waren zweifellos bedeutende Stunden in der jahrtausendealten Menschheitsgeschichte, doch sie verblassen im Vergleich zu der langen Zeit, die das, was die Männer zurückließen, nun dort auf dem Mond bleiben wird. Ohne Erosion durch Wind und Regen werden die von Armstrong und Aldrin hinterlassenen Artefakte möglicherweise Millionen Jahre oder noch länger überdauern und könnten von anderen entdeckt werden.

Dieser bemerkenswerte zeitliche Maßstab wirft eine ebenso bemerkenswerte Frage auf. Wenn unser Zeug auf dem Mond so lange erhalten bleiben wird, was ist dann mit dem Zeug, das jemand anders – oder etwas anderes – bei einer Stippvisite hinterlassen haben könnte? Anders ausgedrückt: Sollten Außerirdische vor langer Zeit durch das Sonnensystem gekommen sein und Ausrüstungsgegenstände auf dem Mond zurückgelassen haben, könnten wir diese Gegenstände dann finden?

Das ist die Frage, die in einem ganz eigenen Zweig der Technosignaturen-Forschung gestellt wird, dem sogenannten Sonnensystem-SETI, auch Artifact-SETI genannt. Die Grundidee ist ebenso simpel wie verblüffend. Nun, da die Erforschung des Sonnensystems die nächste Reifestufe erreicht, sollten wir einen Teil unserer Zeit darauf verwenden, nach Dingen zu suchen, die Außerirdische hinterlassen haben könnten. Um genauer zu verstehen, wovon Sonnensystem-SETI-Forschende sprechen, beginnen wir mit den Arten von Suchen, die gerade möglich werden. Der Mond ist ein guter Ansatzpunkt.

In den Jahrzehnten seit dem Apollo-Programm wurden viele Roboter-Orbiter zum Mond geschickt, um Bilder von seiner Oberfläche aufzunehmen. Die Bilder wurden immer besser, sodass wir die Mondoberfläche inzwischen fast vollständig kartiert haben, mit einer Auflösung von etwa einem Meter. Dank dieser Klarheit können wir im Prinzip die gesamten rund achtunddreißig Millionen Quadratkilometer Mondoberfläche nach Hinweisen auf Technologien absuchen, die jemand anders als wir dort zurückgelassen hat. Wenn man das von Hand tun wollte, wäre man ein Leben lang beschäftigt. So geduldig ist kein Mensch. Aber dank künstlicher Intelligenz können wir Computer dazu bringen, uns diese Arbeit abzunehmen. Mithilfe von maschinellem Lernen kann ein Computer darauf trainiert werden, in den Bildern der Mondoberfläche nach Anomalien zu suchen. In diesem Fall sind Anomalien alles, was nicht aussieht wie Gestein. Im Jahr 2020 tat ein Forschungsteam des Jet Propulsion Lab der NASA genau das für einen kleinen Teil der Fläche, nämlich den Bereich um die Stelle, wo die Apollo 11 gelandet war. Die KI konnte in diesem relativ kleinen Zielgebiet problemlos die Landestufe identifizieren. Im nächsten Schritt würde das Team – sofern es dafür Forschungsmittel bekommt – die Suche auf Bilder vom gesamten Mond ausweiten.

Aber wir könnten nicht nur die Oberflächen von Monden und Planeten nach fremden technologischen Artefakten absuchen, sondern auch nach außerirdischen Maschinen Ausschau halten, die im interplanetaren Raum herumfliegen. Das Problem ist hierbei allerdings die ständige Einwirkung der Gravitationskräfte von Planeten, wenn sie ihre Bahnen um die Sonne ziehen. Mit der Zeit wird diese immer wiederkehrende leichte Anziehung das Artefakt in seiner Umlaufbahn destabilisieren. Nach Hunderttausenden bis Millionen Jahren werden die meisten von Außerirdischen im interplanetaren Raum hinterlassenen Artefakte entweder von der Sonne angezogen werden oder auf einen Planeten stürzen. Damit dieser Ansatz zum Erfolg führen kann, müssen die Wissenschaftlerinnen und Wissenschaftler Umlaufbahnen um die Sonne oder um Planeten identifizieren, die Milliarden Jahre lang stabil sind. Solche langen Zeiträume sind erforderlich, weil wir nicht wissen können, wann unsere hypothetischen außerirdischen Besucher da waren. Sollten sie zur Zeit der Dinosaurier vor hundert Millionen Jahren vorbeigekommen sein, dann müssten sie ihre Sonden schon genau auf den richtigen Umlaufbahnen platziert haben, damit wir sie heute noch finden können.

Nun zu der großen, entscheidenden Frage hinter all diesen Überlegungen: Könnten wirklich Außerirdische unser Sonnensystem besucht haben? Ich würde sagen, dass die Chancen in dieser Hinsicht eher gering sind, verglichen mit der Suche nach Technosignaturen von außerirdischen Planeten selbst. Wenn Sie Aliens finden wollen, schauen Sie da nach, wo sie leben (auf Exoplaneten), nicht in der Umgebung irgendwelcher entlegenen Planeten wie der Erde.

Aber wie dem auch sei, ich bin der Idee, in unserem Sonnensystem könnte es außerirdische Artefakte geben, zuerst ernsthaft bei einem Vortrag auf einer Konferenz zu Technosignaturen im Jahr 2020 begegnet. Der Redner sprach über »Lurker«, hypothetische unbemannte Beobachtungssonden, die eine andere Zivilisation ausgesandt haben könnte, um unsere Erde auszukundschaften. In diesem Moment wurde mir bewusst: Wenn wir einen Planeten mit Biosignaturen finden sollten, würden wir so schnell wie möglich etwas auf den Weg bringen, um ihn zu belauern. Wir würden einen Roboter durch den interstellaren Raum schicken, um den Planeten mit der Biosphäre zu beobachten und uns Daten zu senden. Wenn alles gut ginge, würden wir noch einen losschicken und dann noch einen und noch einen. Ehrlich gesagt, bei diesem Gedanken überlief mich ein kalter Schauder. Wenn diese UFOs-gehören-zu-Aliens-Sache für mich jemals einen Sinn ergeben hat, dann so: In den UFOs sitzen keine Besucher mit dreieckigen Köpfen, die darauf aus sind, ein paar Rinder hochzubeamen, es handelt sich um Maschinen, die durch die endlosen Weiten des Alls geschickt wurden, um

Daten zu sammeln. Bevor ich mich dieser Idee verschreibe, hätte ich allerdings noch eine ganze Menge Fragen, etwa, warum diese Sonden zwar anscheinend hochentwickelt genug sind, um sich unseren Blicken zu entziehen, andererseits aber doch so schlecht im Tarnen, dass wir sie ständig beinahe sehen (denken Sie an das Fernlicht-Argument aus dem vierten Kapitel). Und das ist nur die erste meiner Fragen.

Allerdings muss man nicht daran glauben, dass UFOs Aliens transportieren, um zu finden, dass Sonnensystem-SETI einen Versuch wert ist. Die Sonne und ihre Planeten sind immerhin über vier Milliarden Jahre alt. Artefakte, die in unser Sonnensystem geschickt oder von Durchreisenden hinterlassen wurden, könnten zu jedem beliebigen Zeitpunkt in diesen Äonen hier eingetroffen sein. Auch wenn sie längst kaputt und nicht mehr funktionsfähig sind, könnten wir sie immer noch detektieren. Wie auch immer man es betrachtet, Sonnensystem-SETI ist ein praktikabler Ansatz für die Suche nach Technosignaturen. Dank schneller Fortschritte in unserer eigenen Technologie (vor allem in der KI und der interplanetaren Erkundung) ist nun endlich die Zeit gekommen, ernsthaft in diese Suchen einzusteigen.

## WAR 'OUMUAMUA EINE AUSSERIRDISCHE SONDE?

*Sie haben Besuch*

Das seltsame Objekt war seit Äonen in der Dunkelheit des fernen Weltraums unterwegs und hatte still und unbemerkt die riesige, kalte Leere zwischen den Sternen durchquert. Nun wurde das Licht von Sol, dem Heimatstern der Erde, heller, da das fremde Objekt die Umlaufbahn des Neptuns kreuzte und in unser Sonnensystem vordrang. Doch es würde nicht lange bleiben. Nachdem die Menschheit den galaktischen Besucher als solchen erkannt hatte, würden nur wenige Monate bleiben, um den Eindringling zu studieren, ehe er an der Sonne vorbeiflog und abermals in die Schwärze eintauchte, auf Nimmerwiedersehen.

Ungefähr so beginnt *Rendezvous mit Rama*, ein Science-Fiction-Roman von Arthur C. Clarke aus dem Jahr 1973. Ein kilometerlanges, zylindrisch geformtes außerirdisches Raumschiff durchquert mit hoher Geschwindigkeit das Sonnensystem auf einer unbekannten Mission mit unbekanntem Ziel. Nachdem es zunächst fälschlich als interstellarer Komet identifiziert worden war, blieb den Menschen nur noch wenig Zeit, ein Raumschiff zu entsenden, um das fremde Objekt zu erforschen. Fünfunddreißig Jahre später ahmte das Leben die Kunst nach, als 'Oumuamua plötzlich am Rand unseres Weltraums auftauchte.

Das Teleskop Pan-STARRS (kurz für Panoramic Survey Telescope and Rapid Response System) steht hoch auf dem Vulkan Haleakalā auf der Insel Maui, Hawaii. Es wird von der University of Hawaii betrieben und hat die Aufgabe, den Himmel ständig nach Transients abzusuchen – Himmelsobjekten, die sich schnell verändern oder plötzlich auftauchen und wieder verschwinden. Am Abend des 19. Oktober 2017 entdeckte das Teleskop Pan-STARRS einen Transient, wie noch nie einer beobachtet worden war. Das Objekt, das die Bezeichnung 1I/2017 U1 bekam, war weder ein Komet noch ein Asteroid, der gerade wieder einmal um die Sonne kreiste. Aufgrund seiner Geschwindigkeit und der Art seiner Bewegung war klar, dass 1I/2017 U1 nur auf der Durchreise war. Es war nicht Teil des Sonnensystems. Es war ein Besucher.

Das Objekt, das an jenem Oktobertag entdeckt wurde, war der erste echte interstellare Eindringling, der je im Sonnensystem gesehen wurde, und somit eine Sensation. Zuerst dachte die wissenschaftliche Gemeinschaft daran, das Objekt Rama zu nennen, doch bald einigte man sich auf 'Oumuamua, das hawaiianische Wort für »Kundschafter«. Binnen eines Tages nach 'Oumuamuas Erscheinen stand die astronomische Community Kopf. Astronominnen und Astronomen eilten herbei, um so viele Beobachtungen wie möglich zu machen, ehe der Besucher wieder in der Leere zwischen den Sternen verschwand. Hauptziel der Bemühungen war, die grundlegendste aller Fragen zu beantworten: Was war dieses Ding? Theoretische Studien hatten schon lange vorhergesagt, dass Kometen und Asteroiden leicht aus einem Sonnensystem in den interstellaren Raum hinausgeschleudert werden könnten. Die Hauptursache für ein solches Ereignis wäre eine enge Begegnung mit einem Planeten von der Größe des Jupiters. Doch als die Daten hereinkamen, schien es, als ließe sich 'Oumuamua nicht so leicht klassifizieren.

Da war zunächst einmal die merkwürdige Form. Durch gründliche Beobachtung des von 'Oumuamua reflektierten Lichts kam die wissenschaftliche Gemeinschaft zu dem Schluss, dass das Objekt ein extremes Aspektverhältnis hatte. Das ist ein hochtrabender Ausdruck dafür, dass es entweder lang und dünn wie eine Zigarre war oder flach und rund wie ein Pfannkuchen. Solche Formen entstehen eher nicht auf natürliche Weise, und im Sonnensystem war noch nie ein Objekt gesichtet worden, das aussah wie 'Oumuamua.

Zweitens war da die Art, wie es sich fortbewegte. Wenn ein »totes« Objekt wie ein Asteroid um die Sonne kreist, können Beschleunigungen (bzw. Geschwindigkeitsveränderungen) ausschließlich durch Gravitation zustande kommen. Die Gravitation der Sonne zieht das Objekt zur Sonne hin. Auch die Planeten üben Zugkräfte aus. Mit einem geeigneten Computer kann man in der Regel unter Berücksichtigung all dieser gravitativen Einflüsse auf die Bewegung eines Objekts alle Veränderungen seiner Geschwindigkeit vorhersagen. Wenn man mehr Beschleunigung beobachtet, als durch Gravitation zu erklären wäre, dann lässt sich daraus folgern, dass das Objekt nicht tot ist. Etwas muss auf seiner Oberfläche im Gange sein. Das ist oft bei Kometen der Fall, die im Grunde schmutzige Eisbälle von der Größe eines Berges sind. Wenn Kometen sich auf ihrer Umlaufbahn der Sonne nähern, erwärmen sie sich, und etwas von dem Eis wird gasförmig. Dampf bricht mit Druck durch die Oberfläche des Kometen nach außen. Das wirkt wie lauter kleine Düsenantriebe, die den Kometen in diese oder jene Richtung treiben. Solche nicht gravitativen Beschleunigungen sind immer von Wolken aus Wasserdampf und anderen hinausgeschleuderten Substanzen begleitet, und diese kann man detektieren.

Die Expertinnen und Experten, die 'Oumuamua beobachteten, sahen eine stetige nicht gravitative Beschleunigung. Das hätte eigentlich zu der einfachen Schlussfolgerung führen sollen, dass es sich bei 'Oumuamua tatsächlich um den Kern eines Kometen handelte, der aus einem fernen Sternsystem geschleudert worden war. Doch als die Astronominnen und Astronomen nach ausgestoßenem Gas oder Dampfstrahlen suchten, wurden sie nicht fündig. Falls es so etwas in der Umgebung von 'Oumuamua gab, so war es zumindest nicht sichtbar.

'Oumuamua stellte die Astronomie also vor ein Dilemma. Man hatte etwas Neues am Himmel entdeckt, konnte seine Eigenschaften aber nicht vollständig erklären. Das ist an sich keine so fundamental neue Situation – Astronominnen und Astronomen beobachten oft Dinge, die sie nicht verstehen. Erst nachdem sie alle naheliegenden, einfachen Erklärungen abgeklopft haben, wenden sie sich der Kategorie zu, die am treffendsten mit »Holy shit!« zu beschreiben ist. Das ist die Kategorie, in der außerirdische Raumschiffe beheimatet sind.

Genau diese Möglichkeit – dass es ein außerirdisches Raumschiff sein könnte – zog Avi Loeb in seiner Arbeit mit Shmuel Bialy tatsächlich in Betracht. Loeb war der Leiter des Harvard Astronomy Department, als er und Bialy Artikel schrieben, in denen sie Lichtsegel als mögliche Erklärung für 'Oumuamua vorschlugen. Wie bereits im vierten Kapitel besprochen, ist die Idee von Lichtsegeln als interplanetarem Antrieb schon seit längerer Zeit im Gespräch, und wir haben sogar ein paar Tests damit im Orbit der Erde durchgeführt. Loeb und Bialy hielten es für bedenkenswert, dass 'Oumuamua exakt so eine Maschine sein könnte, von einer anderen Spezies auf den Weg geschickt und nun auf der Durchreise durch unser Sonnensystem. Dieser Vorschlag fiel in eine ähnliche

Kategorie wie seinerzeit die Hypothese, dass Alien-Megastrukturen die merkwürdige Transitsignatur von Tabbys Stern verursachen könnten. Allerdings lag dieser Fall insofern anders, als 'Oumuamua nach seinem Verschwinden wirklich ein für alle Mal weg war. Binnen eines Jahres war das Objekt so weit entfernt, dass wir es selbst mit unseren besten Teleskopen nicht mehr sehen konnten. Wir sollten nie wieder von 'Oumuamua hören.

In Ermangelung neuer Daten blieben uns nur die alten. Aufgrund der verfügbaren Informationen nimmt der größte Teil der wissenschaftlichen Gemeinschaft an, dass 'Oumuamua der ausgebrannte Kern eines extrasolaren Kometen war. Für die Form des Objekts und seine nicht gravitativen Beschleunigungen wurde eine ganze Reihe unterschiedlicher Erklärungen vorgeschlagen. So haben beispielsweise manche Forscherinnen und Forscher argumentiert, 'Oumuamua könnte aus gefrorenem Stickstoff statt des häufiger vorkommenden Wassers oder Kohlendioxids (Trockeneis) bestanden haben. Anders als Wasser und Kohlendioxid ist Stickstoff sehr schwer zu detektieren, insofern könnte das die Lösung sein. Loeb und Bialy halten allerdings dagegen, dass Kometen nicht aus gefrorenem Stickstoff entstehen können. Allgemeiner gesprochen behauptet Loeb, dass »natürliche« Erklärungen nicht ausreichen, um 'Oumuamuas Eigenschaften plausibel zu begründen. Für ihn ist die beste und vernünftigste Erklärung die, es habe sich tatsächlich um ein außerirdisches Artefakt gehandelt, das bei uns auf der Durchreise war.

Nun ist 'Oumuamua außer Reichweite (auch wenn vorgeschlagen wurde, eine Sonde hinterherzuschicken, um das Objekt zu verfolgen), und so können wir die Frage nach seiner Herkunft und Beschaffenheit nicht mehr mit Gewissheit klären. Ich finde, in Ermangelung neuer Informationen und in Anbetracht der viel zitierten Beweisstandards ist die Alien-Hypothese wenig plausibel. Wir haben einfach nicht genug Daten, um irgendwelche gesicherten Erkenntnisse über 'Oumuamua abzuleiten. Das heißt, auch wenn nicht auszuschließen ist, dass es sich um ein von Lichtsegeln getriebenes außerirdisches Objekt handelte, sollte diese Erklärung doch nicht zuoberst auf der Liste stehen. Dieses Fragezeichen wird für immer ein Fragezeichen bleiben.

Allerdings steht 'Oumuamua inzwischen nicht mehr im Mittelpunkt des Interesses. Wir haben bereits den nächsten interstellaren Besucher in unserem Sonnensystem entdeckt. Er heißt 2I/Borisov und wurde als extrasolarer Komet identifiziert. Und wo es zwei gab, werden zweifellos noch mehr sein. Nun, da wir Bescheid wissen, werden wir nach ihnen Ausschau halten. Vielleicht ist ja der nächste oder übernächste Besucher tatsächlich ein Artefakt einer außerirdischen Intelligenz, das den Namen Rama wirklich verdient.

## TERRAFORMING:
### *Wie man einen bewohnbaren Planeten erschafft*

Gute Planeten sind schwer zu finden. Ob es nun um Menschen geht, die sich nach neuen Welten zum Besiedeln umschauen, oder um Außerirdische auf der Suche nach einem Ersatz-Zuhause – die meisten Planeten erfüllen einfach nicht die Anforderungen. Viele von ihnen, wie Merkur in unserem Sonnensystem, haben gar keine Atmosphäre. Und auf den Planeten mit Atmosphäre sind wahrscheinlich nicht die Gase vorhanden, die die jeweilige Spezies zum Atmen braucht. Was soll eine hochentwickelnde raumfahrende Zivilisation da tun? Die neue Welt mittels Astrotechnik so verändern, dass man es dort ganz so hat wie zu Hause.

Dieser Prozess, Terraforming genannt, ist ein beliebtes Handlungselement in der Science-Fiction, es begegnet uns in Filmen und Fernsehserien wie *Aliens, Star Trek* und *Firefly* oder in Videospielen wie *Horizon Zero Dawn* und *The Outer Worlds*. Elon Musk hat mit Äußerungen über Terraforming des Mars für großes Aufsehen gesorgt, und es scheint, als ob eine hinreichend hochentwickelte Zivilisation so etwas tatsächlich bewerkstelligen könnte. Sollte dem so sein, dann wären die Auswirkungen von Terraforming möglicherweise sehr gut erkennbar; eine Technosignatur, die einen förmlich anspringt. Aber wenn wir darüber nachdenken, wie wir intelligentes Leben finden könnten, indem wir nach Ingenieurtätigkeit im Maßstab ganzer Planeten Ausschau halten, müssen wir erst verstehen, wie Terraforming vonstattengehen könnte.

Angenommen, Sie haben da einen richtig schäbigen Planeten und wollen ihn in ein Paradies verwandeln. Was müssen Sie tun? Welche Schritte, welche Technologien sind für die Transformation nötig?

## *Ihr Planet hat keine Atmosphäre?*

Da haben Sie wohl einen ziemlichen Rohbau von einem Planeten erwischt. Als Erstes müssen Sie nun ein paar Kometen auftreiben und ihre Umlaufbahnen so umlenken, dass sie auf dem Planeten einschlagen. Kometen stecken voller Stoffe wie Kohlendioxid ($CO_2$) und Wasser ($H_2O$), und beides brauchen Sie, um eine hübsche Gashülle um Ihre Welt aufzubauen. $CO_2$ ist außerdem ein wunderbares Treibhausgas, das Sie wiederum benötigen, um auf angenehme Tagestemperaturen zu kommen. Wasser kann leicht aufgespalten werden, um Sauerstoff freizusetzen, den Sie dann zum Atmen nutzen können, sofern Sie solche Vorlieben pflegen. Während dieser apokalyptischen Phase, in der Sie den Planeten mit Kometen bombardieren, sollten Sie sich natürlich nicht auf der Oberfläche aufhalten. Aber wenn sich der Rauch verzogen hat (etwa nach ein paar Hundert Jahren), haben Sie grünes Licht.

Einen Teil dessen, was Sie brauchen, können Sie vielleicht auch aus gefrorenen Reserven auf dem Planeten selbst beziehen. Möglicherweise findet sich tief im Inneren Ihrer Welt eine Menge von dem, was man in der Planetenphysik volatile Elemente nennt, und die sind gut für den Aufbau einer Atmosphäre. Volatile Elemente sind so etwas wie Stickstoff, Kohlendioxid, Ammoniak und Methan. Diese werden schon bei relativ niedrigen Temperaturen (etwa bei Zimmertemperatur) gasförmig. Methan und Ammoniak wären für Menschen schrecklich (Ersteres stinkt wie ein Furz, und Letzteres zerfrisst Ihnen die Lunge), aber für Aliens duften sie vielleicht ganz anheimelnd. Hier ist anzumerken, dass in Plänen zum Terraforming des Mars oft ein entscheidender Punkt darin besteht, das $CO_2$ zu schmelzen, das in seinen großen Eiskappen steckt. Leider deuten neuere Forschungsergebnisse darauf hin, dass auf dem Mars vielleicht nicht so viel $CO_2$ gebunden ist, wie für ein Terraforming erforderlich wäre.

### *Ihr Planet hat eine Atmosphäre, aber sie ist für Ihre Zwecke ungeeignet – ein Reinfall?*

Wenn Ihr Planet bereits eine Atmosphäre hat, aber eine von der falschen Sorte, müssen Sie ebenfalls die oben beschriebenen Schritte durchführen. Beim Terraforming geht es darum, eine Atmosphäre und ein Klima zu erschaffen, die Ihren Bedürfnissen entsprechen. Wenn der Planet wie der Mars ist, dann wird es dort zwar »Luft« geben, aber zu wenig, um die Oberfläche warm zu halten. Es wird auch nicht genug Sauerstoff vorhanden sein, damit eine Spezies wie die unsere dort überleben könnte. Sie müssten also nach Material Ausschau halten, das Sie schmelzen und dann verdampfen lassen können, damit es in die Atmosphäre gelangt. Wenn so etwas nicht verfügbar ist, müssen Sie eben auf Kometen zurückgreifen.

Bei einem Planeten wie der Venus hingegen liegen die Dinge entgegengesetzt. Die Venus hat zu viel Atmosphäre, die allerdings fast nur aus $CO_2$ besteht. Zum Terraforming müsste man hier wohl einen riesigen Sonnenschirm im Orbit anbringen, um das Sonnenlicht zu blockieren. Dann würde das $CO_2$ abkühlen, kondensieren und aus der Atmosphäre ausfallen. Übrig bliebe eine Art schaumiges Trockeneis auf der

Planetenoberfläche. Man müsste dann all das $CO_2$ von der Oberfläche räumen und vergraben. Einen ganzen Planeten von Schnee zu befreien, ist natürlich keine Aufgabe für technologische Memmen. Das könnte nur eine ziemlich hochentwickelte Spezies bewerkstelligen.

Wenn Sie erst eine geeignete Atmosphäre erschaffen müssen, dann werden Sie auch nicht darum herumkommen, eine Biosphäre gentechnisch zu erzeugen. Falls Sie eine Gartenwelt wünschen, müssen Sie einen Garten pflanzen. Ein bewohnter Planet bedeutet eine reiche Biosphäre mit einer Fantastillion unterschiedlicher Spezies, die zusammenleben (und sich gegenseitig fressen). Wahrscheinlich können Sie nicht einfach die Flora und Fauna von Ihrem Heimatplaneten importieren, also müssen Sie ein paar Mikroben genetisch modifizieren, um der Biosphäre auf Ihrer neuen Welt Starthilfe zu geben. Wenn diese erst einmal in Fahrt sind, helfen sie außerdem dabei, die Zusammensetzung Ihrer Atmosphäre zu regulieren, indem die Mikroben die richtigen Elemente in die Atmosphäre abgeben beziehungsweise ihr entziehen. Das geschieht auch auf der Erde: Der Sauerstoff in unserer Atmosphäre stammt von Lebewesen auf unserem Planeten. Das sollten Sie sich zum Vorbild nehmen.

Und das war's auch schon. Eigentlich ganz einfach, oder? Sie müssen nur den Prozess in Gang setzen, ein paar Jahrhunderte (oder Jahrtausende) abwarten und währenddessen noch da und dort ein wenig eingreifen, und voilà, schon können Sie Ihre neue Welt bewohnen.

Wie kann nun Terraforming zur Technosignatur werden? Eine Idee dazu kommt von Jill Tarter: Man könnte nach einer Reihe gleichartiger Planeten auf Umlaufbahnen um einen fernen Stern suchen. Wenn Sie sich die Gesteinsplaneten in unserem eigenen Sonnensystem anschauen, so unterscheiden diese sich stark voneinander. Merkur hat keine Atmosphäre. Venus hat zu viel Atmosphäre und einen entgleisten Treibhauseffekt. Die Erde hat eine Atmosphäre und Ozeane. Der Mars ist eine trockene, gefrorene Wüste mit dünner Atmosphäre. Nun stellen

Sie sich vor, wir fänden im Gegensatz dazu in einem anderen Sonnensystem vier Gesteinsplaneten, die alle genau die gleiche Atmosphäre und das gleiche Klima hätten. Stellen Sie sich vor, auf allen läge die Sauerstoffkonzentration bei einundzwanzig Prozent und die Durchschnittstemperatur an der Oberfläche bei 16 °C. Eher unwahrscheinlich, dass derart identische Bedingungen von selbst auftreten, deshalb wären sie ein Hinweis darauf, dass die Bedingungen auf diesen Planeten bewusst so geschaffen wurden.

Eine andere Möglichkeit, wie Terraforming zu Technosignaturen führen könnte, wäre, Außerirdische auf frischer Tat zu ertappen. Wenn wir beispielsweise den Mars bewohnbar machen wollten, würden wir künstlich Treibhausgase in die Atmosphäre pumpen, um den Planeten zu erwärmen. Wie Sie ja wissen, verfügen wir bereits über geeignete Chemikalien in Form von FCKW. Diese sind für den Treibhauseffekt viel wirksamer als $CO_2$, also würden wir vielleicht solche Chemikalien in der Atmosphäre eines Planeten detektieren, wo gerade Terraforming geschieht.

Leider kann niemand wirklich sagen, ob Terraforming möglich ist. Vielleicht kann man das planetare Klima einfach nicht künstlich erzeugen. Vielleicht wäre eine Atmosphäre in der gewünschten Zusammensetzung immer instabil und würde nach einem Jahrhundert oder so kollabieren. Aber falls wir unser eigenes kleines Experiment im Astro-Engineering – den Klimawandel – überleben, bekommen wir möglicherweise eine Chance, auf dem Mars die Antworten auf ein paar dieser Fragen zu finden. Besser noch – wenn man bedenkt, was für eine einfache und naheliegende Idee Terraforming im Grunde ist, könnte man eigentlich erwarten, dass jede raumfahrende Spezies es einmal ausprobieren will.

SO. MEGASTRUKTUREN, ATMOSPHÄRENVERSCHMUTZUNG, KÜNSTLICHES Licht von Städten, Welten, die mit Solarpanels bedeckt sind, Terraforming – wir haben in diesem Kapitel eine breite Palette möglicher Technosignaturen betrachtet, die auf imaginären anderen Welten zu finden sein könnten. Im Zuge dessen haben wir auch eine Vorstellung davon gewonnen, wie Technosignaturen und Biosignaturen in Wechselwirkung mit dem Leben stehen, das seinen jeweiligen Planeten verändert.

Als wesentlichen Punkt können wir festhalten, dass das Leben kein schüchternes kleines Kaninchen ist, das sich im Schatten seines großen bösen Planeten versteckt. Im Gegenteil. Es hat Kraft, und diese Kraft kann eine Welt so grundlegend verändern, dass wir die Folgen über große Entfernungen hinweg sehen können, selbst hier in unserem bescheidenen Zuhause, der Erde.

Das alles sind keine bloßen Gedankenspiele. Nach diesen Signaturen extraterrestrischen Lebens zu suchen, ist etwas, das wir tun können und mit dem James-Webb-Teleskop tatsächlich tun. Allerdings ist dieses Teleskop nur gerade eben ausreichend, um die Suche richtig in Gang zu bringen. Die Maschinen, die sich derzeit noch in der Konstruktion befinden, wie ein Projekt mit dem Namen Extremely Large Telescope, werden uns auf das nächste Level bringen. Noch besser sind diejenigen, die erst auf dem Reißbrett existieren, etwa das Habitable Worlds Observatory der NASA, das der Nachfolger des James-Webb-Teleskops wird. Es soll ungefähr 2040 in Betrieb gehen, und bei der Entwicklung hat die Entdeckung von Leben höchste Priorität. Ich selbst werde bis dahin vielleicht alt und etwas schrullig sein, aber ich bin sicher, auf viele von Ihnen trifft das nicht zu, und Sie werden live miterleben können, wie die Daten hereinkommen.

Achtung, es wird spektakulär.

## KAPITEL 7

# TUN DIE ALIENS ES AUCH?

*Was finden wir, wenn wir Außerirdische entdecken?*

NUN MAL HAND AUFS HERZ, HABEN SIE DIESES KAPITEL ALS ERSTES aufgeschlagen?

Ich erlaube mir kein Urteil, ich meine ja nur …

Und zwar meine ich Folgendes. Natürlich wollen Sie wissen, wie Aliens Sex haben. Das wollen wir alle. Überhaupt wollen wir wissen, wie Aliens alles Mögliche tun. Weil schließlich alles, was Wesen von einem fremden Planeten tun, nun ja, fremdartig sein muss. Wenn man bedenkt, wie völlig anders ihre Planeten und ihre Geschichte sein müssen, können wir dann eigentlich irgendetwas über Aliens selbst sagen, das nicht schlicht erfunden wäre? Können wir uns an der Wissenschaft orientieren, wenn wir darüber nachdenken, wie Außerirdische aussehen, was sie tun und wie sie es tun?

Die Vielfalt biologischer Formen und Funktionen auf der Erde ist atemberaubend, wunderschön und einfach unglaublich mannigfaltig. Das Leben auf diesem Planeten bietet die ganze Palette von Amöben über Oktopoden und Weißkopf-Seeadler bis hin zu Menschen, die Computer in der Hosentasche tragen. Sollten wir nicht auf fremden Welten mit einer ebenso großen, wenn nicht noch größeren Vielfalt rechnen? Wenn wir uns die Aliens aus Hollywood anschauen, sehen wir, wie beschränkt unsere Vorstellungskraft (oder das Budget der betreffenden Filme) bei der Darstellung solcher Vielfalt ist. Die meisten Außerirdischen in Filmen und Fernsehproduktionen sind einfach nur Menschen, denen etwas an die Stirn oder die Ohren geklebt wurde (ja, Mr. Spock, Sie sind gemeint). Viele der faszinierendsten Hollywood-Aliens, etwa die in dem Film *Alien*, haben Körper, die im Prinzip nach demselben Schema aufgebaut sind wie unsere. Anstatt einfach etwas zu erfinden, und das nicht einmal besonders gut, lassen Sie uns also schauen, ob die Wissenschaft bessere Hinweise darauf liefert, wie wir uns die Physiologie und das Verhalten Außerirdischer vorstellen sollten. Der Schlüssel zum Erfolg liegt darin, die Schnittstellen von Physik, Chemie und biologischer Evolution zu betrachten.

Beginnen wir also bei der Chemie und fragen uns, was an Kohlenstoff eigentlich so besonders ist.

## JENSEITS VON KOHLENSTOFFBASIERTEM LEBEN?

### *Das Molekül der Liebe*

Was ist mit nicht kohlenstoffbasiertem Leben?

Das ist häufig eine der ersten Fragen, die mir gestellt werden, wenn ich Vorträge über Astrobiologie halte. Es ist eine sehr gute Frage, und ich spreche mit Begeisterung darüber. Die Sache ist die, Astronomen und Biologinnen haben ganze Menschenleben lang darüber nachgedacht, welche Atome das Leben sich als Bausteine aussuchen könnte. Es gäbe da durchaus ein paar Alternativen, zu denen man spannende Überlegungen anstellen könnte, aber es gibt auch einen wirklich guten Grund, weshalb Sie und ich und jedes andere Lebewesen auf der Erde aus Kohlenstoff gemacht sind. Diese Gründe sprechen auch für ein Universum voller kohlenstoffbasierter Aliens.

Alles beruht auf einer simplen Tatsache: Kohlenstoff ist äußerst bindungsfreudig. Ich will damit nicht sagen, dass er keine Unterschiede in der Partnerwahl macht. Kohlenstoff lässt sich nicht mit jedem ein, wie etwa Fluor es tut (darum ist Fluor auch so gefährlich ätzend). Was Kohlenstoff jedoch einzigartig macht, ist seine Fähigkeit, stabile, flexible Bindungen mit wichtigen Elementen wie Sauerstoff, Stickstoff, Phosphor, Schwefel und sogar mit sich selbst einzugehen. Starke, flexible Bindungen machen Kohlenstoff zum idealen Kandidaten für den Aufbau einer Biochemie.

Damit ein Element eine gute Basis für Leben ist, muss es sich leicht und auf die richtige Weise mit anderen Atomen verbinden. Jede Form von Biochemie basiert darauf, dass viele schnelle Reaktionen ablaufen, die eine riesige Vielfalt komplexer Moleküle bilden können. Diese Moleküle müssen außerdem modular sein, das heißt, sie müssen Teile mit größeren molekularen Maschinen austauschen können, die alles Mögliche leisten, vom Aufbau von Muskelgewebe bis hin zur Speicherung von Informationen.

Kohlenstoff hat alle diese Eigenschaften im Überfluss. Dennoch, um wirklich zu verstehen, was ihn als Grundstoff des Lebens so stark macht, und um zu sehen, welche Alternativen es da draußen gibt, müssen Sie einen Blick auf die Periodentafel der Elemente werfen. Tut mir leid.

Wie so viele Leute habe ich Chemie immer gehasst. All das Auswendiglernen und das endlose Aufrechnen von Elektronen in chemischen Formeln. Am College bin ich in Allgemeiner Chemie durchgefallen und musste den Kurs wiederholen. Doch über die Jahre, als ich von physikalischer Forschung zur Forschung über Exoplaneten und Astrobiologie überging, erkannte ich die Chemie als das schöne und kunstvolle

Wunder der Natur, das sie ist. Und nichts macht diese Schönheit und Kraft besser anschaulich als die Periodentafel. All diese hübsch geordneten Zeilen und Spalten wollen uns von einem wunderbaren Geheimnis erzählen, einer verborgenen Ordnung der Natur. Die Spalten mit ihren unterschiedlichen Farben und die Zeilen mit ihren großen Lücken – wie ein lächelnder Mund, in dem etliche Zähne fehlen … Was ist ihre Botschaft?

Die Struktur der Periodentafel spiegelt die tiefgründige Architektur in den Elementen wider, aus denen die materielle Welt zusammengesetzt ist. Und wichtiger noch, es ist eine Ordnung, die im gesamten Universum Gültigkeit hat. Wohin und wie weit wir auch schauen, wir finden immer dieselben Elemente mit denselben Eigenschaften. Das wissen wir mit Sicherheit, weil wir in fernen Galaxien die gleichen Lichtsignaturen beobachten wie auf der Erde im Labor. Die Periodentafel der Elemente ist wahrhaft universell.

Diese universellen Eigenschaften der universellen Elemente verraten uns eine Menge über die Arten von Biochemie, die außerirdisches Leben hervorbringen könnte. Zum Beispiel finden Sie in der äußersten rechten Spalte der Periodentafel die Edelgase – Helium, Neon, Argon und so weiter. Diese gehen nur selten Bindungen mit anderen Elementen ein. Sie mischen sich nicht gern unter den Pöbel. Warum verbinden sich die Edelgase nicht leicht mit anderen Elementen? Es liegt an der Anordnung ihrer äußeren Elektronen, die um den Atomkern kreisen. Diese Elektronen halten die Edelgase edel. Ohne hier ins Detail zu gehen: Die Anordnung der Elektronen eines Atoms relativ zum Atomkern verrät viel über seine chemischen Neigungen. Und deshalb braucht man nach Krypton-basiertem Leben gar nicht erst zu suchen.

Nun springen wir nach links zu der Spalte, in der zuoberst Kohlenstoff steht. Die Promiskuität, Flexibilität und Resilienz, die Kohlenstoff für das Leben so nützlich machen, rühren von chemischen Paarungen her, ermöglicht durch vier äußere Elektronen, die alle am richtigen Ort sind, damit leicht chemische Bindungen zustande kommen. Jedes andere Element in dieser Spalte des Periodensystems hat ebenfalls vier Elektronen an der richtigen Stelle (bezogen auf die Atomstruktur), genau wie Kohlenstoff. Das nächste Element darunter ist Silicium. Aufgrund dieser Stellung in der Periodentafel wird so viel von Silicium gesprochen, wenn die Frage nach nicht kohlenstoffbasiertem Leben aufkommt. Da Silicium die gleiche Anordnung von Elektronen hat wie Kohlenstoff, kann es auch ähnlich starke, flexible Bindungen mit anderen Elementen eingehen (und mit sich selbst). Allerdings zeigt uns die Periodentafel auch, warum Silicium für das Leben einige echte Herausforderungen mit sich bringt.

Ein Problem an Silicium ist, dass es einfach nicht so freundlich ist wie Kohlenstoff. Es hat zwar die vier für Bindungen verfügbaren Elektronen, aber es ist ein größeres, schwereres Atom. Das bedeutet, dass es weniger andere Elemente gibt, mit denen es stabile Bindungen eingehen kann. Und das trifft umso mehr zu, je weiter man in der Spalte abwärtsgeht. Die relativ begrenzten Arten chemischer Paarungen, die bei Silicium infrage kommen, bedeuten Einschränkungen für die Arten molekularer Maschinen, die es bauen kann. Das ist wichtig, wenn es an die Herstellung von Polymeren geht, den langen Molekülketten, von denen im fünften Kapitel die Rede war. Kohlenstoffpolymere tun alle möglichen verrückten Dinge, beispielsweise falten sich ihre Stränge zu großen, komplizierten Knäueln. Die spezifischen Formen, die solche Polymerknäuel annehmen, verleihen einzelnen Proteinen ihre jeweiligen Funktionen. Zum Beispiel transportiert das Protein Hämoglobin in Ihrem Blut Sauerstoff mit einer Effizienz, die nur möglich ist, weil es sich auf eine verrückte, aber ganz bestimmte Art faltet. Und diese Faltung ist nur aufgrund der Kohlenstoffbindungen im kettenförmigen Polymermolekül des Hämoglobins möglich. Mit Silicium können solche langen, flexiblen Ketten einfach nicht gebildet werden, weil seine Bindungen spröder sind.

Außerdem kann Silicium nicht gut schwimmen. Kohlenstoffverbindungen treiben einen Großteil ihrer biochemischen Gymnastik in Wasser schwimmend. Die Chemie von Silicium ist hingegen in wässriger Umgebung instabil. Verbindungen mit Silicium neigen dazu, in Wasser einfach auseinanderzufallen. Stattdessen geht dieses Element seine Paarungen eher in fester Form ein, das heißt, in Kristallen. Wenn alle siliciumbasierte Biochemie in Feststoffen statt in Flüssigkeiten ablaufen müsste, könnte das die Möglichkeiten erheblich einschränken. Denken Sie beispielsweise daran, was das für die Beseitigung von Abfällen bedeutet, für das Atmen, Urinieren und Koten. In einem siliciumbasierten Lebewesen müssten all diese Vorgänge in fester Form vonstattengehen, und das würde erheblich mehr Energie verbrauchen. Siliciumbasierte Tiere würden buchstäblich Sand atmen und Ziegel kacken.

Das heißt nicht, dass grundsätzlich kein Leben auf Basis von Silicium entstehen kann. Vielleicht ist es nur in kalten Umgebungen möglich, wo die Biochemie viel langsamer abläuft. Es wäre denkbar, dass siliciumbasiertes Leben an Orten wie Titan existiert, dem größten Mond des Saturn, wo die Durchschnittstemperatur sich um -180 °C bewegt. Vielleicht ist Titan von großen Kreaturen bewohnt, die sich sehr langsam bewegen und eher wie lebende Felsen aussehen als wie glubschäugige Monster. In *Raumschiff Enterprise*, der Originalserie von *Star Trek*, gibt es eine großartige Episode mit dem Titel »Horta rettet ihre Kinder«, in der solche außerirdischen Lebensformen vorkommen.

Es gibt auch noch radikalere Ideen. In einem berühmten Science-Fiction-Roman, *Die schwarze Wolke*, stellte sich der Astronom Fred Hoyle eine interstellare Gaswolke vor, die nicht nur lebendig ist, sondern sogar ein Bewusstsein hat. Ihr Nervensystem basiert auf elektrischen Strömen, die durch die Wolke laufen. Es ist sicher unterhaltsam, sich so etwas auszumalen, aber sehr schwer vorstellbar, wie die Evolution jemals eine solche empfindungsfähige Wolke hervorgebracht haben könnte.

Wenn man all das betrachtet, zwingt die Vorstellung nicht kohlenstoffbasierten Lebens uns zur Demut. Die Natur ist viel kreativer als wir Menschen. Wahrscheinlich ist sie auch klüger als wir, wenn es darum geht, wie und wo sie Leben hervorbringt. Andererseits sollten wir aber nicht zu demütig sein. Die Gesetze der Chemie haben nicht wir gemacht, sondern das Universum. Diese Gesetze – verkörpert in der besagten Periodentafel der Elemente, deren Besprechung wir in der Schule alle verschlafen haben – sind am Ende die Herrschenden. Außerirdisches Leben kann definitiv sonderbar sein, aber vielleicht doch nicht sonderbarer, als wir es uns vorstellen können.

## SPRECHENDE STEPPENHEXEN ODER FLIEGENDE WÄLDER:
### *Welche Gestalt haben Aliens?*

Wie wir eben festgestellt haben, legt die Chemie also nahe, dass Außerirdische am wahrscheinlichsten kohlenstoffbasiert sind, genau wie wir. Aber wie mögen sie aussehen? Haben sie Beine? Oder vielleicht Flügel? Haben sie spitze Ohren und Antennen, die aus ihrer Stirn ragen? Apropos Stirn, haben sie überhaupt einen Kopf? Sehen sie womöglich aus wie wandelnde Sträucher oder sogar noch sonderbarer? Um diese Fragen zu beantworten, gehen wir nun von Physik und Chemie zur eleganten Logik der biologischen Evolution über.

Jemand hat mal gesagt, alle Biologie wäre sinnlos ohne Charles Darwins Evolutionstheorie, die er 1859 erstmals veröffentlichte (wobei er bereits seit 1838 daran gearbeitet hatte). Die Darwin'sche Evolution lässt sich in zwei einfachen Begriffen zusammenfassen. Der erste ist Abstammung mit Modifikation. Lebende Systeme pflanzen sich fort, indem sie ihre Eigenschaften an ihre Nachkommen weitergeben. Vogelbabys bekommen Flügel. Fischbabys bekommen Kiemen. Das ist der Teil mit der »Abstammung«. Aber für die Fortpflanzung müssen die

Erbinformationen kopiert werden, und dabei geht manchmal etwas schief. So könnte zum Beispiel ein Krähenbaby einen viel längeren oder kürzeren Schnabel bekommen als seine Eltern. Das ist der Teil mit der »Modifikation«.

Als Nächstes kommt etwas, wovon Sie zweifellos schon gehört haben: das Überleben der am besten Angepassten (auf Englisch »survival of the fittest«). Das bedeutet einfach, wenn sich die Umweltbedingungen verändern, pflanzen sich diejenigen Organismen weiter fort, die am besten an diese Veränderungen angepasst sind. Wenn längere Schnäbel in der neuen Umgebung nützlicher sind, setzen sich die langschnäbeligen Krähen durch. Nach einigen Generationen sieht man dann nur noch langschnäbelige Krähen. Die Krähen mit kürzerem Schnabel werden Generation für Generation zurückgedrängt, bis sie schließlich ganz verschwinden.

So geht Evolution, in aller Kürze zusammengefasst. Aber lässt sich das auch auf Außerirdische anwenden?

Es fällt schwer, sich etwas vorzustellen, das wir rational betrachtet Leben nennen würden und das sich nicht fortpflanzt oder nicht auf seine Umgebung reagiert. Diese beiden Charakteristika kommen in fast jeder Definition lebender Organismen vor, die jemals formuliert wurde. Das bedeutet jedoch auch, dass es schwer ist, sich irgendeine Lebensform vorzustellen, bei der nicht Evolution nach Darwin im Spiel ist. Wer besser an die Umgebung angepasst ist, pflanzt sich fort. Wer sich fortpflanzt, gibt das eigene Erbgut weiter und gewinnt im Spiel des Lebens. Insgesamt scheint es, als sei die Logik der Darwin'schen Evolution auf das Leben als universelles Phänomen anwendbar. Das würde bedeuten, überall, wo im Universum Leben auftritt, ist es durch Abstammung mit Modifikation und das Überleben der bestangepassten Individuen geprägt. Mit anderen Worten, Darwin beherrscht auch die Aliens.

Nun können wir versuchen, die universellen Gesetze der Evolution mit den universellen Gesetzen der Physik und den universellen Gesetzen der Chemie zusammenzubringen. Wir beginnen mit etwas, worüber wir uns alle einigen können: Stoff, also Materie.

Außerirdische Planeten bestehen aus Materie. Sie müssen aus Materie bestehen, weil alles im Universum aus Materie besteht. Materie und Energieflüsse zwischen Teilen von Materie sind die Grundbausteine des physischen Universums. Aufgrund der Gesetze der Physik und Chemie wissen wir, dass Materie nur in wenigen Grundformen daherkommen kann: fest, flüssig und gasförmig. Stellen wir ferner die vernünftige Annahme auf, dass man, um am Leben zu bleiben, sich zwingend die dafür nötige Energie zuführen muss – indem man andere Materie isst. Das wirft ein Grundproblem auf, das wir in Betracht ziehen können, wenn wir uns vorzustellen versuchen, welche Formen die Körper außerirdischer Lebewesen haben könnten. Aus physikalischer, chemischer und evolutionärer Perspektive hängt die Art, wie Außerirdische an Nahrung kommen könnten, davon ab, ob sie in einem Feststoff, einer Flüssigkeit oder einem Gas leben.

Betrachten wir zuerst die Gase.

Angenommen, Sie wollen sich auf einem Planeten bewegen, der hauptsächlich aus Gas besteht, wie eine Supererde mit einer riesigen Atmosphäre. Dann müssen Sie zunächst einen Weg finden, der Schwerkraft entgegenzuwirken, damit Sie nicht in die dunklen, schrecklichen Tiefen des Planeten hinabsinken, wo immenser Druck herrscht. Die Physik von Gasen lässt da nur bestimmte Möglichkeiten zu. Sie könnten schweben. Sie könnten Ströme von Gas nach unten ausstoßen, um Ihre Position zu halten. Oder Sie könnten es irgendwie so einrichten, dass Luft über eine gekrümmte Fläche strömt. Der letzte Vorschlag ist etwas, womit wir vertraut sind, also konzentrieren wir uns darauf.

Wenn Luft über eine nach unten gekrümmte Fläche strömt, ist der Druck an der Unterseite höher als an der Oberseite. Durch dieses Ungleichgewicht wird die Fläche nach oben gedrückt, das heißt, ein Auftrieb wirkt der Schwerkraft entgegen. Das mag abstrakt klingen, aber ich spreche hier von nichts anderem als einem Flügel. Flügel sind eine Lösung für das Problem, wie man sich in einer Atmosphäre fortbewegt. Auf der Erde hat der Prozess der Evolution dieses Problem vielfach mit Flügeln gelöst. Insekten haben Flügel. Vögel haben Flügel. Fledermäuse haben Flügel. Tatsächlich haben sich im Laufe der letzten fünfhundert Millionen Jahre in vier verschiedenen Evolutionslinien Flügel entwickelt. Wieder und wieder hat sich die Evolution die Physik von Gasen zunutze gemacht, indem sie gekrümmte Flächen zum Fliegen hervorbrachte.

Das unabhängige Auftreten von Flügeln in verschiedenen Evolutionslinien ist ein Beispiel für etwas, das in der Wissenschaft konvergente Evolution heißt, und es ist für unsere Überlegungen zu Aliens unglaublich wichtig. Konvergente Evolution kommt vor, weil die physische Welt dem Leben Beschränkungen auferlegt, die es dazu bringen, dieselbe Lösung zum selben Problem zu finden, wann immer dieses Problem auftritt. In den Milliarden Jahren der Erdgeschichte gibt es zahlreiche Beispiele für dieses Prinzip. Über Flügel haben wir bereits gesprochen, man könnte aber auch die verschiedenen Arten von Augen nennen, die biologisch erzeugte Linsen nutzen, oder den stromlinienförmigen Körperbau von Delfinen (Säugetieren) und Haien (Fischen).

Konvergente Evolution lehrt uns, dass es uns nicht überraschen sollte, auf Planeten mit Atmosphäre Lebewesen mit Flügeln zu finden. Das ist ziemlich cool. Allerdings verrät das Konvergenzprinzip uns nicht, wie diese Flügel aussehen oder welche biologische Struktur sie haben. Vielleicht bestehen sie nicht aus Federn oder Haut, sondern sehen eher aus wie ein Seifenfilm in Form einer dicken Schleimschicht, die sich über ein Gerüst aus Fasern zieht (das habe ich mir gerade ausgedacht). Die Einzelheiten werden auf anderen Welten anders sein, aber solange stetig strömendes Gas Auftrieb erzeugen kann, wird die Evolution auf einem Planeten irgendeine Art Flügel im Angebot haben.

Ganz so einfach ist es mit diesem gleichzeitig physikalischen, chemischen und evolutionären Ansatz allerdings nicht. Man kann nicht einfach verkünden »Flügel für alle!« und die Sache als erledigt betrachten. Astrobiologinnen und -biologen müssen auch intensiv darüber nachdenken, wie Planeten und ihre Physik die evolutionären Möglichkeiten eingrenzen können. Stellen Sie sich beispielsweise eine Supererde vor, die unserer Welt ähnlich ist, aber wesentlich mehr Masse hat. Wir könnten ganz naiv annehmen, ein solcher Planet müsse von dicken, stämmigen Lebewesen bewohnt sein. Sie wären so gebaut, dass sie mit der hohen Schwerkraft zurechtkommen – Mega-Elefanten, die donnernden Schrittes durch die Landschaft stapfen. Aber die Evolution könnte die hohe Schwerkraft auf dem Planeten auch auf ganz andere Weise nutzen. Die Atmosphäre auf einem massereichen erdähnlichen Planeten wäre viel dichter als unsere, da die Atome stärker zur Oberfläche hingezogen würden. Die Physik von Gasen verrät uns, dass in einer dichten Atmosphäre viel leichter Auftrieb zu erzeugen ist. Man bräuchte kaum mit den Flügeln zu schlagen. Es wäre mehr wie Schwimmen als wie Fliegen. Das Leben auf einer solchen Supererde bräuchte sich eigentlich fast gar nicht am Boden abzuspielen. Die Evolution würde die das Fliegen begünstigenden Bedingungen nutzen und eine ganze Biosphäre aus Lebewesen hervorbringen, die nur ein- oder zweimal im Leben überhaupt landen, vielleicht zur Fortpflanzung.*

Konvergente Evolution kann uns auch nicht verraten, welche der unterschiedlichen möglichen Lösungen die Evolution unter bestimmten planetaren Bedingungen hervorbringt. Werden wir auf einer gasförmigen Welt geflügelte Lebewesen vorfinden, ballonähnliche Organismen oder Tiere, die mithilfe von Bio-Düsen schweben? Wie sieht es mit Lösungen aus, die auf der Erde gar nicht in Erscheinung getreten sind? Wo verschiedene physikalische Phasen aufeinandertreffen, ist die Physik faszinierend. Um

---

* Das war die Prämisse von Episode 2 der großartigen Netflix-Dokumentation *Außerirdische Welten* (Originaltitel *Alien Worlds*). Sie sollten sie sich anschauen. Ich durfte in der Episode über Zivilisationen mitwirken, und sie sind mit mir ans Tor zu Area 51 gefahren. Niemand hat auf mich geschossen.

sich an der Schnittstelle zwischen einem Feststoff und einer Flüssigkeit zu bewegen, etwa auf dem Meeresboden oder zwischen einem Feststoff und einem Gas, wie Festland und Atmosphäre, scheint irgendeine Art von Beinen eine gute Idee zu sein. Auf der Erde hat die Evolution das Problem der Fortbewegung in solchen Grenzbereichen viele Male durch bewegliche Stangen mit Gelenken (Beine) gelöst. Die Anzahl reicht zwar von zwei (bei Menschen) bis hin zu Hunderten (bei Tausendfüßlern), aber letztendlich sind es doch alles Beine. Ein Punkt für die konvergente Evolution.

Was ist mit Rädern? Es gibt auf der Erde keine Evolutionslinie, die für die Fortbewegung Räder entwickelt hat. Warum nicht? Vielleicht ist es unmöglich, mit biologischen Molekülen ein Rad an einer Achse zu bilden. Oder vielleicht wäre so eine Kombination von Rad und Achse zwar möglich, aber es würde am Antriebsriemen scheitern. Weder in der Physik noch in der Chemie scheint es einen Grund zu geben, weshalb die Evolution das Fortbewegungsproblem nicht mit Rädern lösen kann, aber auf der Erde ist es nicht dazu gekommen.

All das lehrt uns, dass die konvergente Evolution zwar ein wichtiges Prinzip ist, das wir auf Außerirdische anwenden können, wir aber immer damit rechnen sollten, dass die Natur viel erfinderischer ist als wir. Wenn das Leben auf einen Planeten trifft, wo andere Bedingungen herrschen als auf der Erde, können wir erwarten, dass die Evolution nach Darwin die Möglichkeiten der Physik nutzt, um die grundlegenden Probleme zu lösen. Aber wir müssen auch einkalkulieren, dass wir wahrscheinlich nicht schlau genug sind, um genau vorherzusagen, wie ein bestimmtes Problem gelöst wird.

Es gibt allerdings noch eine andere Seite der Evolution, die entgegengesetzt wirkt: die sogenannte Kontingenz. Hier sprechen wir im Grunde von Zufällen. Evolution basiert auf zufälligen Mutationen. In dieser Hinsicht ist sie blind. Die Evolution hat keinen Plan. Vielmehr wird sie durch zwei verschiedene Arten von Zufällen vorangetrieben, die wieder und wieder passieren.

Die erste Art besteht in den zufälligen Mutationen, die wahllos bei irgendwelchen Nachkommen auftreten. Ein Beispiel dafür wäre, dass irgendwo irgendein zufälliges Klingonenbaby mit einer zufälligen Mutation im genetischen Code geboren wird, die zu zerfurchten Höckern auf der Stirn führt. Die zweite Art Zufall ist, wie gut oder schlecht Mutationen zu den Umweltbedingungen passen. Wenn die Mutation zufällig dazu führt, dass das betreffende Klingonenkind in einer sich verändernden Umwelt bessere Überlebenschancen hat, dann wird dieses Kind seine Mutation wahrscheinlich weitergeben. Vielleicht wird der Planet Kronos (für Nicht-Nerds: So heißt die Heimatwelt der Klingonen) infolge eines Asteroideneinschlags plötzlich von dunklen Wolken eingehüllt, und die Stirnhöcker unseres kleinen Klingonenmädchens stecken voller Neuronen, die ihr ermöglichen, im Dunkeln besser zu sehen. Somit ist sie besser an die neue Umgebung angepasst und hat größere Überlebenschancen.

Wenn hingegen die Mutation dem Kind keine Vorteile verschafft, kann die Linie für diese Mutation hier bereits wieder enden. Weil der nächste Zufall auf dem vorigen aufbaut, sind die spezifischen Details einer Spezies – wie etwa ihre Körperform – kontingent. Wären nicht alle Zufälle genau in dieser Reihenfolge eingetreten, dann würde das Ergebnis anders aussehen.

Und wir reden hier von einer Menge Zufälle. Die Evolution wirkt in Zeiträumen von Millionen, zig Millionen oder sogar Hunderten Millionen Jahren. Da die meisten individuellen Organismen auf der Erde kürzer als hundert Jahre leben, ergibt sich eine schwindelerregende Zahl von Generationen, zufälligen Mutationen und zufälligen Veränderungen der Umweltbedingungen, die die Evolution mitmacht.

Kontingenz war für den großen Evolutionsbiologen Stephen Jay Gould ein Hauptthema. In seinem Buch *Zufall Mensch: Das Wunder des Lebens als Spiel der Natur* betrachtet Gould all die versteinerten Lebewesen, die inzwischen ausgestorben, aber Vorfahren der heutigen Lebewesen auf unserer Erde sind. Er kommt zu dem Schluss, wenn die Zeit zurückgedreht würde und die Erdgeschichte noch einmal von vorn anfinge, würde alles anders kommen. Andere Zufälle – ein Felsbrocken, der vor einer Milliarde Jahren genau im richtigen Moment von einer Klippe stürzte, ein Blitzschlag, der in einem anderen Moment vor hundert Millionen Jahren einen mutierten Dinosaurier tötete – hätten die Evolution in völlig andere Richtungen gelenkt. Auf jener alternativen Erde gäbe es keine Bären oder Wale oder Bienen oder Menschen. Es gäbe immer noch viel Leben, aber es wäre nicht das Leben, das wir kennen.

Für den Evolutionsbiologen Simon Conway Morris gibt es allerdings nur eine begrenzte Anzahl Möglichkeiten, wie die Umwelt evolutionären Druck auf Organismen ausüben kann (Schwerkraft, Resistenz, Hitze, Kälte). So wird die Evolution immer in dieselbe Richtung gelenkt. Morris vertritt die Gegenposition zu Gould und ist so weit gegangen zu behaupten, dass sich der Bauplan des menschlichen Körpers auch auf anderen Planeten finden wird. Seiner Ansicht nach sollten wir damit rechnen, auf Lebewesen zu treffen, die so aussehen wie wir. Hier sei erwähnt, dass Morris in diesem Punkt definitiv einer Minderheit in der biologischen Fachwelt angehörte. Das Coole an der ganzen Debatte ist allerdings, dass sich kürzlich ein Weg aufgetan hat, wie man sie vielleicht mit Experimenten klären kann.

Seit 1988 verfolgt ein Team aus Biologinnen und Biologen an der University of Michigan die Evolution einer Bakterienspezies namens Escherichia coli über viele Generationen hinweg.[1] Sie halten die Mikroben in Bechergläsern, füttern sie und sorgen dafür, dass es ihnen gut geht. Die Mikroben vermehren sich und produzieren eine Generation nach der anderen. Zwischendurch nimmt das Team immer wieder einige Mikroben heraus und friert sie ein. Damit wird im Grunde ein Schnappschuss ihres evolutionären Werdegangs konserviert. Die nicht eingefrorenen Bakterienpopulationen leben weiter ihr Bakterienleben, pflanzen sich fort und entwickeln dabei neue Merkmale. Die Wissenschaftlerinnen und Wissenschaftler der University of Michigan haben zum Beispiel beobachtet, wie die Größe der Zellen im Laufe der Generationen erheblich zunahm.

Mit der Zeit bilden sich unterschiedliche Populationen heraus. Es gibt eine Linie kleinzelliger Bakterien und eine andere Linie mit größeren Zellen. Wenn diese evolutionäre Divergenz auftritt, können die Forschenden die Urahnen der aktuellen Bakterien auftauen und das Spiel wiederholen. Sollten die Urahnen nach einiger Zeit Nachkommen mit der gleichen evolutionären Divergenz hervorbringen, dann wäre das ein Sieg für die konvergente Evolution. Wenn nicht, siegt die Kontingenztheorie. Nachdem die Entwicklung von mehr als sechzigtausend Generationen des Bakteriums beobachtet wurde, scheinen die Ergebnisse derzeit stärker für Kontingenz zu sprechen. Zufälle spielen für die Herausbildung spezifischer Eigenschaften also eine größere Rolle als Konvergenz.

Wenn das zutrifft, dann sind wir wirklich die einzigen menschlichen Wesen im Universum. Es ist nicht anzunehmen, dass auf irgendeiner anderen Welt die unzähligen evolutionären Zufälle von Mikroben über einfache vielzellige Lebewesen bis hin zu großen, komplexen Organismen genau so passieren. Auf keiner anderen Welt würde die Evolution außerirdische Menschen oder auch nur menschenähnliche Wesen hervorbringen.

Dieser Kampf zwischen Konvergenz und Kontingenz zeigt, dass wir uns auf Überraschungen gefasst machen müssen. Und damit wären wir wieder beim außerirdischen Sex.

Sex ist eine großartige Idee. Ich meine das nicht auf Sie persönlich bezogen, sondern auf das Leben im Allgemeinen. Indem die Erbinformationen von verschiedenen Individuen vermischt werden, steigert das Leben erheblich seine Fähigkeit, erfolgreiche Merkmalskombinationen hervorzubringen, die unter veränderten Bedingungen das Überleben sichern. Entdeckt die Evolution auf anderen Welten ebenfalls Sex, oder werden sich die Lebewesen dort bis in alle Ewigkeit nur selbst klonen? Nach der Theorie der konvergenten Evolution könnte man argumentieren, dass eine so gute Strategie sich unmöglich nicht auch auf anderen Welten herausbilden kann. Das heißt allerdings nicht, dass ein zukünftiger Captain Kirk oder eine Captain Janeway es mit einem außerirdischen Partner werden treiben können.

Biologisch gesehen ist Sex der Austausch von Genen zwischen verschiedenen Individuen. Sex kann auf so viele Arten geschehen, dass die Prinzipien der konvergenten Evolution hier möglicherweise nicht besonders hilfreich sind. Bakterien haben eine Art Sex, bei der ein sogenannter horizontaler Gentransfer stattfindet. Mikroben verteilen Gene an ihre Umgebung, von denen sie »wollen«, dass andere sie übernehmen.* Das ist keine besonders romantische Vorstellung – außer vielleicht, wenn man ein Bakterium ist. Während also Sex für Aliens durchaus sinnvoll erscheint, kann man über die Art und Weise, wie genau er ablaufen würde, nur spekulieren.

## AUSSERIRDISCHER GEIST:
### *Kann man mit Aliens reden?*

Wir sind die einsamen Herzen im Kosmos. Seit dem ersten Auftreten des Homo sapiens vor rund dreihunderttausend Jahren haben wir nur unsere Artgenossen zum Reden. Mit einer Pflanze kann man beim besten Willen kein richtiges Gespräch führen (okay, manche Leute behaupten, es zu können). Und auch wenn manche Tiere miteinander zu spre-

* In Wirklichkeit ist das mit dem »Verteilen« etwas komplizierter. Gene von abgestorbenen Bakterien können von anderen aufgenommen werden, oder die Gene können durch eine Verbindung von Zellen direkt übertragen werden, oder sie können von einem Bakterium zum anderen geschickt werden.

chen scheinen, können oder wollen sie sich nicht mit uns unterhalten. Ich glaube zu wissen, was mein Hund denkt, aber sosehr ich mich auch bemühe, er redet kein Wort mit mir.

Hätten wir doch nur eine andere intelligente Spezies, mit der wir uns austauschen könnten. Was würde jemand (oder etwas), der oder die nicht dasselbe evolutionäre und historische Gepäck mit sich herumschleppt wie wir, uns lehren? Vielleicht könnten sie uns ihre Ansichten zu den großen Fragen der Philosophie mitteilen. Vielleicht könnten sie uns verraten, ob sie an Gott glauben oder nicht. Es wäre revolutionär, wenn sie uns überhaupt irgendetwas darüber sagen könnten, wie es ist, nicht wir zu sein. Dieser Traum von interstellarer Interspezies-Kommunikation war die treibende Kraft vieler früher Bemühungen in SETI, und er befeuert noch immer wesentlich die SETI-Begeisterung. Leider ignoriert dieser Traum eine zentrale Frage bezüglich Aliens.

Ähnelt ihr Geist überhaupt irgendwie dem unseren?

Die Frage nach außerirdischem Geist führt uns zu grundlegenden Fragen über den Geist im Allgemeinen. Wir alle sind uns einig, dass Menschen selbstbewusste Wesen sind, aber wir sind uns nicht ganz im Klaren darüber, wie selbstbewusst andere Tiere sind. Und was genau ist eigentlich Bewusstsein (ob mit oder ohne »selbst«)? Nach Ansicht mancher Wissenschaftlerinnen und Philosophen sind wir im Prinzip Computer aus Fleisch – für sie hat unser Gehirn die richtigen neuronalen Schaltkreise, um das Gefühl des Bewusstseins zu erzeugen, und das ist auch schon die ganze Geschichte. Gemäß dieser Position könnte ich, wenn ich alle Verbindungen in Ihrem Gehirn kennen und sie in einem Computer nachbilden würde, im Prinzip Sie in einem Computer neu erschaffen. Für andere kluge Menschen, die sich Gedanken über das Thema machen, ist diese Vorstellung allerdings bloßes Wunschdenken. Ihrer Ansicht nach ist der Geist längst nicht nur neuronale Hard- und Software. Vielmehr ist ein Geist immer »verkörpert«. Er findet nicht nur in unserem Kopf statt, sondern ist eher wie ein Ökosystem, das die lebendige Erfahrung voraussetzt, in einem Körper zu sein, der selbst wiederum Teil einer größeren Gemeinschaft von Lebewesen ist.

Das sind zwei sehr unterschiedliche Perspektiven, und sie führen zu zwei sehr unterschiedlichen Vorstellungen von außerirdischem Geist.

Wenn das Gehirn nichts weiter als eine Rechenmaschine ist, dann kommt es allein auf die mathematischen Regeln an. Solange diese Regeln für eine außerirdische Spezies, die auf einem Exoplaneten entstanden ist, dieselben sind wie für uns, müssten wir uns miteinander verständigen können. Wir würden beide in derselben Art Welt leben, geformt durch die universellen Gesetze der Physik, die wiederum in den universellen Regeln der Mathematik ausgedrückt sind. Sollte das der Fall sein, dann wären Fragen zu außerirdischem Geist in Wirklichkeit Fragen zu außerirdischer Mathematik. Benutzen Aliens dieselben mathematischen Regeln wie Menschen? Mit anderen Worten: Ist die Mathematik universell?

Carl Sagan gehörte zu denen, die dieser Frage zuversichtlich gegenüberstehen. Sagan war von jeher überzeugt, wenn wir einer außerirdischen Spezies begegnen würden, könnten wir lernen, mit ihr zu kommunizieren, indem wir mit grundlegenden mathematischen Beziehungen anfingen: 1 + 1 = 2, 2 + 2 = 4 und so weiter. Mit der Zeit würde jede Spezies entschlüsseln, wie die andere kompliziertere Sachverhalte ausdrückt. Mit »kompliziert« ist hier so etwas gemeint wie: Der Umfang eines Kreises ist zweimal der Radius mal Pi. Weil Pi für uns 3,14159… ist, muss es auch für die Aliens 3,14159… sein. Wenn wir all das gemeinsam geklärt hätten, wäre ein Anfang gemacht, um auch den Rest der jeweils anderen Sprache zu entschlüsseln. Es wäre nur eine Frage der Zeit, bis wir uns Klopf-klopf-Witze erzählen und uns über die Heilung von Krebs austauschen würden.

Das Ganze funktioniert allerdings nur, wenn die Mathematik wirklich universell ist. Es setzt voraus, dass Mathematik etwas ist, das unser Geist entdeckt, etwas, das in der Welt unabhängige Gültigkeit hat. Für viele Wissenschaftler und Philosophinnen ist die Mathematik jedoch nichts, das wir entdecken, sondern etwas, das wir erfinden. Wir denken sie uns aus, aber sie ist dennoch unglaublich nützlich. Diese Position führt den Erfolg der Mathematik beim Beschreiben der Welt darauf zurück, dass sie in unserer Erfahrung verwurzelt ist, in unserer Art Körper zu leben. Sie ist demnach eine Sprache, genau wie Englisch oder Spanisch oder Chinesisch. Wie alle unsere Sprachen ist die Mathematik etwas, das nur Menschen nutzen. Andere Lebewesen, die nicht menschlich sind und andere Körper haben, machen andere Erfahrungen. Das würde zu einem anderen Geist und einer anderen Mathematik führen.

Stellen Sie sich Wesen vor, die keine Hände und Finger haben. Vielleicht sind sie intelligente protoplasmische Schleimklumpen, wie riesige Amöben. Wenn sie etwas greifen müssen, strecken sie einen Tentakel aus ihrem unförmigen Körper und ziehen ihn dann wieder ein. Hätten diese Aliens überhaupt ein Konzept von diskreten Zahlen? Würden sie ganze Zahlen wie Eins, Zwei, Drei und so weiter kennen? Vielleicht würden sie die Welt nicht als einzelne Objekte sehen, die man zählen kann, wie wir mit unseren zwei Händen und je fünf Fingern. Ihre Mathematik hätte möglicherweise keine Ähnlichkeit mit irgendetwas, woran wir gewöhnt sind oder was wir auch nur verstehen könnten.

Ich möchte Ihnen ein Beispiel geben, das jemand anders sich ausgedacht hat. In einem meiner Lieblingsfilme über Kontakt mit Außerirdischen, *Arrival*, wird diese Möglichkeit betrachtet und ins Extrem getrieben. Als riesige, siebenbeinige Aliens in riesigen schwebenden Raumschiffen auf die Erde kommen, schicken die Menschen einen Physiker und eine Linguistin zu ihnen, um eine Kommunikation in die Wege zu leiten. Der Physiker, dessen Charakter Ähnlichkeit mit Carl Sagan hat, versucht, mithilfe der Mathematik zu kommunizieren. Das erweist sich prompt als grandioser Fehlschlag. Die Linguistin hingegen versteht, dass Sprachen aus verkörperter Erfahrung entstehen. Sie dringt zu den Außerirdischen durch, allerdings erst, nachdem sie erkannt hat, dass diese die Zeit völlig anders wahrnehmen als wir. Die Heptapoden, wie sie genannt werden, erleben Vergangenheit, Gegenwart und Zukunft gleichzeitig. Sie haben eine völlig andere Physik verkörpert, und diese Verschiedenheit spiegelt sich in ihrer Sprache wider. Es ist eine aufregende Idee. Vielleicht ist das »Buch der Physik« viel umfangreicher als der Teil, den wir Menschen wahrnehmen. Vielleicht haben die Außerirdischen Zugang zu anderen Kapiteln dieses Buches. Das würde bedeuten, dass wir und die Aliens in gewisser Weise in unterschiedlichen Welten leben.

Es gibt noch eine Möglichkeit, die einigermaßen erschreckend ist, deshalb habe ich sie bis zuletzt aufgespart – ich wollte Ihnen keine Angst einjagen. (Gern geschehen.) Vielleicht ist das Bewusstsein von Außerirdischen gar kein Bewusstsein. Die meisten unserer Science-Fiction-Geschichten fördern die Erwartung, Aliens seien selbstreflektierende, selbstbewusste Wesen wie wir. Auch wenn wir vielleicht unterschiedliche Versionen des Universums erleben, so erleben doch beide Spezies etwas. Aber was wäre, wenn es Außerirdische gäbe, die intelligent, sich jedoch ihrer selbst nicht bewusst sind? Stellen Sie sich zum Beispiel vor, eine außerirdische Spezies würde Maschinen erschaffen, die ihre Schöpfer bald überholen. Die Maschinen werden quasi lebendig. Sie sind hochintelligent und können die Probleme der Reproduktion und Energieversorgung schnell und effektiv lösen. Sie verbreiten sich in leistungsstarken Raumschiffen über das Universum und beuten ein Sternsystem nach dem anderen aus. Aber all das tun sie, ohne sich ihrer selbst bewusst zu sein. Sie besitzen nicht die Fähigkeit, über das, was sie tun, zu reflektieren, weil in ihnen kein »Licht« ist. Ihr Geist hat keine Innendimension. Aus philosophischer Perspektive können wir fragen, wie es ist, eine Fledermaus, ein Pferd oder ein Delfin zu sein, aber wir könnten nicht fragen, wie es ist, ein solcher Alien zu sein. Die Frage ist auf diese Art Alien nicht anwendbar, weil sie überhaupt kein Erleben haben.

Diese Außerirdischen bräuchten nicht zwingend Maschinen zu sein. Vielleicht könnte auch die biologische Evolution solches intelligente, aber nicht seiner selbst bewusste Leben hervorbringen. Mit derartigen Lebewesen könnten wir niemals kommunizieren. »Da drin« wäre einfach niemand, mit dem man reden könnte. Wenn sie die Absicht hätten, die Erde zu vernichten, um ihre Ressourcen zu nutzen, gäbe es niemanden, an den wir unsere Bitten richten, den wir umstimmen könnten. Sie wären nichts als leere Hüllen, die Tätigkeiten verrichten.

Ich habe Ihnen nun eine breite Palette an Möglichkeiten vorgestellt, wie der Geist Außerirdischer beschaffen sein könnte. Da sind die hoffnungsvollen und vertrauten Versionen von außerirdischem Geist, Aliens, mit denen wir in *Star Wars* in der Bar abhängen und uns gegenseitig Geschichten über unsere Taten auf Altair IV erzählen. Dann ist da die fremdartige und faszinierende Version von Aliens, mit der wir uns vielleicht nie wirklich verstehen werden, aber uns gegenseitig als Mitgeschöpfe im riesigen Kosmos erkennen und anerkennen. Und schließlich ist da die »Rette sich, wer kann!«-Version, bei der es nur noch darum geht, von gefühllosen Wesen ohne Bewusstsein nicht gefressen zu werden. Gerade diese Bandbreite der Möglichkeiten – Aliens könnten auf so viele verschiedene Arten grundlegend anders sein als wir – wird den Kontakt, sollte es zu einem solchen kommen, zum revolutionärsten Ereignis in der gesamten Menschheitsgeschichte machen.

## AUSSERIRDISCHE ETHIK:
### *Sollen wir uns verstecken oder Leuchtraketen abschießen?*

Als das Raumschiff der Außerirdischen landete, brach zunächst Panik aus. Doch bald wurde klar, dass sie gekommen waren, um zu helfen. Die Aliens zeigten den Menschen, wie man Krebs heilt und dem Krieg ein Ende macht. Ihr Ziel, sagten sie, sei das menschliche Wohlergehen.

Sie wollten nichts weiter, als »dem Menschen dienen« – so lautete sogar der Titel eines Buches, das sie immer bei sich trugen (auf Englisch *To Serve Man).* Als die Außerirdischen die Menschen einluden, ihre Heimatwelt zu besuchen, wollten Tausende die Reise unternehmen. Eins der riesigen Raumschiffe wurde bereit gemacht. Dann, kurz bevor sich die Tür des voll besetzten Raumschiffs hinter den menschlichen Passagieren schloss, traf die Nachricht ein, dass endlich ein Teil des Buches der Aliens übersetzt worden war.

Als einer seiner Freunde gerade an Bord gehen will, kommt der Übersetzer angerannt und schreit: »Es ist ein Kochbuch!« (Der englische Titel *To Serve Man* ist doppeldeutig, er kann nicht nur heißen »dem Menschen dienen«, sondern auch »Menschen servieren«.)

Diese Version des Kontakts stammt aus einer bekannten Kurzgeschichte von Damon Knight, auf der die beste aller Episoden von *Twilight Zone* basiert. Der Plot ist deshalb so stark, weil er sehr deutlich macht, nach welchem Schema wir über außerirdische Ethik denken. Einerseits gehen viele Menschen davon aus, eine Spezies, die technologisch fortgeschritten genug ist, um zu anderen Sternen zu reisen, müsse auch ethisch hochentwickelt sein. Krieg und raubtierhaftes Verhalten müssten Grauen sein, die in ihrer Evolution – anders als in unserer – der fernen Vergangenheit angehören. Die Außerirdischen könnten sogar so hochentwickelt und fortgeschritten sein, dass sie als engelhafte Wesen aus reiner Güte und Licht erscheinen. Andere Leute denken: »Wie unten, so oben.« Warum sollten nicht gerade die schlimmsten Eigenschaften unserer Spezies diejenigen sein, die sich auch im Kosmos durchsetzen, wie es so oft auf der Erde geschieht? Vielleicht gibt es dort draußen zwischen den Sternen nichts als Wölfe.

Es ist schwierig, diese Frage klären zu wollen, ohne ins Geschichtenerzählen zu verfallen. Wir können vielleicht mithilfe der Prinzipien der konvergenten Darwin'schen Evolution etwas über die Biologie Außerirdischer erschließen, aber die Frage, welche Ethik ihr Verhalten leitet, führt uns weiter auf das Gebiet des außerirdischen Geistes und außerirdischer Gesellschaften, als wir bislang vorgedrungen sind.

Einen Hinweis liefert uns das Leben, wie wir es kennen, immerhin: das Gleichgewicht zwischen Spezies, die aus Raubtieren hervorgegangen sind, und solchen, die sich aus Beute entwickelt haben. Auf der Erde sind viele der Arten, die besonders hochentwickelte Intelligenz aufweisen, Jäger. Das ergibt Sinn. Im Überlebenskampf der Evolution sind jene Jäger im Vorteil, die das Verhalten ihrer künftigen Beute am besten vorhersehen können. Eine Löwin, die immer falsch einschätzt, wohin die Gazelle springen wird, bleibt nicht lange Königin der Savanne. Aber die Intelligenz eines Jägers genügt nicht. Die Entwicklung einer technologischen Zivilisation setzt auch Kooperation in großem Maßstab voraus. Das könnte bedeuten, dass nur soziale Raubtierarten sich zu Sternenreisenden weiterentwickeln können.

Dass Raubtiere die evolutionäre Vorlage für raumfahrende Spezies sein könnten, sieht für uns nach einer eher schlechten Nachricht aus, schließlich wollen wir ungern als Beute von Aliens enden. Allerdings scheint die Geschichte auf der Erde doch nicht ganz so einfach zu sein, wenn wir die Tierarten betrachten, die den Menschen am ähnlichsten sind. Da sind einerseits die Gemeinen Schimpansen (Pan troglodytes) – ein gewalttätiger Haufen. Schimpansensippen führen regelmäßig Krieg gegeneinander. Sie töten Mitglieder anderer Sippen (einschließlich ihrer Babys), und innerhalb einer Sippe herrscht das Alphamännchen meist mittels Einschüchterung und Androhung von Gewalt. Und dann sind da andererseits die Bonobos. Das sind die Zwergschimpansen (Pan paniscus), die uns evolutionär genauso nahestehen wie die Gemeinen Schimpansen. Bonobos sind matriarchal und weitaus friedlicher. Sie schlichten Streit häufig mit Sex und werden fast nie gewalttätig. Ich weiß ja nicht, wie es Ihnen geht, aber ich würde definitiv lieber mit den Bonobos in den Bäumen abhängen!

Wenn wir diese Unterschiede zwischen unseren evolutionären Vettern und Cousinen betrachten, müssen wir auch berücksichtigen, dass die Schimpansen aus Gegenden stammen, wo die Nahrung immer sehr knapp war. In ihren ursprünglichen natürlichen Lebensräumen waren sie, wie ein befreundeter Anthropologe es einmal formuliert hat, »die meiste Zeit hungrig und elend«. Die Bonobos hingegen haben sich in Teilen Afrikas entwickelt, wo es reichlich Nahrung gab. Sie hatten ein vergleichsweise leichtes Leben. Dieser Unterschied könnte erklären, weshalb sich bei beiden Affenarten so unterschiedliches Sozialverhalten herausgebildet hat, und vielleicht lässt sich diese Erkenntnis auf außerirdische Zivilisationen übertragen. Ob wir es mit Bonobo-Hippies zu tun bekommen, die der freien Liebe frönen, oder mit Terror-affinen, faschistischen Schimpansen, könnte von bestimmten Gegebenheiten in den Lebensräumen abhängen, die ihre Planeten bieten.

Überlegungen zu außerirdischer Ethik führen uns allerdings noch in eine andere Richtung, nämlich zu unserem eigenen Verhalten. 1974 richtete Frank Drake das riesige Radioteleskop von Arecibo auf M13, einen Kugelsternhaufen am Rand der Milchstraße. Dann sendete er eine Botschaft, die der Galaxis unsere Existenz verkünden sollte. Die Botschaft, sofern Außerirdische sie entschlüsseln könnten, vermittelt eine vage Vorstellung davon, wo wir Menschen leben, und liefert sogar ein paar Details zu unserem Aussehen. Sie ins All zu senden, war ebenso revolutionär wie umstritten. Die Version von SETI, die Drake ursprünglich ins Leben gerufen hatte, beschränkte sich auf passives Lauschen nach Außerirdischen. Nun ging Drake einen entscheidenden Schritt weiter und schickte eine Botschaft, um etwaiger außerirdischer Intelligenz mitzuteilen, dass wir hier sind – diese Art aktiver Suche nennt man auch METI (»Messaging Extraterrestrial Intelligence«). Seit Drakes erster Übertragung haben noch andere absichtlich mit hoher Sendeleistung Botschaften an bestimmte Stellen im All geschickt. Ethisch gerieten sie deswegen allerdings heftig in die Kritik.

Es gibt zwei Formen von Anti-METI-Kritik. Die erste könnte man unter die Überschrift stellen: »Wer spricht für die Erde?« Warum sollten angesichts all der Unwägbarkeiten bezüglich außerirdischer Zivilisationen ein paar Astronominnen und Astronomen mit Zugang zu Radioteleskopen bestimmen dürfen, wann und wie wir auf uns aufmerksam machen? Sollte nicht die Weltgemeinschaft als Ganzes über den Prozess entscheiden? Die zweite Kritik konzentriert sich auf die Konsequenzen von METI. Der Physiker Stephen Hawking warnte explizit, unsere eigene Geschichte zeige, dass ein Kontakt zwischen Zivilisationen mit unterschiedlichem technologischem Entwicklungsstand im Allgemeinen für die Partei mit der weniger aggressiven Technologie nicht gut ausgeht. Wahrscheinlich sollten wir uns deshalb lieber bedeckt halten. Das ist auch die Moral der wunderbaren Science-Fiction-Trilogie des Autors Liu Cixin, deren erster Band auf Deutsch unter dem Titel *Die drei Sonnen* erschienen ist. Liu beschäftigt sich in diesen Büchern mit der »Dunkler-Wald-Theorie«, die besagt, dass wir deshalb noch keine Signale von außerirdischen Zivilisationen aufgefangen haben, weil sie sich alle vor uns verborgen halten. Wie Tiere in einem dunklen Wald hüten sie sich, herumzukrakeelen und ihren Standort zu verraten.

Ein Gegenargument gegen die METI-Kritik ist, dass wir mit unserem Radar und unseren Fernsehübertragungen ohnehin schon seit vielen Jahren im Universum auf uns aufmerksam machen. Dieses Gegenargument wird wiederum mit dem Einwand entkräftet, dass diese Signale in Wirklichkeit ziemlich schwach sind. Wenn Außerirdische nicht wüssten, wo sie suchen müssten, würden sie uns wahrscheinlich nicht bemerken.

Am Ende bleibt die alles entscheidende Frage, wer wen frisst. Sollten wir uns verstecken, oder sollten wir davon ausgehen, dass alle, die es bis zu den Sternen geschafft haben, friedliebend sind? Wenn die anderen so sind wie wir, sollten wir wohl besser still sein. Wie auch immer unsere Entscheidung ausfallen mag, wir können nur hoffen, dass es die richtige ist.

# WIRD DIE BIOLOGISCHE ÄRA BALD ENDEN?

## *Wenn die Roboter-Overlords kommen*

Schleim.

Nichts anderes ist das Leben auf der Erde, wenn man es recht betrachtet. Er mag von rauer Borke oder hartem Schildpatt umschlossen sein, aber irgendwo im Inneren, auch wenn man vielleicht bis hinunter auf die Zellebene gehen muss, ist das Leben letztendlich Schleim. Vielleicht stellen wir uns deshalb außerirdisches Leben besonders gern mit Schleim vor – Schleim, der von Reißzähnen tropft (im *Alien*-Franchise), Schleim, der die Herrschaft übernimmt und menschliche Körper als Wirt benutzt (*Venom* im Marvel-Universum sowie Robert Heinleins Roman *The Puppet Masters,* deutsch zuletzt unter dem Titel *Die Invasion*), und Schleim, der Menschen verschlingt *(Der Blob).* Schleim, immer wieder Schleim.

Aber was, wenn die meisten Aliens gar nicht schleimig sind? Anders gefragt: Was wäre, wenn die biologische Phase intelligenter Lebensformen relativ kurz wäre? Vielleicht lässt früher oder später jede planetare Alpha-Spezies diese Art Körper hinter sich und lädt ihren Geist in siliciumbasierte Computer hoch, um als digitale Wesen ewig weiterzuleben.

Die Dauer der biologischen Ära für intelligentes Leben ist eine Frage, die aus astrobiologischer Sicht mit dem rasanten Vormarsch digitaler Technologien immer drängender wird. Unser erster elektronischer Computer mit dem Namen ENIAC (»Electronic Numerical Integrator And Computer«) wurde 1945 gebaut, um Berechnungen im Rahmen des Atomwaffenprogramms durchzuführen. Seine Schaltkreise bestanden aus Kupferdrähten und gläsernen Vakuumröhren, die einen ganzen Raum füllten. Heute hat Ihr Mobiltelefon millionenfach mehr Rechenleistung, als ENIAC hatte. Dieser exponentielle Anstieg der Rechengeschwindigkeit wurde von einer ebenso erstaunlichen Zunahme der Fähigkeiten von Software begleitet. Fortschritte in der künstlichen Intelligenz haben bereits die Welt verändert, und mit neuen Entwicklungen wie ChatGPT stehen noch weit größere Umbrüche bevor. KI steuert die autonomen Roboter, die Ihre Einkäufe in den Lagerhallen von Amazon sortieren, und KI ermöglicht uns, Gespräche mit einer virtuellen globalen Maschine namens Siri zu führen.

Dieser schnelle Fortschritt digitaler Maschinen in Form vernetzter Computer und Roboter verschafft der transhumanistischen Bewegung Aufwind und befeuert ihre Hoffnungen auf die Singularität. Transhumanisten wie Ray Kurzweil meinen, angesichts der ständigen Weiterentwicklung von Computern müsse eine Zeit kommen, da eine Maschine ebenso gut wie der menschliche Geist fähig sein wird, die nächste, noch bessere Maschinengeneration zu entwickeln. Wenn diese maschinell entwickelte Maschine einmal gebaut ist, gibt es kein Zurück mehr. Von diesem Moment an werden Computer den Menschen darin überlegen sein, immer noch bessere Computer zu entwickeln. Die Folge ist eine Art unkontrollierbare maschinelle Evolution, in der digitale Intelligenz die von Menschen rasch hinter sich lässt. Der Punkt, an dem diese Entwicklung unkontrollierbar wird, ist die transhumane Singularität. Jenseits dieser Singularität werden die Computer so hochentwickelt sein, dass wir Menschen in der Lage sein sollten, mit ihnen zu verschmelzen – so die Behauptung. Wir alle werden uns selbst in einen siliciumbasierten Körper überführen können. Fortan werden wir als virtuelle Versionen unserer selbst in Computern leben. Und da man Maschinen reparieren und updaten kann, werden die digitalen Versionen von uns funktional unsterblich sein. Wir werden ewig leben.

Die Vision der Transhumanisten kann man je nach persönlicher Einstellung berauschend oder erschreckend finden. Aber wie auch immer Sie zu solchen Hoffnungen stehen, die Grundidee, dass intelligente Spezies, die Technologie entwickeln, irgendwann keinen Körper mehr benötigen, erscheint zumindest möglich. Und wenn sie möglich ist, wäre das dann nicht der Weg, den die meisten langlebigen außerirdischen Spezies einschlagen würden? Biologisches Leben ist ein ständiger Kampf gegen den Verfall des Körpers, der letztendlich doch unaufhaltsam ist. Welche Zivilisation würde da nicht eine andere, dauerhaftere Form vorziehen? Selbst wenn manche Spezies sich gegen die Überführung in einen siliciumbasierten Körper entscheiden sollten, könnte man argumentieren, dass sie in der Evolution auf galaktischer oder kosmischer Ebene früher oder später untergehen würden. Die mit Maschinen verschmolzenen Lebensformen wären weit klüger und stärker als ihre schleimgebundenen Vettern und Cousinen. Irgendwann wären nur noch die siliciumbasierten Lebensformen übrig.

Es gibt eine weitere Möglichkeit, die vielleicht sogar noch beängstigender ist (das hängt wieder von Ihrer persönlichen Einstellung ab). Vielleicht wollen die Maschinen ja gar nicht, dass wir unser – nach ihren Maßstäben – schäbiges Selbst in sie übertragen. Die Science-Fiction ist voll von Geschichten über rebellierende Roboter, von *Terminator* über *Matrix* bis hin zu *Westworld*. Wenn eine biologisch basierte Spezies erst einmal künstliche Intelligenz erschaffen hat, können die empfindungsfähigen Maschinen einfach beschließen, dass sie genug haben. Bestenfalls könnten sie ihre Schöpfer (also uns) ihrem Schicksal überlassen und sich auf den Weg zu den Sternen machen. Schlimmstenfalls könnten die Maschinen entscheiden, dass es das Beste wäre, ihre unterlegenen schleimigen Erzeuger auszurotten. Aber auch ohne feindliche Absichten wären selbstreplizierende Maschinen als Motoren galaktischer Besiedelung denkbar. Von-Neumann-Replikatoren beispielsweise (benannt nach dem Mathematiker John von Neumann) wären rein KI-gesteuerte Raumschiffe (keinerlei Schleim an Bord), die in einem Sternsystem ankommen, seine Ressourcen für den Bau weiterer Raumschiffe ausbeuten und weiterziehen.

Ob uralte, in siliciumbasierte Körper überführte Intelligenzen, böse Vernichtungsmaschinen in Robotergestalt oder stumpfe Von-Neumann-Replikatoren – die oben beschriebenen Argumente zeigen drastisch auf, dass wir bei unserer Suche nach Leben vielleicht gar nicht auf Leben stoßen werden. Unsere schleimigen biologischen Körper sind auf dem kosmischen Marktplatz der Möglichkeiten vielleicht schon längst überholt. Wenn dieser Gedanke Sie fertigmacht, werden Sie sich freuen zu erfahren, dass es Gegenargumente gibt, die den unausweichlichen Siegeszug der Roboter-Overlords infrage stellen.

Zunächst einmal steht durchaus nicht fest, ob KI jemals eine »allgemeine« Intelligenz mit Bewusstsein erreichen wird, wie wir sie besitzen. Wir sehen derzeit auf der Erde erstaunliche Fortschritte von KI in der Form von maschinellem Lernen. Das sind die Arten KI-gesteuerter Programme, die Gesichter erkennen, Schach spielen, Bilder faken und sogar eingeschränkt (mitunter erschreckende) Gespräche mit Menschen führen können. Aber das Entscheidende ist, dass all diese Versionen von KI spröde sind. Sie sind auf spezifische Aufgaben trainiert. Wenn man sie vor andere Aufgaben stellt, scheitern sie kläglich. Befürworter sagen, es sei nur eine Frage der Zeit, bis wir eine KI haben, die alles kann, was man von ihr verlangt, so wie ein Mensch – das heißt, eine KI mit einer allgemeinen, nicht spezifischen Art von Intelligenz. Das mag stimmen, allerdings sagen diese Leute das schon seit siebzig Jahren. Und selbst die jüngsten Systeme generativer KI wie die unterschiedlichen Versionen von ChatGPT haben nichts, was auch nur in die Nähe unseres Geistes käme. Bei all ihrer Leistungsfähigkeit sind diese Systeme im Grunde immer noch nichts anderes als Vorhersagemaschinen, wenn auch sehr leistungsstarke. Sie nutzen riesige Datenmengen, mit denen sie gefüttert wurden, um statistisch basierte Vorhersagen über die beste Antwort auf eine Frage zu treffen, quasi wie die Autocomplete-Funktion auf Steroiden mal eine Milliarde. All ihrer Leistung zum Trotz wissen sie in Wirklichkeit nichts, weil dort drin niemand ist, der etwas wissen könnte. Das bedeutet, es ist möglich, dass unsere Art allgemeiner Intelligenz einfach nicht in siliciumbasierter Form nachgebildet werden kann.

Ein noch stärkerer Kritikpunkt ist, dass die transhumanistische Vision, sich selbst in einen Computer zu überführen, ebenfalls unmöglich sein könnte. Grundlage dieses transhumanistischen Traums (oder dieser Fantasie) ist die philosophische Annahme, Menschen seien im Prinzip nur Computer aus Fleisch. Nach transhumanistischer Auffassung ist alles, was wir sind – alles innere Erleben von Liebe und Schrecken, Hoffnung und Mitgefühl – in Wahrheit nichts als Schaltkreise. Aber es gibt viele Naturwissenschaftlerinnen und Philosophen, die diese Vorstellung für grundsätzlich falsch halten. Zwar sind die neuronalen Schaltkreise eines Gehirns zweifellos eine Voraussetzung für Bewusstsein, aber es gehört noch viel mehr dazu. Zu diesem »mehr« zählt auch, in einem Körper zu sein, der Teil von natürlichen und sozialen Ökosystemen ist. Von diesem Standpunkt aus betrachtet, verkennt die ganze Idee, man könne sich selbst in einen Computer überführen, völlig, was »selbst« eigentlich bedeutet.

Schließlich gibt es da noch das Argument des Astrobiologen Caleb Scharf, dass der Wechsel zu siliciumbasiertem Leben vielleicht nicht endgültig sein wird. Scharf hebt hervor, dass die biologische Evolution sehr gut darin ist, Probleme zu lösen. Selbst wenn eine Spezies den Weg hin zu Maschinen einschlüge, wäre es daher möglich, dass sie nach ein paar Milliarden Jahren wieder zur Biologie zurückkehrt. Denken Sie an all die zahllosen fantastischen chemischen Rechenvorgänge, die jetzt gerade in Ihren Zellen im Gange sind und Sie am Leben erhalten. Letztendlich ist die Biologie für bestimmte Dinge vielleicht einfach besser geeignet. Sollte es so sein, dann wäre das Maschinenleben quasi wie die Pubertät. Es wäre nur eine Phase, welche die meisten Formen interstellarer Intelligenz durchlaufen (aber hoffentlich ohne die Stimmungsschwankungen).

Wie Sie sehen, sind diese Fragen derzeit weitestgehend offen. Es gibt gute Argumente dafür, mit außerirdischen Roboter-Overlords zu rechnen, und es gibt auch gute Gründe dafür, dass die Intelligenz dem

Schleim treu bleibt. Letztendlich ist es wie bei so vielen Fragen über außerirdisches Leben: Wir werden es nicht wissen, bis wir nachgeschaut haben. Und endlich schauen wir nach.

## URALTE ALIENS:
### *Überlegungen zu Millionen Jahre alten Zivilisationen*

Was geschieht, wenn eine Zivilisation richtig, richtig alt wird? Das ist eine der schwierigsten und wichtigsten Fragen, vor denen Wissenschaftlerinnen und Wissenschaftler auf den Gebieten der Astrobiologie und der Technosignaturen stehen. Vielleicht können wir gar nicht effektiv nach intelligentem Leben im Universum suchen, solange wir nicht wissen, wie wirklich alte Intelligenzen sich verhalten. Weil wir nicht wissen, wonach wir suchen müssen. Außerdem hat diese Frage auch einen direkten Bezug zu unserem eigenen Schicksal. Was geschieht, wenn wir den Klimawandel überstehen, die Gefahren eines Atomkriegs hinter uns lassen, wenn es uns gelingt, KI zu entwickeln, ohne dass sie uns am Ende alle tötet oder als Batterien benutzt? Wie sehen unsere langfristigen Möglichkeiten aus? Was könnte aus uns – oder überhaupt aus irgendeiner Zivilisation – irgendwann einmal werden, wenn genug Zeit bleibt?

Um den Rahmen abzustecken, sollten wir uns zunächst einmal vergegenwärtigen, dass die Menschheit als technologische Zivilisation erst etwa hundert Jahre alt ist. Ich meine damit, wir produzieren erst seit etwa hundert Jahren Technosignaturen, die Außerirdische detektieren könnten – unsere Radiosignale, die Beleuchtung von Städten und Atmosphärenverschmutzung. Ackerbau betreiben wir natürlich schon seit wenigstens neuntausend Jahren, und davor waren wir bereits lange Zeit Jäger und Sammler. Jede dieser gesellschaftlichen Organisationsformen war komplex, reich und vielfältig. Aber das alte Rom oder die Tang-Dynastie in China sind nicht die Arten von Zivilisation, über die wir reden, wenn wir von SETI und Technosignaturen sprechen. Unsere Spezies verfügt erst seit einem Jahrhundert über Radiotechnologie, und das ist keine sehr lange Zeit, verglichen mit dem Alter des Universums. Unsere relative Jugend hat bedeutende Konsequenzen für die Suche nach Außerirdischen.

Im Jahr 2020 haben David Kipping, Caleb Scharf und ich uns mit den Wahrscheinlichkeiten rund um das Alter etwaiger außerirdischer Zivilisationen, die wir detektieren könnten, beschäftigt. Fairerweise muss ich sagen, dass eigentlich Kipping, ein überaus fähiger theoretischer Astrophysiker, das mathematische Kung-Fu übernommen hat. Scharf und ich haben ihn angefeuert, anschließend die Berechnungen überprüft und dann noch ein paar zusätzliche Ideen eingebracht. Die Frage, die wir klären wollten, lautete: Sollten wir damit rechnen, außerirdische Zivilisationen zu entdecken, die älter sind als unsere, jünger oder gleich alt? Durch ziemlich raffinierte wahrscheinlichkeitstheoretische Schlussfolgerungen kamen wir zu dem Ergebnis: älter. Wahrscheinlich sogar viel älter.

Wenn unsere Berechnungen zutreffen, müssten die Außerirdischen, sofern wir welche finden, schon seit langer, langer Zeit als technologische Zivilisation leben. Während wir uns gerade mal ein Jahrhundert lang damit amüsiert haben, Düsenflugzeuge, Städte mit Elektrizität, Radiotransmitter und sogar einfache Raumschiffe zu bauen, haben sie ihre Zivilisation vermutlich bereits seit Millionen oder sogar Milliarden Jahren weiterentwickelt. Das ist schon für sich genommen eine interessante Erkenntnis, die allerdings noch eine viel größere, viel unheimlichere Frage aufwirft.

Wie sehen Millionen oder Milliarden Jahre alte Zivilisationen aus? Was geschieht mit ihnen im Laufe einer so unvorstellbar langen Zeitspanne?

Die langlebigsten Zivilisationen auf der Erde, wie die ägyptischen oder chinesischen Dynastien, überdauerten nur wenige Jahrtausende. Eine zehn Millionen Jahre alte außerirdische Zivilisation wäre rund zehntausendmal älter als unsere langlebigsten Gesellschaften. Welche möglichen Organisationsformen können intelligente Wesen erschaffen, wenn sie schon so lange existieren? Wie müssen wir überhaupt über Zivilisationen mit so unfassbar langer Geschichte nachdenken? Und was nicht minder wichtig ist: Hält überhaupt irgendjemand so lange durch?

Lassen Sie mich die Frage konkreter formulieren: Wäre eine zehn Millionen Jahre alte Zivilisation eine einzige kontinuierliche Einheit, oder würde sie im Laufe der Äonen immer wieder aufsteigen und untergehen?

Noch interessanter als die Kontinuität der Zivilisation ist die Kontinuität der Spezies, die diese Zivilisation aufgebaut hat. Wie würde sie sich in zehn Millionen Jahren verändern? Falls sie den Übergang von Schleim zu Silicium vollzieht, bedeutet das dann, dass die Gesellschaft, ihre Bestrebungen und ihr Verhalten sich fundamental verändern? Geben sie das Expandieren auf, oder erobern sie die Galaxie im Namen von Computern? Aber auch wenn sie nicht zur Maschinenform übergehen – in zehn Millionen Jahren könnte die Evolution nach Darwin die Biologie unserer Aliens wesentlich verändern. Wir selbst waren vor zehn Millionen Jahren kleine, behaarte, Orang-Utan-ähnliche Wesen. Und schauen Sie uns jetzt an! Offenbar kann in zehn Millionen Jahren eine Menge passieren.

Von natürlicher Evolution einmal abgesehen – können wir damit rechnen, dass unsere Aliens ihren Körper und Geist im Laufe der Äonen mit gentechnischen Mitteln verändert haben? Wir selbst werden das wahrscheinlich in den nächsten paar Hundert Jahren tun, also wer weiß, welche Form Außerirdische sich selbst geben könnten. Vielleicht verwandelt sich eine zehn Millionen Jahre alte Zivilisation ja in einen Wald, der den ganzen Planeten bedeckt und in dem jeder »Baum« eine Art empfindungsfähiger biologischer Supercomputer ist, der mit jedem anderen Baum vernetzt ist. Auf diese Weise würde der Planet selbst zu einem nahezu unsterblichen lebenden, denkenden Wesen.

Dieses Beispiel vom planetenumspannenden Wald eröffnet eine andere Möglichkeit. Wenn eine Zivilisation voranschreitet und ihre technologischen Fähigkeiten immer weiter zunehmen, könnte irgendwann ein Punkt erreicht sein, an dem sie in den Gesetzen der Physik selbst aufgeht. Die Vorstellung, dass eine wirklich alte und hochentwickelte Lebensform irgendwann reine Energie wird, begegnet uns vielfach in der Science-Fiction. (In *Star Trek* wird dieses Handlungselement häufig verwendet.) Aber wir gehen hier noch weiter und stellen uns vor, dass die Außerirdischen sich in das Gewebe der Wirklichkeit selbst hineinflechten. In *Interstellar* finden Sie ein Beispiel für diese Idee, eine Geschichte, in der wir selbst in der fernen Zukunft die Raumzeit manipuliert haben, um uns in der Gegenwart zu ermöglichen, die Vernichtung der Menschheit abzuwenden. Cool und zugleich verwirrend.

Über sehr alte Zivilisationen nachzudenken, kann einen sowohl begeistern als auch frustrieren. Einerseits sind die Möglichkeiten so endlos, dass es sich anfühlt, als schaue man über die Kante einer kilometerhohen Klippe. Schwindel ist definitiv eine angemessene Reaktion, wenn man versucht, sich eine Million Jahre Evolution vorzustellen. Andererseits ist es nahezu unmöglich, über sehr alte Zivilisationen irgendetwas zu sagen, das nicht bloßes Herumfantasieren wäre. Es gibt so viele Unbekannte, und fast keine von ihnen unterliegt den Beschränkungen, durch die normalerweise die Wissenschaft unser Denken in Bahnen lenkt. Die Technologie könnte etwa unsere uralten Aliens zu Göttern machen, oder ihr Fortschritt könnte auf einem viel niedrigeren Niveau zum Stillstand kommen. Es kann beispielsweise sein, dass schnelles interstellares Reisen einfach nicht möglich ist.

Allen Schwierigkeiten zum Trotz ist das Nachdenken über die langfristige Evolution von Zivilisationen essenzieller Teil der Forschung zu Technosignaturen. Wir können ihm einfach nicht aus dem Weg gehen. Wenn wir nach außerirdischen Zivilisationen suchen und diese außerirdischen Zivilisationen wahrscheinlich viel älter sein werden als wir, müssen wir uns überlegen, wie wir auch sehr alte außerirdische Technosignaturen detektieren können.

Und schließlich gibt es noch einen weiteren Grund, weshalb wir über die langfristige Evolution außerirdischer Zivilisationen nachdenken müssen: Wir wollen selbst einmal so alt werden. Wir müssen Wege finden, auf Dauer zu überleben. Wir können hoffen, dass schon andere Spezies mit den Gefahren eines Atomkriegs konfrontiert wurden, mit einem Klimawandel oder was uns sonst noch bevorstehen mag. Wir können hoffen, dass andere mit diesen Herausforderungen fertiggeworden sind. Wenn Astrobiologinnen und -biologen versuchen, die mögliche langfristige Geschichte außerirdischer Zivilisationen zu konstruieren, so ist das also zugleich eine Übung darin, uns unsere eigene mögliche Zukunft vorzustellen. Vielleicht hält niemand länger als ein paar Hundert Jahre durch. Das wären düstere Aussichten. Oder vielleicht lebt die Hälfte der Spezies, die unseren Entwicklungsstand erreichen, noch eine Million Jahre weiter. Das wäre schon erfreulicher.

Welcher Fall trifft zu? Wer schafft es, und wie lange? Welche Eigenschaften braucht eine Spezies, um eine langlebige technologische Zivilisation aufzubauen? Die Antwort auf diese Fragen finden zu wollen, ist vielleicht der beste Grund überhaupt, nach Leben im All zu suchen.

## KAPITEL 8

# WARUM AUSSERIRDISCHE SO WICHTIG SIND:

*Es gibt mehr Gründe, als Sie denken*

DAMALS IN DEN SPÄTEN 1970ER-JAHREN, ALS ICH SECHZEHN WAR, fuhr ich bei jeder Gelegenheit mit dem Zug über den Hudson River von New Jersey nach Manhattan. New York war in jener Zeit ein herrliches Chaos, ein bisschen wie ein postapokalyptischer Vergnügungspark. Der Uringestank in den mit Graffiti vollgeschmierten U-Bahn-Stationen. Die Straßen, so voller Müll, dass der Regen sich in Bratensoße verwandelte, wie David Letterman einmal witzelte. Für mich war all das ein riesiges Abenteuer – von dem Versuch, mich in Clubs wie das CBGB oder Kenny's Castaways zu schummeln, bis hin zu dem größtenteils illegalen Rund-um-die-Uhr-Festival, das der Washington Square Park war. Wie Sie inzwischen wohl mitbekommen haben, interessiert mich die Wissenschaft noch mehr als die beste Party (zu der mich ohnehin niemand eingeladen hätte), deshalb war der Höhepunkt dieser Ausflüge immer das Hayden Planetarium. Damals vor dem digitalen Zeitalter zählten zu den Attraktionen im Planetarium handbemalte Dioramen der Marsoberfläche und eine mechanische Waage, die anzeigte, wie schwer man auf dem Jupiter wäre (zweihundert Kilo!). Ich verbrachte endlose Stunden im Hayden und berauschte mich an Sternenshows und großen, glänzenden Bildern interstellarer Wolken. Offen gesagt, vor der Statue von Albert Einstein habe ich einmal vor Glück geweint.

Nach jedem dieser Besuche schwirrte mir der Kopf, wenn ich wieder auf die West 81st Street hinaustrat. Ich ging dann in den Central Park, wanderte stundenlang umher und ließ den Lärm und das Gewimmel auf mich einwirken, während mir jedes Mal der gleiche Wust an Fragen durch den Kopf ging.

So viele Sterne. So viele Möglichkeiten. Geschieht all das, was wir hier gerade erleben, auch noch irgendwo sonst? Gibt es andere Städte auf anderen Welten, wo andere wie ich ihrer Wege gehen?

Wenn ich all die Jahrzehnte zurückblicke, finde ich es verblüffend, wie viel sich in Bezug auf diese Fragen verändert hat. Ich hoffe, dieses Buch hat Ihnen vermittelt, welch gewaltige Kluft zwischen damals und heute liegt. Damals gab es im Hayden keine Ausstellung über den Exoplaneten-Zensus, weil niemand wusste, ob überhaupt auch nur ein einziger Exoplanet existiert. Es gab kein Diorama von der Landschaft einer Supererde, weil noch niemand sich vorstellen konnte, dass es Supererden gibt. Man fand im Hayden auch keine große Abteilung, die der Suche nach Biosignaturen oder Technosignaturen gewidmet war – diese Begriffe waren damals nicht einmal erfunden.

Also, ja, alles ist anders geworden. Die Suche nach Außerirdischen ist heute etwas sehr Reales, und die Wissenschaft hat sich ihr voll und ganz verschrieben.

# WAS WÄRE, WENN?

## *Ein Ausblick*

All dieser Fortschritt lässt allerdings eine Frage offen. Weshalb ist diese Suche so wichtig? Was würde es ändern, wenn wir wirklich außerirdisches Leben entdecken? Würde diese Entdeckung eine Revolution der menschlichen Erkenntnis mit sich bringen, wie damals, als wir erkannten, dass die Erde nicht flach ist und wir nicht der Mittelpunkt des Universums sind? Oder wird die Entdeckung eine Woche lang Schlagzeilen machen, und dann wenden sich alle wieder ihren Feeds in den sozialen Medien zu, um sich ihre tägliche Dosis politischer Entrüstung und Tanzvideos zu holen?

Manche sagen, es hängt davon ab, was wir finden. Die Entdeckung von Bakterien auf dem Mars würde nicht solche Auswirkungen haben, wie wenn sich herausstellen sollte, dass UAPs wirklich Raumschiffe mit außerirdischen Besuchern sind, sagen diese Leute. Aber nach allem, was wir bis hierher erfahren haben, möchte ich mich ein wenig mit der Frage beschäftigen, was es für uns bedeuten würde, auch nur die einfachsten Lebensformen zu finden.

Das Verrückteste daran, als Mensch im frühen 21. Jahrhundert zu leben, ist, dass wir so viel wissen und doch noch immer so völlig ahnungslos sind. Wenn es um die grundlegenden Fragen geht, wer und was wir sind und wozu wir da sind, stößt all unser großartiges Wissen an seine Grenzen und zeigt nur, wie sehr wir im Dunkeln tappen. Zum ersten Mal in der Geschichte wissen wir, wie riesig das Universum ist, wie reich an Planeten und wie vielfältig in seinen Erscheinungsformen. Aber wir wissen noch immer nicht, ob wir – und mit »wir« meine ich alles Leben auf dem Planeten Erde – ein Einzelfall sind. Wir wissen noch immer nicht, ob wir ein kosmischer Zufall sind, der nur ein einziges Mal passiert ist, genau hier, und dann nie wieder.

Die Sache ist die: Wenn wir nur ein anderes Beispiel für die Entstehung von Leben hätten, nur einen weiteren Fall, wo aus einem Haufen unbelebter chemischer Stoffe ein lebender Organismus entstanden ist, dann wüssten wir, dass wir kein verrückter Zufall sind. Wir wüssten, dass es – das Leben – zweimal passiert ist. Und wenn es zweimal passieren konnte, dann könnte es auch dreimal passiert sein oder dreißigmal oder dreißigtausendmal oder dreißig Milliarden Mal.

Ein einziges anderes Beispiel für Leben würde mit einem Schlag die Tür der kosmischen Möglichkeiten öffnen, denn Leben ist anders. Das Leben unterscheidet sich von jedem anderen physikalischen System im ganzen Universum, weil das Leben erschafft. Wenn Sie mir alle Informationen nennen, die es derzeit zu einem bestimmten Stern gibt, kann ich Ihnen seine gesamte Zukunft voraussagen. Ein Stern wird mich niemals überraschen, weil sein Verhalten und seine Zukunft durch die Gesetze der Physik bestimmt sind. Natürlich wird auch das Leben durch die Gesetze der Physik regiert, aber da ist noch mehr. Leben ist ein komplexes System, in dem auch die Gesetze der Biologie (d. h. der Evolution) Gültigkeit haben. Deshalb bringt das Leben Überraschungen hervor. Das Leben erfindet. Das Leben wächst über sich selbst hinaus.

Wir haben gesehen, wie das Leben auf der Erde den Planeten gekapert und mit seiner Fähigkeit, sich auszubreiten und zu erfinden, die gesamte Geschichte dieser Welt verändert hat. Angesichts dessen drängt sich mir die Frage auf, inwieweit die erfinderischen Kräfte des Lebens auch das Universum verändern könnten. Anhand des Fermi-Paradoxons haben wir uns klargemacht, dass selbst eine einzige raumfahrende Spezies in kurzer Zeit eine gesamte Galaxie besiedeln könnte. Mithilfe der Kardaschow-Skala haben wir gesehen, wie Typ-3-Zivilisationen die gesamte Energie ganzer Galaxien nutzbar machen könnten. In unseren Überlegungen zu alten Zivilisationen haben wir uns gefragt, ob es ihnen womöglich gelungen sein könnte, die Gesetze der Physik zu verändern. Vielleicht ist unser ganzes Universum nur das Produkt eines Experiments oder Spiels, mit dem sich irgendeine super hochentwickelte Zivilisation amüsiert. Vielleicht verändert das Leben, indem es sich entwickelt, erschafft und erfindet, das Universum ebenso stark, wie es bereits die Erde verändert hat.

Wir wissen nicht – wir *können* nicht wissen –, wozu das Leben fähig ist. Wie Ian Malcolm (gespielt von Jeff Goldblum) im Originalfilm *Jurassic Park* sagt: »Das Leben findet einen Weg.« Auf kosmischer Ebene können wir nun fragen: »Einen Weg, was zu tun?« Die Antwort könnte lauten: »Alles Mögliche.« Sobald wir dort draußen nur ein einziges anderes Beispiel für Leben finden, explodiert augenblicklich der Raum dessen, was geschehen kann. Dann wird schlagartig alles – das heißt, das ganze Universum und unsere Stellung darin – um ein Vielfaches interessanter.

Das Detektieren einer Biosignatur wäre also schon ein Gamechanger. Aber Zeichen einer außerirdischen Zivilisation zu finden, würde uns auf ein ganz anderes Level heben. Man kann auf zweierlei Weise argumentieren, warum eine solche Entdeckung von Bedeutung wäre. Erstens ganz einfach, weil sie uns zeigen würde, dass das, was hier passiert ist – die Evolution von Mikroben zu einer komplexen technologischen Spezies –, auch anderswo geschehen ist. Eine solche Entdeckung würde auf einen Schlag einen Haufen Fragen aufwerfen, von denen jede einzelne die Kraft hätte, unser Wissen über uns selbst fundamental zu verändern. Sind die Lebewesen, die diese außerirdische Zivilisation aufgebaut haben, auf die gleiche Weise sozial wie wir? Wie organisieren sie sich? Haben sie ein Schwarmbewusstsein, oder sind sie Individuen, die sich in Kollektiven organisieren, so wie wir? Verwenden sie Symbole und verarbeiten sie Informationen auf dieselbe Art wie wir? Was für Technologien nutzen sie? Können wir die Prinzipien erfassen, auf denen diese Technologien beruhen? Können wir auf die Entfernung genug über ihre Technologie erfahren, um Lehren daraus zu ziehen, die jetzt und hier nützlich wären?

Doch das Allerwichtigste an der Entdeckung einer Zivilisation auf einem Exoplaneten ist, dass sie erst der Anfang wäre. Sollten wir einen Planeten mit Technosignaturen finden, dann würden wir uns beeilen, größere, bessere Teleskope mit noch modernerer Technologie zu bauen. In den folgenden Jahren würden wir diese von einer Zivilisation bewohnte Welt auf jede mögliche und unmögliche Weise unter die Lupe nehmen.

Wir müssten auch entscheiden, ob wir Kontakt aufnehmen. Sollten wir diese vermutlich sehr langsame Unterhaltung beginnen? Vergessen Sie nicht, wenn die anderen fünfzig Lichtjahre entfernt wären, würde es nach jeder Botschaft von uns hundert Jahre dauern, bis die Antwort da wäre. Aber vielleicht würden wir ja auch beschließen, es lieber gar nicht erst zu versuchen. Wir könnten es für klüger halten, vorerst nur zu beobachten. Irgendwann würden wir vielleicht sogar anfangen, Robotersonden durchs All zu schicken, um den Planeten aus der Nähe zu betrachten, und diese Sonden wären für die Außerirdischen dann UFOs.

Zweifellos wäre die Menschheit nie mehr dieselbe, nachdem sie eine außerirdische Zivilisation entdeckt hätte. Nicht dass wir zwangsläufig anfangen würden, uns anders zu verhalten, etwa netter zueinander zu sein. (Schön wär's.) Aber langfristig gesehen könnten die Fragen, die eine solche Entdeckung aufwerfen würde, zum Beispiel Einfluss auf unsere Religionen haben (ist Jesus auch gekommen, um die Aliens zu erlösen?), auf unsere Ethik (sind unsere hochgeschätzten Werte universell oder nur provinziell?) und unsere Kunst (wie würden wir uns selbst in Büchern, Filmen und Liedern darstellen, wenn wir wüssten, dass es andere gibt, die so anders sind als wir?).

Daneben wäre die Entdeckung anderer Zivilisationen noch in einer anderen, sehr wichtigen Hinsicht von Bedeutung. Sie könnte uns einen Blick in unsere eigene Zukunft ermöglichen. Das ist noch so eine Merkwürdigkeit für uns Menschen im frühen 21. Jahrhundert: Es ist nicht klar, ob es ein 22. Jahrhundert überhaupt geben wird.

Im Laufe der letzten hundert Jahre haben wir außerordentliche, leistungsstarke Technologien entwickelt, die den Planeten und die Gesellschaft grundlegend verändert haben. Nun scheinen viele dieser Technologien allerdings drauf und dran, uns umzubringen. Ob es der

Klimawandel ist (verursacht durch die Technologie, mit der wir Energie nutzbar machen), künstliche Intelligenz (unsere Informationsverarbeitungs-Technologie) oder die nicht ganz so neue Gefahr eines Atomkriegs (unsere Rüstungstechnologie) – es ist nicht ganz klar, wie lange all das noch so weitergehen kann. Ich glaube nicht, dass irgendeine dieser Bedrohungen die Menschheit wirklich vernichten wird. Völlige Ausrottung erscheint mir ziemlich hoch gegriffen. Aber jede birgt die Möglichkeit, dass die Dinge weit genug außer Kontrolle geraten, um die globale technologische Zivilisation zusammenbrechen zu lassen, auf die wir alle für unser Überleben angewiesen sind. Und hier kommen wieder die Außerirdischen ins Spiel.

Wenn wir auch nur eine einzige Zivilisation fänden, die in ihrer Entwicklung weiter ist als wir, wäre bewiesen, dass es möglich ist. Im Augenblick wissen wir nicht, ob das Universum technologisch hochentwickelte, langfristig nachhaltige Zivilisationen »kann«. Wir wissen, dass das Universum Sterne hervorbringt. Wir wissen, dass es Kometen und Schwarze Löcher hervorbringt. Davon haben wir schon viele gesehen. Aber es ist durchaus möglich, dass keine Zivilisation irgendwo im Kosmos viel weiter kommt, als wir jetzt sind, ehe sie untergeht. Eine andere Zivilisation zu finden, wäre das, was man in der Mathematik einen Existenzbeweis nennt. Es würde uns zeigen, dass es so etwas – die Art Zivilisation, die wir werden müssen – geben kann. Das wäre eine große Erleichterung. Wir könnten viel Hoffnung daraus schöpfen. Außerdem könnten wir durch die Beschäftigung mit dieser Welt und dieser Zivilisation Hinweise darauf erhalten, was man tun muss, um eine langfristig nachhaltige, hochtechnisierte Zivilisation zu werden. Wir könnten Erkenntnisse darüber gewinnen, wie ein Planet und eine Gesellschaft zusammenwirken, damit die Biosphäre und die Technosphäre gleichermaßen gedeihen können.

Und schließlich, falls sich herausstellen sollte, dass UFOs außerirdische Raumschiffe sind, dann … nun ja … heiliger Strohsack! Ich brauche Ihnen wohl nicht zu sagen, warum das eine spektakuläre Entdeckung wäre. Wir wüssten auf einen Schlag, dass es (a) Leben auf anderen Welten gibt, (b) Zivilisationen auf anderen Welten existieren, und (c) sie hier sind und uns entweder fressen, töten, ihr Wissen mit uns teilen oder sich mit uns paaren.

Zu diesem letzten »Heiliger Strohsack«-Punkt gibt es allerdings noch einen gewichtigen Zusatz. Stellen Sie sich vor, wir könnten schlüssig beweisen, dass die Art und Weise, wie UFOs sich bewegen, mit menschlicher Technologie nicht möglich ist, aber da wäre auch schon Ende. Was, wenn wir nicht weiterkämen? Die Aliens würden immer noch nicht in Paris landen und aus ihren Raumschiffen steigen. Sie würden immer noch nicht lange genug stillhalten, dass wir sie richtig anschauen könnten. In diesem Fall müssten wir sie einfach weiter wissenschaftlich betrachten wie jedes andere schwer zu beobachtende Phänomen. Wäre es dann eine gute Idee, ein UFO einfangen zu wollen? Sollten wir versuchen, eins abzuschießen? Selbst wenn wir einen Beweis dafür hätten, dass sie irgendwie außerirdischen Ursprungs sind, würden wir vielleicht dennoch nie einen Kontakt zu ihren Insassen herstellen können. Das würde die Bedeutung der Entdeckung allerdings nicht schmälern. Selbst ohne direkten Kontakt zwischen Mensch und Alien hätten wir bewiesen, dass etwas definitiv nicht Menschliches sich bei uns am Himmel herumtreibt. Dieses Wissen würde uns den Weg zu weiteren Fragen und weiterer wissenschaftlicher Erforschung dieser Fragen weisen. Das trifft ohnehin auf so ziemlich jedes Szenario im Zusammenhang mit Außerirdischen zu. Jede Frage führt zur nächsten und diese wiederum zur nächsten. Das macht die ganze Sache so spannend.

Außerirdische zu finden, wäre die größte wissenschaftliche Errungenschaft aller Zeiten, und wie alle wirklich großen wissenschaftlichen Entdeckungen würde es den Lauf der Menschheitsgeschichte verändern. Darum ist der Fortschritt, den wir im Hinblick auf die Lösung dieses uralten Rätsels gemacht haben, so wichtig. Darum ist es so bedeutsam, dass wir an diesem Ufer stehen und unsere Boote bereit machen, um sie ins Meer hinauszuschieben und diese große Reise anzutreten. Sie, ich und jeder andere derzeit lebende Mensch – wir sind die Glücklichen. Wir alle tragen die Fragen in uns, die schon unsere Vorfahren über das Leben und das Universum gestellt haben, aber im Gegensatz zu allen früheren Generationen werden wir dabei sein, wenn die Antworten gefunden werden.

Genug gewartet. Genug geredet. Die Zeit ist gekommen, da wir es selbst herausfinden werden.

Auf geht's!

# DANKSAGUNG

ES HAT MIR VIEL VERGNÜGEN BEREITET, DIESES BUCH ZU SCHREIBEN, und ich bin all den Menschen, die mich dabei unterstützt haben, sehr dankbar. Bevor ich sie im Einzelnen nenne und Ihnen erzähle, wie wunderbar sie alle sind, möchte ich eines betonen: Ich habe mich wirklich darum bemüht, dass alle Details stimmen, aber sollten mir doch Fehler unterlaufen sein, so ist das allein meine Schuld.

Nun also zur eigentlichen Danksagung. An erster Stelle muss ich meinem Freund Howard Yoon danken, der zugleich auch mein Agent ist. Wir beide haben die Idee zu diesem Buch gemeinsam entwickelt. Ich wusste, dass ich etwas schreiben wollte, um den Menschen vor Augen zu führen, wie viel sich bezüglich der Suche nach Leben im Kosmos gerade verändert, aber es war Howards Idee, den Rahmen weiter zu stecken. Die Kapitel über UFO-Technologie gehen auf seine Anregung zurück, und es hat mir großen Spaß bereitet, darüber nachzudenken und zu schreiben. Danke, Howard.

Als Nächstes muss ich Ihnen von Sarah Haugen erzählen, meiner Lektorin bei HarperCollins. Mit ihrer Erfahrung und ihrem Scharfblick hob Sarah die Idee zu dem Buch auf ein neues Level und ließ mir zugleich den Raum, beim Schreiben unterschiedliche Richtungen auszuprobieren. Ihre Anmerkungen und Änderungsvorschläge waren treffend und äußerst wertvoll. Sie haben mir den Freiraum gelassen, in dem Ton zu schreiben, mit dem ich mich am wohlsten fühle, und zugleich verhindert, dass ich den Faden verliere und mich in wissenschaftlichen oder persönlichen Abschweifungen verstricke. Ich bin ihr zutiefst verbunden für ihre Unterstützung und ihren Einsatz. Danke, Sarah.

Mehrere Menschen haben frühe Versionen des Buches gelesen und mir wertvolles Feedback gegeben. Ich bin ihnen sehr dankbar für ihre Zeit und Mühe. Morgan Ryan war anfangs mein Faktenchecker und wurde dann so etwas wie mein Schutzengel, nicht nur im Hinblick auf die Fakten, sondern auch auf den Stil. Wir führten anregende Gespräche, in denen wir mitunter von Proteinstrukturen auf Details über Led Zeppelin kamen. Dani Buchheister, eine blitzgescheite Astrobiologie-Doktorandin an der Penn State, war mir ebenfalls eine große Hilfe. Ich habe die wunderbare Autorin Sarah Scoles gebeten, die Kapitel über UFOs und UAPs durchzusehen, und bin ihr sehr dankbar für ihre Expertise. Auch Jonathan Sherwood, einem begabten Science-Fiction-Autor, danke ich für seine hilfreichen Anregungen. Den Quane Brothers bin ich ebenfalls sehr dankbar für ihre Unterstützung während des gesamten Projekts, unter anderem meinem Partner in *The Divison 2* Jack Baumgartner, der einen frühen Entwurf durchgesehen hat. Mein guter Freund Thad Spencer hat nicht nur das Manuskript gelesen, sondern auch ungemein wertvolle Anregungen zur Umschlaggestaltung gegeben. Unser Austausch darüber führte zu wunderbaren Gesprächen über Zwecke und Ziele von Design und Illustration.

Einen ganz besonderen Dank muss ich den Mitgliedern unseres Teams in dem NASA-finanzierten Projekt Categorizing Atmospheric Technosignatures (CATs) aussprechen. Viele von ihnen tauchen auf die eine oder andere Weise im Buch auf. Unsere Zusammenarbeit in den vergangenen Jahren war eine Freude und höchst inspirierend. Zu dem Team gehören meine Mitforschenden Jacob Haqq-Misra, Ravi Kopparapu, Manasvi Lingam, Sofia Sheikh und Jason Wright, außerdem die überaus begabten Studierenden Macy Huston, Nick Tusay und Connor Martini. Ich habe mir oft bei Jacob und Ravi Rat geholt, und sie waren so gut, Entwurfsfassungen einzelner Kapitel zu lesen. Jason ist mein Quell des Wissens für alle Fragen rund um SETI, sei es zur Geschichte oder zur aktuellen Forschung.

An der University of Rochester habe ich ferner Peter Iglinski und Lindsey Valich zu danken, die mitgeholfen haben, das Thema Astrobiologie an die Öffentlichkeit zu bringen. Und Michael Osadciw danke ich für seine wunderbaren Designvorschläge für das Cover des Buches.

Dank schulde ich außerdem Woody Sullivan, Dan Watson, Eric Blackman, Jonathan Carrol-Nellenback, Gavin Schmidt, David Kipping, Caleb Scharf, Gourab Ghoshul, Marcelo Gleiser, Evan Thompson, John Dunne, Joan Halifax, Amedeo Balbi, Sarah Walker, David Grinspoon und Damian Sokwinski für äußerst anregende Gespräche. Ferner danke ich meinen lebenslangen Freunden Robert Pincus und Paul Green, die meine Ausführungen mit hilfreicher Skepsis kommentieren und jederzeit dafür zu haben sind, mit mir über alles Mögliche zu diskutieren oder mich einfach nur aufzuheitern.

Wie wir ja alle aus dem *Fast and Furious*-Franchise wissen, ist am Ende natürlich die Familie das Wichtigste. Also, Harrison, Sadie und Myani, Elizabeth und Hendrick, Leon … Ich danke euch. Ohne euch wäre ich verloren.

Und schließlich, für immer und ewig, meiner geliebten Alana.

# QUELLENNACHWEISE

## *KAPITEL 1*

### *Die Vorgeschichte: Wie die alten Menschheitsfragen über außerirdisches Leben ihre heutige Form bekamen*


1 Epikur: »Briefe. Sprüche. Werkfragmente.« Griechisch/Deutsch Übers. und hrsg. von Hans-Wolfgang Krautz. Stuttgart: Reclam, 1980, Brief an Herodot, Abschnitte 45 und 74, S. 11 und 33.

2 Ein Bericht über die Diskussion zwischen Fermi und seinen Freunden findet sich in einem Aufsatz von Eric M. Jones: »›Where Is Everybody‹: An Account of Fermi's Question.« Los Alamos National Laboratory, März 1985, www.osti.gov/biblio/5746675.

3 Megan Garber: »The Man Who Introduced the World to Flying Saucers.« *The Atlantic*, 15. Juni 2014, www.theatlantic.com/technology/archive/2014/06/the-man-who-introduced-the-world-to-flying-saucers/372732/.

4 Russell Lee: »1947: Year of the Flying Saucer.« National Air and Space Museum, Smithsonian Institution, 24. Juni 2022, https://airandspace.si.edu/stories/editorial/1947-year-flying-saucer.

5 Donovan Webster: »In 1947, A High-Altitude Balloon Crash Landed in Roswell. The Aliens Never Left.« *Smithsonian Magazine*, 5. Juli 2017, www.smithsonianmag.com/smithsonian-institution/in-1947-high-altitude-balloon-crash-landed-roswell-aliens-never-left-180963917.

6 Kal K. Korff: »What really happened at Roswell.« *Skeptical Inquirer* 21.4, Juli–Aug. 1997, https://skepticalinquirer.org/1997/07/what-really-happened-at-roswell.

7 Edward J. Ruppelt: *The Report on Unidentified Flying Objects*. New York: Doubleday, 1956, Kapitel 2. Siehe auch: *The Estimate of the Situation*, besonders Fußnote 9, https://military-history.fandom.com/wiki/Estimate_of_the_Situation#cite_note-9.

8 Sarah Scoles: *They Are Already Here: UFO Culture and Why We See Saucers*. New York: Pegasus Books, 2020, S. 69.

9 *Report of Meetings of Scientific Advisory Panel on Unidentified Flying Objects Convened by Office of Scientific Intelligence*, CIA. 14.-18. Jan. 1953, The Black Vault, https://documents.theblackvault.com/documents/ufos/robertsonpanelreport.pdf.
10 Scoles: *They Are Already Here*. S. 74.
11 Scoles: *They Are Already Here*. S. 78; und »Project Blue Book – Unidentified Flying Objects.« National Archives, www.archives.gov/research/military/air-force/ufos.

## KAPITEL 2

### Wie fangen wir es an? Bahnbrechende Ideen, die unsere Suche nach Außerirdischen bis heute prägen

1 Keith Cowing: »Independent Review of the Community Report from the Biosignature Standards of Evidence Workshop.« Pressemitteilung, National Academies of Science, 3. Okt. 2022, https://astrobiology.com/2022/10/independent-review-of-the-community-report-from-the-biosignature-standards-of-evidence-workshop.html.
2 Su-Shu Huang: »The Problem of Life in the Universe and the Mode of Star Formation.« *Publications of the Astronomical Society of the Pacific* 71 422, Okt. 1959, S. 421 – 424.
3 Hannah Ritchie/Max Roser: »Energy Production and Consumption.« Our World in Data, https://ourworldindata.org/energy-production-consumption.
4 Jason T. Wright: »Dyson Spheres.« *Serbian Astronomical Journal* 200, 2020, S. 1 – 18, https://arxiv.org/abs/2006.16734.
5 Jonathan H. Jiang et al.: »Avoiding the Great Filter: Predicting the Timeline for Humanity to Reach Kardashev Type I Civilization.« *Galaxies* 10.3, Mai 2022, S. 68, https://arxiv.org/pdf/2204.07070.pdf.

## KAPITEL 3

### WTF UFOs und UAPs? Wie sie mit der Suche nach Außerirdischen zusammenhängen oder auch nicht

1 Stephen J. Garber: »Searching for Good Science: The Cancellation of NASA's SETI Program.« *Journal of the British Interplanetary Society* 52, 1999,

S. 3 – 12, https://history.nasa.gov/garber.pdf; und Daniel Oberhaus: »A Brief History of Scientists Searching for Extraterrestrial Life.« *Motherboard,* Vice, 4. Dez. 2015, www.vice.com/en/article/jmaawd/a-brief-history-of-scientists-searching-for-extraterrestrial-life-124.

2 Über diesen Betrug wurde an verschiedenen Stellen berichtet, z. B. »How an Alien Autopsy Hoax Captured the World's Imagination for a Decade.« *Time*, 24. Juni 2016, https://time.com/4376871/alien-autopsy-hoax-history/; und Neil Morris: »The Alien Autopsy … Oh, No, Not Again!« Personal Pages, University of Manchester.

3 »UFO Encounter 1: Sample Case Selected by the UFO Subcommittee of the AIAA.« *Astronautics and Aeronautics*, Juli 1971, http://kirkmcd.princeton.edu/JEMcDonald/mcdonald_aa_9_7_66_71.pdf.

4 James E. McDonald: »Science in Default: Twenty-Two Years in Inadequate UFO Investigations.« General Symposium, Unidentified Flying Objects, American Association for the Advancement of Science, 134. Treffen, 27. Dez. 1969, http://kirkmcd.princeton.edu/JEMcDonald/mcdonald_aaas_69.pdf.

5 Helene Cooper/Ralph Blumenthal/Leslie Kean: »Glowing Auras and ›Black Money‹: The Pentagon's Mysterious U.F.O. Program.« *New York Times*, 16. Dez. 2017, www.nytimes.com/2017/12/16/us/politics/pentagon-program-ufo-harry-reid.html.

6 ABC News: »Pentagon Declassifies Navy ›UFO‹ Videos.« 27. April 2020, www.youtube.com/watch?v=lWLZgnmRDs4; www.youtube.com/watch?v=2Tum-prpOwHY.

7 Bill Whitaker: »UFOs Regularly Spotted in Restricted U.S. Airspace, Report on the Phenomena Due Next Month.« *60 Minutes*, CBS News, 16. Mai 2021, www.cbsnews.com/news/ufo-military-intelligence-60-minutes-2021-05-16.

8 Keith Kloor: »The Media Loves This UFO Expert Who Says He Worked for an Obscure Pentagon Program: Did He?« *Intercept*, 1. Juni 2019, https://theintercept.com/2019/06/01/ufo-unidentified-history-channel-luis-elizondo-pentagon.

9 Scoles: *They Are Already Here.*

10 Bryan Bender: »Ex-Official Who Revealed UFO Project Accuses Pentagon of ›Disinformation‹ Campaign.« *Politico*, 2. Mai 2021, www.politico.com/news/2021/05/26/ufo-whistleblower-ig-complaint-pentagon-491098.

11 Mick West: »I Study UFOs, and I Don't Believe the Alien Hype: Here's Why.« *Guardian*, 11. Juni 2021, www.theguardian.com/commentisfree/2021/jun/11/i-study-ufos-and-i-dont-believe-the-alien-hype-heres-why.

12 *Preliminary Assessment: Unidentified Aerial Phenomena*. Office of the Director of National Intelligence, 25. Juni 2021, www.dni.gov/files/ODNI/documents/assessments/Prelimary-Assessment-UAP-20210625.pdf.

13 Keith Kloor: »Pentagon UFO Study Led by Researcher Who Believes in the Supernatural.« *Science*, 29. Juni 2022, www.science.org/content/article/pentagon-ufo-study-led-researcher-who-believes-supernatural.

## KAPITEL 4

### Was, wenn es wirklich Aliens sind? Wie kommen sie hierher und was wollen sie?

1 Einige dieser Ideen erschienen zuerst in meiner Kolumne »If UFOs Are Alien Spaceships, How Did They Get Here?« Big Think, 11. Nov. 2021, https://bigthink.com/13-8/ufo-light-speed.
2 David G. Messerschmitt/Philip Lubin/Ian Morrison: »Optimal Mass and Speed for Interstellar Flyby with Directed-Energy Propulsion.« arXiv.org, 27. Juni 2022, https://arxiv.org/abs/2206.13929.
3 Dennis Overbye: »Reaching for the Stars, Across 4.37 Light-Years.« *New York Times*, 12. Apr. 2016, www.nytimes.com/2016/04/13/science/alpha-centauri-breakthrough-starshot-yuri-milner-stephen-hawking.html.

## KAPITEL 5

### Der kosmische Immobilienmarkt: Wo sollen wir nach Aliens suchen?

1 »Comets«, Vanderbilt University, www.vanderbilt.edu/AnS/physics/astrocourses/ast201/comets.html; und Daisy Dobrijevic/Charles Q. Choi: »Comets: Everything You Need to Know About the ›Dirty Snowballs‹ of Space.« space.com, zuletzt aktualisiert am 18. Jan. 2023, Space.com., www.space.com/comets.html.

## KAPITEL 6

### Der kosmische Lauschangriff: Wie wir Außerirdische ausspionieren

1 Heute konzentriert sich ein Großteil der Aufmerksamkeit auf die TESS-Mission, die nach dem Ende von Kepler die Planetensuche übernahm. TESS steht für Transiting Exoplanet Survey Satellite. Siehe: »Planet Hunters TESS«, Zooniverse, www.zooniverse.org/projects/nora-dot-eisner/planet-hunters-tess.

2 Thomas G. Beatty: »The Detectability of Nightside City Lights on Exoplanets.« *Monthly Notices of the Royal Astronomical Society* 513, Preprint 21. Feb. 2022, S. 1 – 12, https://arxiv.org/pdf/2105.09990.pdf.

3 Svetlana V. Berdyugina/Jeff R. Kuhn: »Surface Imaging of Proxima b and Other Exoplanets: Albedo Maps, Biosignatures, and Technosignatures.« *Astronomical Journal* 158, 25. Nov. 2019, S. 246.

4 Manasvi Lingam/Abraham Loeb: »Natural and Artificial Spectral Edges in Exoplanets.« *Monthly Notices of the Royal Astronomical Society: Letters* 470.1, Sept. 2017, S. L82–L86, https://doi.org/10.1093/mnrasl/slx084.

## *KAPITEL 7*

*Tun die Aliens es auch? Was finden wir, wenn wir Außerirdische entdecken?*

1 Richard E. Lenski: »Convergence and Divergence in a Long-Term Experiment with Bacteria.« *The American Naturalist* 190. S1, Aug. 2017, www.journals.uchicago.edu/doi/full/10.1086/691209.

# LITERATUREMPFEHLUNGEN

## FÜR EIN ALLGEMEINES PUBLIKUM GEEIGNET


Phillip Ball: *The Book of Minds: How to Understand Ourselves and Other Beings, from Animals to AI to Aliens.* Chicago, University of Chicago Press 2022.

Martin Beech: *Terraforming: The Creating of Habitable Worlds.* New York, Springer 2009.

Lee Billings: *Five Billion Years of Solitude: The Search for Life Among the Stars.* New York, Current 2013.

A. Allsuch Boardman: *An Illustrated History of UFOs.* London, Nobrow 2020.

Milan M. Ćirković: *The Great Silence: Science and Philosophy of Fermi's Paradox.* Oxford, Oxford University Press 2018.

Paul Davies: *The Eerie Silence: Renewing Our Search for Alien Intelligence.* Boston/New York, Houghton Mifflin Harcourt 2010.

Steven J. Dick: *Astrobiology, Discovery, and Societal Impact.* Cambridge, Cambridge University Press 2018.

Steven J. Dick: *Plurality of Worlds: The Extraterrestrial Life Debate from Democritus to Kant.* Cambridge, Cambridge University Press 1984.

Donald Goldsmith, Exoplanets: *Hidden Worlds and the Quest for Extraterrestrial Life.* Cambridge, Mass., Harvard University Press 2018.

David Grinspoon: *Earth in Human Hands: Shaping Our Planet's Future.* New York, Grand Central Publishing 2016.

Kevin Hand: *Alien Oceans: The Search for Life in the Depths of Space.* Princeton/Oxford, Princeton University Press 2020.

Arik Kershenbaum: *Ein Naturführer durch den Kosmos: Was terrestrische Tiere über Außerirdische verraten – und über uns selbst.* Berlin, Matthes & Seitz 2023.

Kal K. Korff: *The Roswell UFO Crash: What They Don't Want You to Know.* Amherst, New York, Prometheus Books 1997.

Simon Conway Morris: *From Extraterrestrials to Animal Minds: Six Myths of Evolution.* West Conshohocken, PA, Templeton Press 2022.

Karl T. Pflock: *Roswell: Inconvenient Facts and the Will to Believe.* Amherst, New York, Prometheus Books 2001.

Mark Pilkington: *Mirage Men: An Adventure into Paranoia, Espionage, Psychological Warfare, and UFOs.* New York, Skyhorse Publishing 2010.

Dirk Schulze-Makuch/William Bains: *Das lebendige Universum: Komplexes Leben auf vielen Planeten?* Berlin, Springer 2019.

Sarah Scoles: *They Are Already Here: UFO Culture and Why We See Saucers.* New York, Pegasus Books 2020.

Peter Ward/Donald Brownlee: *Unsere einsame Erde. Warum komplexes Leben im Universum unwahrscheinlich ist.* Berlin, Springer 2001.

Stephen Webb: *Wo sind sie alle? Fünfzig Lösungen für das Fermi-Paradoxon.* Berlin, Springer 2021.

## LEKTÜRE FÜR FORTGESCHRITTENE

Manasvi Lingam/Avi Loeb: *Life in the Cosmos: From Biosignatures to Technosignatures.* Cambridge, Mass., Harvard University Press 2021.

Douglas A. Vakoch/Matthew F. Dowd (Hrsg.): *The Drake Equation: Estimating the Prevalence of Extraterrestrial Life Through the Ages.* Cambridge, Cambridge University Press 2015.

# REGISTER

# ÜBER DEN AUTOR

Adam Frank ist »Gowen Professor« am Department of Physics and Astronomy der University of Rochester. Frank erwarb seinen Doktor in Physik 1992 an der University of Washington und war danach als wissenschaftlicher Mitarbeiter an der Universität Leiden und der University of Minnesota tätig, ehe er 1995 ein Hubble Fellowship (ein Forschungsstipendium der NASA) bekam. 1996 wurde er Mitglied der Fakultät der University of Rochester. Über viele Jahre hinweg entwickelte seine Forschungsgruppe neue magneto-hydrodynamische Supercomputer-Simulationstools, um die Entstehung und Evolution von Sternen zu untersuchen. Dann wandte er sich der Erforschung der atmosphärischen Evolution von Exoplaneten und der Astrobiologie zu. Die Arbeit seiner Gruppe zur »Astrobiologie des Anthropozäns« zählen zu den ersten Studien, die den anthropogenen Klimawandel in einem breiten astronomischen Kontext untersuchten.

2019 wurde Frank wissenschaftlicher Leiter im ersten jemals von der NASA finanzierten Forschungsprojekt zu planetaren Technosignaturen. Das Projekt, an dem Forschende aus den gesamten USA beteiligt waren, wurde 2021 verlängert und hat inzwischen diverse Studien darüber hervorgebracht, wie man Signaturen von Exo-Zivilisationen auf fernen Welten detektiert.

Neben seiner wissenschaftlichen Arbeit ist und war Frank während seiner gesamten Laufbahn ein, wie er es selbst ausdrückt, »Evangelist der Wissenschaft« – er bemüht sich darum, die Schönheit und Kraft der Wissenschaft zu kommunizieren. Er war Mitgründer des beliebten Blogs von National Public Radio, *13.7 Cosmos and Culture*, der von 2009 bis 2018 lief, und häufig als Online-Kommentator bei NPR tätig.

Heute ist er Co-Leiter der wöchentlichen Kolumne *13.8* bei BigThink.com. Seine Artikel erscheinen in der Zeitschrift *The Atlantic*, der *New York Times* und in anderen Publikationen, und er gibt Kommentare zu wissenschaftlichen Themen auf CNN und NBC ab. Ferner war er wissenschaftlicher Berater bei Marvels *Dr. Strange* (die beste Woche überhaupt!).

Frank hat für seine wissenschaftlichen Leistungen sowie seine Öffentlichkeitsarbeit diverse Auszeichnungen erhalten. Sein letztes Buch, *Light of the Stars*, wurde 2019 zum National Honors Society Best Book in Science gekürt. 2020 bekam er den Joseph A. Burton Forum Award der American Physical Society. 2021 wurde ihm von der American Astronomical Society die Carl-Sagan-Medaille für seine besonderen Verdienste um die Wissenschaftskommunikation verliehen.